Lehrbuch der darstellenden Geometrie

Von

Dr. W. Ludwig
o. Professor an der Technischen Hochschule Dresden

Dritter Teil

Das rechtwinklige Zweitafelsystem

Krumme Flächen

Axonometrie. Perspektive

Mit 47 Textfiguren

Springer-Verlag Berlin Heidelberg GmbH
1924

ISBN 978-3-662-42745-3 ISBN 978-3-662-43022-4 (eBook)
DOI 10.1007/978-3-662-43022-4

Ursprünglich erschienen bei Julius Springer in Berlin 1924.

Vorwort.

Der dritte Teil dieses Lehrbuches behandelt in seiner ersten Hälfte die Eigenschaften und die Darstellung der krummen Flächen, soweit sie nicht schon in früheren Kapiteln entwickelt werden mußten; dabei wurde die Auswahl aus der Fülle des Stoffes nach den Grundsätzen getroffen, die im Vorwort des ersten Teiles auseinandergesetzt sind. In diesen Fragenkreis gehören auch zum Teil die Gesetze der Schattengrenzen auf krummen Flächen; deshalb sind die Schattenkonstruktionen an Kurven und krummen Flächen, um dieses nun einmal zusammengehörige Gebiet auch im Zusammenhang vorzuführen, in einem Kapitel dieses dritten Teiles vereinigt worden, obwohl die einfacheren von ihnen bereits an früheren Stellen als Anwendungsbeispiele hätten dienen können.

Die zweite Hälfte bringt die Grundlehren der Axonometrie und der Perspektive in einer Ausdehnung, die anschauliche Bilder nicht allzu verwickelter Gegenstände herzustellen gestattet. Bei der Perspektive ist außerdem darauf Wert gelegt worden, ein Verständnis für die Gesetze, nach denen unsere Gesichtseindrücke sich gestalten, anzubahnen und den Anschluß an die projektive Geometrie zu vermitteln.

Wenn ich zum Schluß für das ganze Buch einen Wunsch aussprechen möchte, so ist es der, daß es an seinem bescheidenen Teil „die Freude an der Gestalt" erwecken und pflegen möge. In solchem Sinn kann, glaube ich, die darstellende Geometrie auch dem jungen Mathematiker in unsrer wenig geometrischen Zeit von Nutzen sein, und unter diesem Gesichtspunkte werden aus den Anwendungen entnommene Beispiele auch für ihn an Reiz gewinnen.

Endlich habe ich wiederum der Verlagsbuchhandlung für die meinem Buch gewidmete unermüdliche Sorgfalt und ferner den Herren *Dr. E. Günther, Dr. F. Kadner, Dr. F. Müller, Dr. B. Schilling, Dr. K. Schneider* herzlich zu danken für das verständnisvolle Korrekturlesen, durch das sie mich während der Drucklegung der drei Teile wesentlich unterstützt haben.

Dresden, im April 1924. **W. Ludwig.**

Inhaltsverzeichnis.

Fünfter Abschnitt.

Flächen.

I. Gerade Regelschraubenflächen.

II. Schiefe Regelschraubenflächen.

III. Hüllflächen.

IV. Das geradlinige Drehhyperboloid.

V. Schatten krummflächig begrenzter Körper.

Sechster Abschnitt.

Projektion auf eine einzige Rißtafel.

I. Axonometrie.

II. Die Gesetze der Zentralprojektion.

III. Die Herstellung perspektiver Bilder.

Fünfter Abschnitt.

Flächen.

I. Gerade Regelschraubenflächen.

Die Tangentialebenen der Schraubenflächen.

329. Wir haben bereits krumme Flächen in den Kreis unserer Betrachtungen gezogen — nämlich die Zylinderflächen, die Kugel, die Kegelflächen und die Drehflächen — und an ihnen gewisse grundlegende Eigenschaften aller Flächen, insbesondere die sich auf Tangentialebenen und Umrißkurven beziehenden, untersucht (Nr. 184 bis Nr. 188, Nr. 192 bis Nr. 194, Nr. 201 bis Nr. 206, Nr. 257 bis Nr. 268). Aber diese Flächen zeigten die erwähnten Eigenschaften mit wesentlichen Vereinfachungen oder gestatteten wenigstens die Darstellung in vereinfachenden Lagen, mit denen wir uns, da die Flächen vorwiegend als Träger von Kurven auftraten, begnügen durften. Im folgenden sollen nun Flächen untersucht werden, an denen wir jene Eigenschaften unter etwas allgemeineren Gesichtspunkten kennenlernen.

Wird eine Kurve k bei einer Schraubung (Nr. 318) mitgeführt, so überstreicht sie eine Fläche, die wir als *Schraubenfläche* bezeichnen. Die einzelnen Lagen, die k während der Schraubung annimmt, heißen *Erzeugende* der Schraubenfläche und sind auf ihr verlaufende, untereinander kongruente Kurven. Jeder Punkt von k beschreibt bei der Schraubung eine *Bahnschraubenlinie*, die ebenfalls auf der Schraubenfläche liegt. Hieraus folgt:

Durch jeden Punkt einer Schraubenfläche geht eine Erzeugende und eine Bahnschraubenlinie.

Je nach dem Sinne der Schraubung sind die Bahnschraubenlinien sämtlich rechtsgängig oder sämtlich linksgängig (Nr. 317); dementsprechend nennen wir die Schraubenfläche *rechtsgewunden* oder *linksgewunden*. Die Achse m und der Parameter p der Schraubung (Nr. 318) sind Achse und Parameter jeder Bahnschraubenlinie und heißen deshalb auch *Achse und Parameter der Schraubenfläche*. Alle Bahnschraubenlinien haben infolgedessen dieselbe Ganghöhe $h = 2\pi p$ (Nr. 319), die als *Ganghöhe der Schraubenfläche* zu bezeichnen ist, und, wenn wir ihre Grundkreise in derselben, zu m senkrechten

Grundebene annehmen, für ihre Richtungskegel einen gemeinsamen Scheitel R (Nr. 322), dessen Höhe über der Grundebene gleich p ist und den wir kurz *den Punkt R der Schraubenfläche* nennen.

Sind k_1 und k_2 zwei Erzeugende der Fläche, so können wir die verschraubte Kurve k aus der Lage k_1 in die Lage k_2 überführen (Nr. 318) durch eine Drehung um die Achse m mit dem Drehwinkel ψ und durch eine Schiebung längs m mit der Verschiebungsstrecke h_ψ; wir bezeichnen kurz ψ als den *Winkelunterschied* und — von der Vorstellung, daß m scheitelrecht steht, ausgehend — h_ψ als den *Höhenunterschied* der beiden Erzeugenden. Zwei Punkte P_1 und P_2 von k_1 und k_2, die auf derselben Bahnschraubenlinie b liegen und somit zwei Lagen desselben Punktes P von k sind, nennen wir *zwei entsprechende Punkte der beiden Erzeugenden.* Wir können nun, indem wir die Grundebene zur Grundrißtafel nehmen, wie in Nr. 318 von dem in der Grundebene liegenden Punkt A der Schraubenlinie b aus die zu P_1, P_2 gehörigen Drehwinkel φ_1, φ_2 messen und erhalten nach Gleichung (2) in Nr. 317 als die Höhen, in denen sich P_1, P_2 über der Grundebene befinden, $h_1 = p\varphi_1$, $h_2 = p\varphi_2$. Gleichzeitig aber ist $\psi = \varphi_2 - \varphi_1$ und $h_\psi = h_2 - h_1$; also gilt der Satz:

Der Winkelunterschied ψ und der Höhenunterschied h_ψ, die zwei Erzeugenden einer Schraubenfläche vom Parameter p zugehören, sind durch die Gleichung

$$h_\psi = \psi p \tag{1}$$

verbunden und geben im Sinn von Nr. 318 die Unterschiede der Drehwinkel und der Höhen an, die irgend zwei entsprechende Punkte der beiden Erzeugenden besitzen.

330. Wir denken uns auf einer Schraubenfläche durch einen ihrer Punkte, P, eine beliebige Kurve c gezogen und nehmen, um ihre zu P gehörige Tangente zu bestimmen, auf ihr einen nahe an P gelegenen Punkt X an. Dann gehen [Fig. 109[1])] nach Nr. 329 durch P und X zwei Bahnschraubenlinien b, b_1 und zwei Erzeugende k, k_1, die mit b, b_1 außer P und X noch die nahe an P gelegenen Punkte Y, Z gemeinsam haben. Wenn wir X auf c verschieben und dabei Y auf b, Z auf k in der Weise mitnehmen, daß Y stets auf der Erzeugenden und Z stets auf der Bahnschraubenlinie von X liegt, so drehen sich die Geraden PX, PY, PZ um P und streben, wenn X sich unbegrenzt dem Punkt P nähert, gleichzeitig den zu P gehörigen Tangenten von c, b, k als ihren Grenzlagen zu. Aber sie liegen nicht — wie bei der entsprechenden Untersuchung über die Drehflächen (Nr. 263) — in einer Ebene, und wir dürfen sonach hier nicht ohne weiteres darauf schließen, daß die zu P gehörige Tangente von c in der Ebene E_0 ent-

[1]) In Fig. 109 ist die Schraubenfläche nur angedeutet durch einen Riß ihrer Achse m und der Kurvenstücke, die in der Umgebung von P zu betrachten sind.

halten ist, die durch die Tangenten von b und k bestimmt wird. Vielmehr müssen wir hierüber eine besondere Untersuchung anstellen.

Wenn wir die Schraubenfläche als Ganzes der sie erzeugenden Schraubung unterwerfen, so läuft jeder ihrer Punkte auf der durch ihn gehenden Bahnschraubenlinie; also verschraubt sich die Fläche in sich selbst. Deshalb können wir eine Schraubenfläche, wenn wir auf ihr eine beliebige Kurve zeichnen, auch auffassen als die Fläche, die durch diese Kurve bei der Schraubung überstrichen wird. Das heißt:

Auf einer Schraubenfläche gibt es zu jeder Kurve, die auf ihr verläuft, unendlich viele kongruente Kurven, die durch Schraubung aus ihr entstehen. Trifft die Kurve alle Bahnschraubenlinien, so kann die Fläche auch durch ihre Verschraubung erzeugt werden.

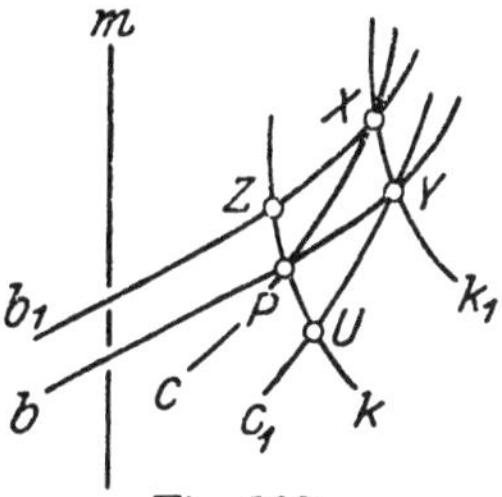

Fig. 109.

Wir können also die Kurve c durch eine Schraubung in eine zu ihr kongruente Kurve c_1 überführen, die auf der Fläche durch Y läuft. Dabei sind die Punkte P und Y, weil sie auf derselben Bahnschraubenlinie b liegen, entsprechende Punkte und folglich die zu ihnen gehörigen Tangenten entsprechende Tangenten der beiden kongruenten Kurven c und c_1. Gleichzeitig bewegt sich auf k der Schnittpunkt von k und c aus P nach einem Punkt U, in dem k und c_1 einander begegnen. Wenn wir nun, wie oben geschildert, zugleich mit X die Punkte Y und Z an P heranrücken lassen, so können wir durch die umgekehrte Schraubung die Kurve c_1 mit Y mitnehmen, bis sie mit c zur Deckung kommt. Hierbei bleibt der Punkt Y, während er auf b läuft, zusammen mit seiner Tangente auf c_1 fest; beide vereinigen sich schließlich mit P und der zugehörigen Tangente von c, während der Schnittpunkt U von k und c_1 sich auf k nach P und auf c_1 nach Y bewegt. Es nähern sich also die Gerade PY der zu P gehörigen Tangente von b, die Gerade PU — genau wie oben PZ — der zu P gehörigen Tangente von k und somit die durch P, Y, U bestimmte Ebene E der durch jene beiden Tangenten bestimmten Ebene E_0. Gleichzeitig aber geht die in E enthaltene Gerade YU über in die zu Y gehörige Tangente von c_1 und mit dieser in die zu P gehörige Tangente von c; folglich muß die letztere in der Grenzlage E_0 von E liegen. So erhalten wir — selbstverständlich unter der Voraussetzung, daß P weder für k noch für c ein Ausnahmepunkt ist, — auch hier wie in Nr. 263 den Satz:

Alle Kurven, die auf einer Schraubenfläche durch einen gewöhnlichen Punkt laufen, haben in diesem Punkt Tangenten, die in der zugehörigen Tangentialebene liegen. Diese ist bestimmt durch die zu dem Punkt gehörige Tangente seiner Bahnschraubenlinie — seine „Bahntangente" — und durch die in ihm berührende Tangente der durch ihn gehenden Erzeugenden der Fläche.

Regelschraubenflächen.

331. Durch Verschraubung einer Geraden entsteht eine *geradlinige* oder *Regelschraubenfläche* (regula = Richtscheit, gerade Linie). Eine solche trägt wie die Zylinder- und Kegelflächen unzählige gerade Erzeugende, aber von diesen laufen, anders als bei jenen Flächen, nicht je zwei beliebig herausgegriffene einander parallel oder durch einen Punkt, sondern sind, wenn nicht ein besonderer Zufall obwaltet, windschief. Wenn wir in dem Grenzübergang, durch den wir in Nr. 330 die Tangentialebene einer Schraubenfläche in einem Punkt P bestimmt haben, die Erzeugende k als gerade Linie g voraussetzen, so sind die Geraden PZ und PU stets dieselbe, mit g übereinstimmende Gerade und folglich die durch P, Y, Z und durch P, Y, U bestimmten Ebenen von vornherein dieselbe, durch g gehende Ebene E; also enthält auch die Grenzlage E_0 die Gerade g. Das heißt:

In jedem Punkt einer Regelschraubenfläche geht die Tangentialebene durch die ihn tragende gerade Erzeugende; sie ist bestimmt durch diese und durch die Bahntangente des Punktes.

Die Tangentialebene durchdringt die Fläche in der geraden Erzeugenden, die jedoch nur einen Teil der Schnittlinie bildet. Die Fläche ist nach dem Satz von Nr. 275 in allen ihren Punkten negativ gekrümmt.

Soll eine Gerade g an einer Schraubenbewegung teilnehmen, so müssen wir sie uns mit der Schraubenachse m so verbunden (Nr. 318) denken, daß sie *ohne Veränderung ihres kürzesten Abstandes von m und ihres Neigungswinkels gegen m* um m gedreht und längs m verschoben werden kann. Deshalb wird, wenn die Geraden g und m windschief sind, ihr gemeinsames Lot weder seinen Fußpunkt G auf g noch seine Länge l ändern und, wenn die Geraden g und m einander schneiden, ihr Schnittpunkt auf g sich nicht verschieben. Im ersten Fall beschreibt G die Bahnschraubenlinie mit dem kleinsten möglichen Radius l, die wir als *Kehlschraubenlinie* der Fläche bezeichnen; die Schraubenfläche windet sich um ihre freistehende Achse herum und heißt infolgedessen *offene Regelschraubenfläche* (Fig. 114). Im zweiten Fall dagegen unterliegt der Schnittpunkt von g und m als einziger Punkt einer reinen Schiebung, deren Bahn m ist; die Schraubenfläche trägt ihre Achse, ohne um sie herum einen freien Raum zu lassen, und heißt *geschlossene Regelschraubenfläche* (Fig. 113). Der zweite Fall kann dem ersten untergeordnet werden, da für $l = 0$ der Punkt G in den Schnittpunkt zwischen g und m übergeht; aber er zeigt mehrere vereinfachende Besonderheiten. Außerdem unterscheiden wir, je nachdem der Neigungswinkel von g gegen m ein Rechter ist oder nicht, *gerade* und *schiefe Regelschraubenflächen*, die sowohl offen als auch geschlossen sein können.

332. Eine Regelschraubenfläche, die im rechtwinkligen Zweitafelsystem dargestellt wird und ihre Achse m zu der Grundrißtafel senkrecht hat, befindet sich in *Grundstellung*; als ihre Grundebene (Nr. 329) nehmen wir unmittelbar die Grundrißtafel und geben infolgedessen stets die Rißachse a_{12} an. Bei einer in Grundstellung befindlichen Regelschraubenfläche gehen, wenn sie geschlossen ist, die Grundrisse ihrer geraden Erzeugenden sämtlich durch den ersten Spurpunkt M_1 der Achse m. Ist aber die Fläche offen, so betrachten wir das gemeinsame Lot FG zwischen m und einer geraden Erzeugenden g, von dessen Endpunkten F auf m und G auf g liege; da es als zu m senkrechte Strecke wagerecht ist, zeigt sein Grundriß $F'G'$, für den überdies $F' \equiv M_1$, seine wahre Länge l und steht auf dem Grundriß g' senkrecht. Also ist, welche gerade Erzeugende wir auch nehmen, G' stets ein Punkt des um M_1 mit dem Halbmesser l geschlagenen Kreises und g' die zugehörige Tangente. Dieser Kreis ist erstens der Grundriß b_0' für den Ort der Punkte G aller geraden Erzeugenden der Fläche, d. h. für die Kehlschraubenlinie b_0; zweitens bildet er für den Grundriß der Fläche, sofern sie nicht in anderer Weise abgeschnitten wird, in Übereinstimmung mit Nr. 266 den scheinbaren Umriß. In der Tat ergibt sich b_0 selbst als Kurve des wahren Umrisses: Für die Bahntangente t eines beliebigen Punktes P von g ist (Nr. 322) $t' \perp M_1P'$ und nur, wenn $P \equiv G$, zugleich $t' \equiv g'$; also steht nur die in G berührende Tangentialebene, die nach Nr. 331 durch g und durch die Bahntangente von G bestimmt ist, scheitelrecht. Da dasselbe auf allen geraden Erzeugenden der Fläche der Fall ist, folgt:

Auf einer offenen Regelschraubenfläche in Grundstellung ist die Kehlschraubenlinie für den Grundriß die Kurve des wahren Umrisses.

Wollen wir auch für den Aufriß die Kurve des wahren Umrisses bestimmen, so müssen wir unterscheiden, ob die Fläche gerade oder schief ist. Wir beschränken uns zunächst auf den ersten Fall, in dem bei Grundstellung alle geraden Erzeugenden wagerecht liegen, während die Tangentialebenen ihrer Punkte ebenso wie die zugehörigen Bahntangenten gegen die Grundrißtafel geneigt sind. Steht nun die in einem Punkt P der Fläche berührende Tangentialebene auf der Aufrißtafel Π_2 senkrecht, so enthält sie außer der geraden Erzeugenden g, die P trägt, noch das aus P auf Π_2 gefällte Lot, wäre also selbst wagerecht, wenn diese beiden wagerechten Geraden verschieden wären. Deshalb muß eine gerade Erzeugende g, sobald sie einen Punkt P der gesuchten Kurve des wahren Umrisses trägt (Nr. 266), zu Π_2 senkrecht sein; dann aber besitzen alle Punkte von g Tangentialebenen, die auf Π_2 senkrecht stehen, und liegen somit auf der Kurve des wahren Umrisses. Das heißt:

Auf einer geraden Regelschraubenfläche in Grundstellung besteht für den Aufriß die Kurve des wahren Umrisses aus den geraden Erzeugenden, die zu der Aufrißtafel senkrecht sind.

Die Kurve des scheinbaren Umrisses schrumpft also im Aufriß zusammen in einzelne Punkte, die zweiten Spurpunkte jener Erzeugenden; durch diese Punkte gehen die Aufrisse aller Kurven, die auf der Fläche verlaufen und die erwähnten Erzeugenden treffen.

Die Wendelfläche.

333. Geschlossene gerade Regelschraubenflächen finden wir bei Wendeltreppen: erstens, wenn die Treppe in Stein ausgeführt ist, als Fläche ihrer Unterwölbung, zweitens als Ort der Kanten, in denen je die Trittfläche einer Stufe mit der Setzfläche der nächsthöheren Stufe zusammenstößt, und drittens als Ort der Vorderkanten der Stufen, falls nicht eine Verbreiterung der Trittflächen zu einer offenen geraden Regelschraubenfläche führt. Wir geben deshalb der geschlossenen geraden Regelschraubenfläche den kurzen Namen *Wendelfläche.*

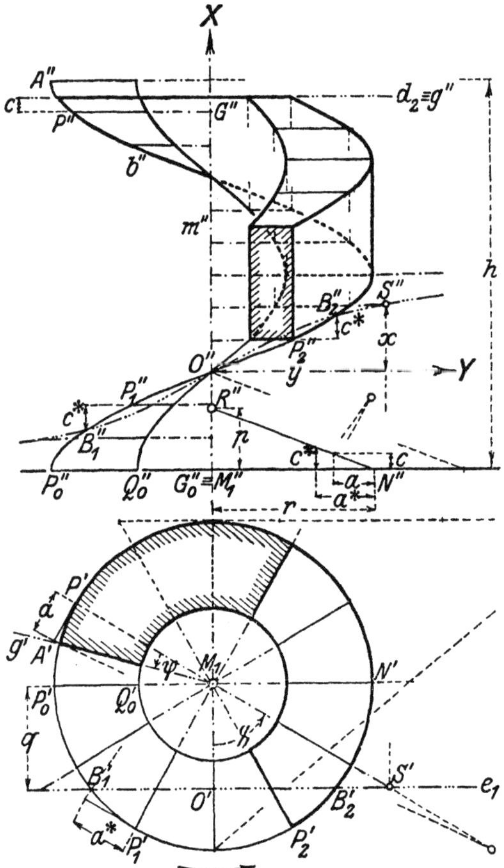

Fig. 110.

Eine Regelschraubenfläche vermögen wir nicht in ihrer ganzen Erstreckung darzustellen, da wir weder ihre unzähligen Windungen noch die unbegrenzte Länge ihrer geraden Erzeugenden zeichnen können. Aber wir brauchen auch für die Anwendungen immer nur Streifen von Regelschraubenflächen zu zeichnen. Ein solcher Streifen einer Wendelfläche ist oben und unten längs zweier geraden Erzeugenden abgeschnitten und wird berandet entweder durch die Schraubenachse und eine Bahnschraubenlinie oder durch zwei Bahnschraubenlinien, die jede gerade Erzeugende auf derselben Seite der Schraubenachse treffen.

Aufgabe: *Gegeben* sind für eine Schraubung die Risse ihrer scheitelrechten Achse m $(M_1 \equiv M_1', m'')$, ihre Ganghöhe h und in Grund-

und Aufriß die den Schraubensinn anzeigenden Pfeile; ferner die Risse

entweder einer wagerechten Strecke P_0G_0, deren Endpunkt G_0 auf m liegt, ($G_0' \equiv M_1$, $P_0''G_0'' \parallel a_{12}$),

oder einer wagerechten Strecke P_0Q_0, deren Verlängerung von m in G_0 getroffen wird, ($G_0' \equiv M_1$, $P_0''Q_0'' \parallel a_{12}$).

Gefordert wird, den Streifen einer Wendelfläche, der durch die gegebene Schraubung aus der Strecke P_0G_0, bzw. P_0Q_0 entsteht, dadurch darzustellen, daß für einen Schraubengang die Risse der Berandungen und einer Anzahl von gleichmäßig verteilten Erzeugenden konstruiert werden.

Wir nehmen, um zuerst den ersten Teil der Aufgabe zu behandeln, in Fig. 110 an, daß P_0G_0 zu der Aufrißtafel parallel gegeben ist ($P_0'G_0' \parallel a_{12}$), und legen die Grundrißtafel durch P_0 (P_0'' auf a_{12}). Dann zeichnen wir die Risse der von P_0 ausgehenden Bahnschraubenlinie b: als Grundriß b' den Kreis, dessen Mittelpunkt M_1 und dessen Halbmesser M_1P_0' ist; als Aufriß b'' die nach Nr. 320, Nr. 323, Nr. 325 zu konstruierende Kurve. Die Erzeugenden des Flächenstreifens sind die Lote, die aus den einzelnen Punkten von b auf m zu fällen sind; sie haben infolgedessen zu Grundrissen die Halbmesser von b' und zu Aufrissen wagerechte Strecken, deren Endpunkte auf b'' und m'' liegen. Wir tragen von ihnen die ein, deren Risse wir bereits als Hilfslinien für die Konstruktion der Punkte von b'' gebraucht haben; zwei derselben, bei der gewählten Zwölfteilung von den Teilpunkten 3 und 9 ausgehend, stehen zu der Aufrißtafel senkrecht, so daß ihre Aufrisse in die Wendepunkte (Nr. 324) von b'' zusammenschrumpfen. Die Berandung des geforderten Flächenstreifens besteht aus P_0G_0 und der um eine Ganghöhe höheren Erzeugenden, sowie aus dem mit P_0 beginnenden Gang von b und der entsprechenden Strecke von m; ihre Risse bilden in beiden Tafeln den vollständigen scheinbaren Umriß, da nach dem letzten Absatz von Nr. 332 auch im Aufriß eine Kurve des scheinbaren Umrisses nicht in Frage kommt. Über die Sichtbarkeit des Streifens ist nur zu bemerken, daß bei den Annahmen von Fig. 110 im Aufriß links von m'' seine Unterseite und rechts von m'' — natürlich ohne den aufgesetzten Schraubenkörper (Nr. 336) — seine Oberseite sichtbar ist.

Um den zweiten Teil der Aufgabe zu lösen, brauchen wir nur die Risse der von Q_0 ausgehenden Bahnschraubenlinie zu zeichnen und als Berandung zu behandeln.

334. Aufgabe: *Gegeben* sind die Risse eines Streifens einer in Grundstellung befindlichen Wendelfläche nach Nr. 333 und die Aufrißspur d_2 einer wagerechten Ebene Δ. *Gesucht* ist der Grundriß der Linie, in der Δ den Flächenstreifen durchschneidet.

Die Ebene Δ trifft die Schraubenachse m in einem Punkt G, dessen Aufriß G'' der Schnittpunkt zwischen d_2 und m'' ist, und enthält die gerade Erzeugende $g\,(g'' \equiv d_2)$ der Wendelfläche, die durch den Punkt G läuft und in ihm, ebenso wie Δ, auf m senkrecht steht. Die Strecke von g, die innerhalb des Flächenstreifens liegt, ist die gesuchte Schnittlinie. Um den Grundriß g' eintragen zu können, brauchen wir den Grundriß A' des Punktes A der Schraubenlinie b, der in Δ und somit auf g liegt; wir können ihn in b' durch die Ordnungslinie des Punktes A'', in dem b'' und $g'' \equiv d_2$ einander begegnen, einzeichnen, müssen aber, falls A'' nicht genau genug bestimmt erscheint oder der Schnitt zwischen b' und der Ordnungslinie schleifend ist, das folgende Verfahren anwenden.

Ist in Fig. 110 P ein dem Punkt A benachbarter unter den für b konstruierten Punkten, so ist für die durch P laufende gerade Erzeugende der Wendelfläche und für die durch A laufende Erzeugende g der Winkelunterschied (Nr. 329) das Bogenmaß ψ des Winkels $\sphericalangle P'M_1A'$ und der Höhenunterschied der Abstand c zwischen P'' und d_2. Wenn ferner a die Länge des Kreisbogens $P'A'$, r der Halbmesser von b' und p der Schraubenparameter ist, so haben wir nach Gleichung (1) in Nr. 312 $\psi = \frac{a}{r}$, nach Gleichung (1) in Nr. 329 $c = \psi\, p$ und folglich

$$c = \frac{a\,p}{r} \quad \text{oder} \quad c : a = p : r\,.$$

Infolgedessen ergibt sich aus der Strecke c, die wir in Fig. 110 abgreifen können, die Strecke a in der dort angedeuteten Weise mit Hilfe des Dreiecks $M_1''R''N''$, in dem $M_1''R'' = p$ und $M_1''N'' = r$ ist. Legen wir dann von P' aus auf die in P' berührende Tangente von b' die Strecke a und verbinden ihren Endpunkt mit dem Punkt, der auf der Geraden $P'M_1$ von P' um die Strecke $3\,r$ (über M_1 hinaus) entfernt liegt, so schneidet die Verbindungsgerade in b' den Endpunkt eines von P' beginnenden Bogens ein, der nach Nr. 312 die Länge a besitzt; dieser Punkt ist also, falls wir a auf der richtigen Seite der Tangente von P' aufgetragen haben, der gesuchte Punkt A' und bestimmt durch seine Ordnungslinie die genaue Lage des Punktes A'' auf d_2, durch den b'' gehen muß.

Wir haben auch, wenn $h = 2\,\pi\,p$ die Ganghöhe der Schraubenfläche und $u = 2\,\pi\,r$ der Umfang des Kreises b' ist,

$$c : a = 2\,\pi\,p : 2\,\pi\,r = h : u \quad \text{oder} \quad a : u = c : h$$

und können in dem Fall, daß der Zahlenwert des Verhältnisses $c : h$ ein einfacher ist, den Bogen a und mit ihm den Punkt A' unmittelbar durch geeignete Unterteilung des bereits eingeteilten Kreisumfanges u gewinnen.

Die Strecke M_1A', bzw. der Teil von ihr, der durch b' und den Grundriß der zweiten berandenden Schraubenlinie begrenzt wird, ist der Grundriß der Schnittlinie zwischen der Ebene Δ und dem Streifen der Wendelfläche.

335. Aufgabe: *Gegeben* sind die Risse eines Streifens einer in Grundstellung befindlichen Wendelfläche nach Nr. 333 und die Grundrißspur e_1 einer scheitelrechten Ebene E. *Gesucht* ist der Aufriß der Kurve, in der E den Flächenstreifen durchschneidet.

Zur Lösung dieser Aufgabe suchen wir (Fig. 110) für die Schnittpunkte zwischen E und den einzelnen geraden Erzeugenden, die gezeichnet vorliegen, die Aufrisse; diese werden auf den Aufrissen der Erzeugenden bestimmt durch die Ordnungslinien der Punkte, in denen e_1 den als Halbmesser von b' eingetragenen Grundrissen der Erzeugenden begegnet. Wenn die hierdurch erhaltene Zahl von Punkten der gesuchten Kurve nicht genügt, müssen wir zwischen die bereits vorhandenen noch die Risse weiterer Erzeugenden des Flächenstreifens einschalten. Jedenfalls aber brauchen wir die Punkte, in denen die Kurve mit b'' zusammentrifft, d. h. die Aufrisse der Schnittpunkte B_1, B_2 zwischen E und dem in Frage kommenden Gang der Schraubenlinie b. Ihre Grundrisse B_1', B_2' sind bekannt als die Schnittpunkte zwischen e_1 und b'; wenn durch deren Ordnungslinien die Punkte B_1'', B_2'' auf b'' nicht mit genügender Genauigkeit zu bestimmen sind, empfiehlt sich das folgende, dem in Nr. 334 auseinandergesetzten verwandte Verfahren.

Ist P_1 ein dem Punkt B_1 benachbarter Teilpunkt von b, so ermitteln wir nach Nr. 312 die Länge a^* des Kreisbogens $P_1' B_1'$ und konstruieren den Höhenunterschied c^* der Punkte P_1'' und B_1'', da für ihn wie in Nr. 334 die Gleichung

$$c^* : a^* = p : r = h : u$$

gilt, auf die in Fig. 110 angedeutete Weise im Dreieck $M''R''N''$ — oder, falls der Zahlenwert des Verhältnisses $a^* : u$ ein einfacher ist, durch Unterteilung von h. Dann ist B_1'' auf der Ordnungslinie von B_1' um c^* über oder unter der durch P_1'' gelegten Wagerechten einzutragen. In derselben Weise finden wir B_2'' mit Hilfe des benachbarten Teilpunktes P_2'' von b'', und zwar, wenn E zu der Aufrißtafel parallel ($e_1 \parallel a_{12}$) ist, infolge der gewählten Anordnung der Teilpunkte von b' unter Benutzung derselben Strecke c^*.

Ist O der Schnittpunkt zwischen der Ebene E und einer derjenigen geraden Erzeugenden der Fläche, die zu der Aufrißtafel senkrecht sind, so fällt, auch wenn E nicht zu der Aufrißtafel parallel ist, O'' in einen Wendepunkt von b''; also geht der Aufriß der Schnittkurve durch die Wendepunkte von b''. Setzen wir nun insbesondere voraus, daß, wie in Fig. 110, E zu der Aufrißtafel parallel ($e_1 \parallel a_{12}$) ist, so ist $M_1 O' \perp e_1$ und somit $M_1 O' = q$ der Abstand zwischen E und der Schraubenachse m. Wir denken uns dann die Wendelfläche über den gezeichneten Streifen hinaus beliebig weit fortgesetzt und bestimmen in einem rechtwinkligen Koordinatensystem, dessen Ursprung O'' und dessen x-Achse m'' ist, die Koordinaten x, y für den Aufriß S'' des Schnittpunktes S zwischen E und einer beliebigen geraden Erzeugenden der

Fläche: Es ist x der Höhenunterschied der beiden durch O und S gehenden Erzeugenden und, da der zugehörige Winkelunterschied χ bis auf ganze Vielfache von π das Bogenmaß des Winkels $\sphericalangle O'M_1S'$ ist, $y = O'S' = q \cdot \operatorname{tg} \chi$. Also besteht, da nach (1) $\chi = \frac{x}{p}$ ist, die Gleichung

$$\frac{y}{q} = \operatorname{tg} \frac{x}{p} \tag{2}$$

und zwar, wenn wir den Richtungssinn der Strecken und den Drehsinn der Winkel beachten, einschließlich der Vorzeichen. Sie ist die Gleichung der Kurve, auf der alle Punkte S'' liegen, d. h. des Aufrisses der Kurve, in der E die Wendelfläche schneidet, und ergibt sich ebenso, auch wenn E nicht zu der Aufrißtafel parallel ist, für die Bildkurve in einer dritten, zu E parallelen Rißtafel. Deshalb ist die Schnittkurve immer kongruent zu einer durch (2) gekennzeichneten Kurve, und wir finden durch denselben Schluß, der auf Gleichung (5) in Nr. 321 angewendet wurde, den Satz:

Eine Wendelfläche wird durch jede Ebene, die zu ihrer Achse parallel ist, in einer Kurve geschnitten, die aus der Tangenslinie durch affine Zusammendrückung oder Dehnung entsteht.

Solche Kurven treten auf, wenn eine Wendeltreppe in einen von ebenen Wänden gebildeten Raum eingebaut wird.

Flachgängige Schrauben.

336. Wird ein Rechteck, dessen Ebene die Schraubenachse m enthält und dessen Seiten zu m parallel und zu m senkrecht sind, bei einer Schraubung mitgeführt, so entsteht ein *flachgängiger Schraubenkörper*. Die Ecken des Rechtecks beschreiben vier Schraubenlinien, von denen zwei einander kongruente auf einem weiteren und zwei einander kongruente auf einem engeren geraden Kreiszylinder liegen. Die zu m parallelen Rechtecksseiten überstreichen auf diesen Zylindern Schraubenbänder, von denen das weitere eine gewölbte, das engere eine hohle Begrenzungsfläche des Schraubenkörpers bildet. Die zu m senkrechten Rechtecksseiten überstreichen Streifen von Wendelflächen; diese sind — abgesehen davon, daß der Schraubenkörper willkürlich abgeschnitten werden kann — die noch übrigen Begrenzungsflächen. Solche Schraubenköper dienen als Wangen von Wendeltreppen und werden im Holzbau aus einzelnen aneinander gefügten Stücken, *Krümmlingen*, zusammengesetzt.

Aufgabe: *Gegeben* ist eine Schraubung wie in Nr. 333, ferner Grund- und Aufriß eines Rechtecks, dessen Ebene durch m geht und dessen Seiten wagerecht und scheitelrecht sind, und die Aufrißspur d_2 einer wagerechten Ebene Δ. *Gesucht* sind die Risse des flachgängigen Schraubenkörpers, der durch die Verschraubung des Rechtecks entsteht und abgeschnitten wird durch die Anfangslage des Rechtecks und durch die Ebene Δ.

Wir konstruieren in Fig. 110 genau nach Nr. 333 von dem Aufriß des unteren der beiden Wendelflächenstreifen soviel, als wir brauchen, und bestimmen dabei vor allem für die Anfangspunkte der beiden ihn berandenden Schraubenlinien die Aufrisse der Tangenten. Darauf stellen wir die Aufrisse der beiden oberen Schraubenlinien her, indem wir die gefundenen Punkte und Tangenten der unteren in der Richtung der Ordnungslinien um die Höhe des gegebenen Rechtecks verschieben. Endlich ermitteln wir nach Nr. 334 die Risse der Strecken, in denen Δ die beiden Wendelflächenstreifen durchdringt[1]), und erhalten hierdurch den Grundriß des Kreisringsektors, in dem Δ den Schraubenkörper abschneidet. Die Sichtbarkeit ergibt sich ohne weiteres so, wie sie in Fig. 110 angedeutet ist.

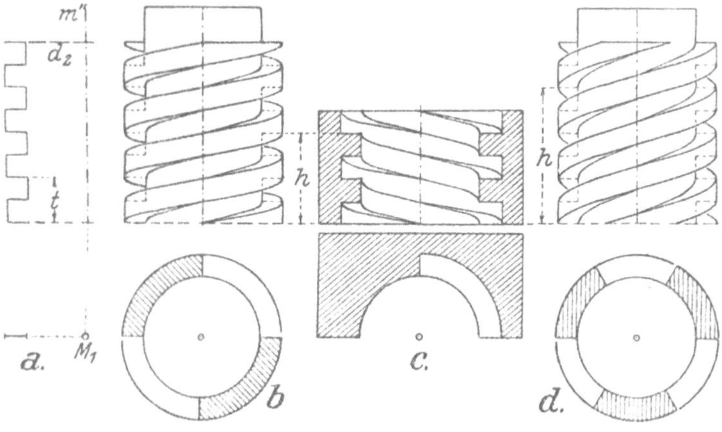

Fig. 111.

337. Ein *flachgängiges Schraubengewinde*, wie es bei *Bewegungs- uud Preßschrauben* gebraucht wird, entsteht, wenn das Profil, dessen Risse in Fig. 111 a gegeben sind, mit der Schraubenachse m und einer Ganghöhe h verschraubt wird, die ein ganzes Vielfaches der in Fig. 111 a angegebenen Länge t, der *Teilung*, ist. Je nachdem $h = t$ oder $h = 2\,t$ oder $h = 3\,t$ usf. ist, kommt ein jeder rechteckige Zahn des Profils nach einer vollen Schraubendrehung ($\varphi = 2\pi$, $h_\varphi = h$) an die Stelle des ersten über ihm liegenden Zahnes oder des zweiten oder des dritten usf. Für $h = t$ erhalten wir also einen einzigen flachgängigen Schraubenkörper, der um den *Kernzylinder* herumgewunden ist (*eingängige Schraube*), für $h = 2\,t$ dagegen zwei, von denen jeder in die Zwischenräume zwischen den Gängen des anderen eingeschaltet ist (*zweigängige Schraube*, Fig. 111 b), und für $h = 3\,t$, $h = 4\,t$ usf. mehrere, in entsprechender Weise angeordnete Schraubenkörper (*mehrgängige Schrauben*, Fig. 111 d). Zu beachten ist hierbei die Stellung, die das

[1]) In Fig. 110 geht Δ gerade durch eine Erzeugende der oberen Wendelfläche, so daß nur die Schnittlinie mit der unteren Wendelfläche zu konstruieren ist.

Profil nach einer halben Schraubendrehung ($\varphi = \pi$, $h_\varphi = \frac{1}{2} h$), im Aufriß also auf der anderen Seite von m'', einnimmt; ist nämlich h ein gerades Vielfaches von t, so sind die Zähne auf beiden Seiten von m'' in gleichen Höhen (Fig. 111 b); dagegen sind sie gegeneinander um $\frac{1}{2} t$ versetzt, wenn h ein ungerades Vielfaches von t ist (Fig. 111 d).

Aufgabe: *Gegeben* sind in Fig. 111 a das Profil für eine flachgängige Schraube, eine ganze Zahl n und die Aufrißspur d_2 einer wagerechten Ebene Δ. *Gesucht* sind für die Grundstellung die Risse der aus dem Profil folgenden n-gängigen Schraube, deren Gewinde durch Δ abgeschnitten sei.

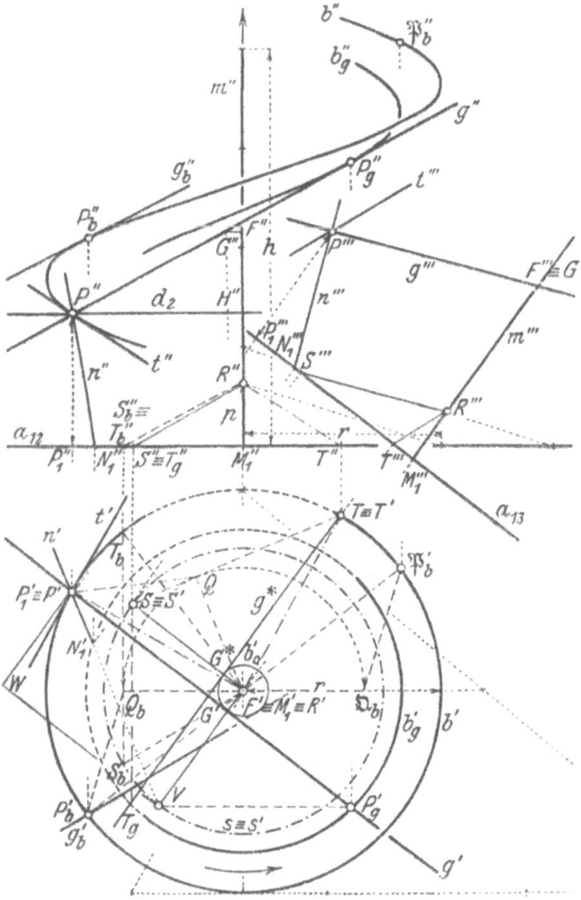

Fig. 112.

Wir konstruieren in Fig. 111 b mit $n = 2$, in Fig. 111 d mit $n = 3$ wie in der Aufgabe von Nr. 336, jedoch unter Berücksichtigung des Umstandes, daß der Kernzylinder und die Schraubenkörper selbst Teile der Schraubenlinien verdecken. Da wir n Schraubenkörper haben, sind $2n$ Wendelflächenstreifen und somit $2n$ Strecken vorhanden, in denen Δ diese Streifen durchschneidet. Wenn aber, wie in Fig. 111, im Profil die Höhe der Zähne gleich der Höhe der Lücken ist, so folgen die Wendelflächenstreifen mit gleichen Höhenunterschieden aufeinander; dann müssen die $2n$ Strecken in dem Kreisring, der den gemeinsamen Grundriß der Schraubenkörper bildet, gleichmäßig verteilt sein, also auf n Durchmessern liegen, die Winkel von $\frac{180^\circ}{n}$ einschließen; es genügt deshalb, eine dieser Strecken nach Nr. 334 zu bestimmen und von ihr ausgehend den einen der beiden Grundkreise in $2n$ gleiche Teile zu teilen[1]).

Aufgabe: *Gegeben* ist in Fig. 111c dasselbe Schraubenprofil wie in Fig. 111a. *Gesucht* ist der Aufriß für die hintere Hälfte der zweigängigen *Schraubenmutter*, die dieses Profil besitzt.

Die zu einer Schraube gehörige Schraubenmutter entsteht durch die Verschraubung desselben Profils; nur treten an die Stelle der um den Kernzylinder sich windenden Schraubenkörper *Schraubennuten*, die in die Wand eines Hohlzylinders eingeschnitten sind. Um sie sehen zu können, schneiden wir die Schraubenmutter durch eine Ebene auf, die parallel zur Aufrißtafel durch ihre Achse läuft, und stellen nur die hintere Hälfte dar. Wir verfahren also wie in der vorigen Aufgabe bei der Konstruktion von Fig. 111b, zeichnen aber in Fig. 111c nur die hinteren, nach links aufsteigenden Bogen der Bildkurven und auch diese nur, soweit sie sichtbar sind. Auch der Grundriß ist ebenso wie dort herzustellen; nur treten an die Stelle der Schnitte durch die Schraubenkörper die Schnitte durch die Schraubennuten, die sich um den Grundkreis des Hohlzylinders herumordnen und die unter ihnen liegenden Schraubenkörper der Mutter sichtbar werden lassen.

II. Schiefe Regelschraubenflächen.

Bahntangenten und Tangentialebenen.

338. Zur Untersuchung der schiefen Regelschraubenflächen brauchen wir zunächst einige Sätze, die auch für gerade Regelschraubenflächen gelten. In Fig. 112 seien für eine in Grundstellung befindliche Regelschraubenfläche gegeben der erste Spurpunkt $M_1 \equiv M_1'$ und der Aufriß m'' der Schraubenachse, die Risse g', g'' einer geraden Erzeu-

[1]) Außer den bekannten mit den Zahlen 2, 3, 5 zusammenhängenden Kreisteilungen (vgl. die Anmerkungen zu Nr. 115 und zu Nr. 274) braucht man mitunter auch die Teilung des Kreises in 7, 14 usw. gleiche Teile. Die Sehne des Bogens, der der siebente Teil des Kreisumfanges ist, wird mit sehr großer Annäherung gegeben durch die halbe Seite des demselben Kreis eingeschriebenen regelmäßigen Dreiecks.

genden g, die Ganghöhe h und die den Schraubensinn kennzeichnenden Pfeile. Hierdurch ist die Fläche vollständig bestimmt. Als ihre *Grundebene* nehmen wir die Grundrißtafel (Nr. 329, Nr. 332) und tragen die Risse der Bahnschraubenlinie b eines Punktes P ein, für den wir P', P'' beliebig auf g', g'' wählen; b' ist der Kreis mit dem Mittelpunkt M_1 und dem Halbmesser M_1P', während b'' nach Nr. 320 herzustellen ist. Dabei bestimmen wir nach Nr. 323 den Aufriß R'' des Scheitels des Richtungskegels von b und erhalten in ihm zugleich den Aufriß *des Punktes R der Regelfläche* (Nr. 329); der Grundriß R' fällt nach M_1.

Die in P berührende Tangente von b ist die *Bahntangente t* von P. Wenn $T \equiv T'$ der von P' um $90°$ gegen den Sinn der positiven Schraubendrehung entfernte Punkt des Kreises b' ist, so haben wir $t \parallel RT$ (Nr. 322) und folglich auch in Grund- und Aufriß $t' \parallel R'T'$, $t'' \parallel R''T''$. T ist innerhalb eines Schraubenganges dem Punkt P umkehrbar eindeutig zugeordnet und kann deshalb als *der zu P gehörige Punkt T* bezeichnet werden. Je nachdem g' durch M_1 hindurchgeht oder nicht, gilt dasselbe für die Gerade g^*, die wir zu g' senkrecht durch T legen. In dem ersten Fall folgt unmittelbar aus der Begriffsbestimmung von T, daß sich stets dieselbe Gerade g^* ergibt, welchen Punkt P von g wir auch gewählt haben. In dem zweiten Fall ziehen wir die Lote M_1G' und M_1G^* zu g' und g^*; dann haben die Dreiecke $M_1P'G'$ und M_1TG^*, weil ihre Seiten paarweise aufeinander senkrecht stehen, paarweise gleiche Winkel und sind, da noch $M_1P' = M_1T$, kongruent. Infolgedessen ist $M_1G' = M_1G^*$ und die Gerade g^* auch in diesem Fall von der Lage unabhängig, die P auf g einnimmt. Das heißt:

Ist g eine gerade Erzeugende einer Regelschraubenfläche, so liegen die zu ihren Punkten gehörigen Punkte T der Grundebene in einer Geraden g^*; diese steht senkrecht auf der Bildgeraden, die g bei rechtwinkliger Projektion auf die Grundebene besitzt.

339. Das gemeinsame Lot von g und m ist unter den Voraussetzungen von Fig. 112 wagerecht, so daß nach dem Satz von Nr. 51 sein Grundriß auf g' und sein Aufriß auf m'' senkrecht steht; seine Risse sind, wenn wir in g'' den Punkt G'' durch die Ordnungslinie von G' und in m'' den Punkt F'' durch die Wagerechte von G'' einschneiden, die Strecken $F'G' \equiv M_1G'$ und $F''G''$. Wir fügen nun in Fig. 112 einen an den Grundriß anschließenden Seitenriß (Nr. 35) hinzu, dessen Tafel zu g parallel ($a_{13} \parallel g'$) und somit zu FG senkrecht ist; in ihm tragen wir g''' mit Hilfe der Punkte P_1 ($P_1 \equiv P_1' \equiv P'$), $F''' \equiv G'''$ ($M_1'''F''' = M_1''F''$) und P''' ($P_1'''P''' = P_1''P''$), sowie den dritten Riß R''' ($M_1'''R''' = M_1''R''$) des Punktes R ein, der für die Richtungskegel aller Bahnschraubenlinien der gemeinsame Scheitel ist. Da $g^* \perp a_{13}$, vereinigen sich die dritten Risse aller Punkte T von g^* in einem einzigen Punkt T''' von a_{13}. Also sind für alle Punkte von g die dritten Risse ihrer Bahntangenten derselben Geraden $R'''T'''$ und einander parallel; sie schneiden g''' unter demselben Winkel, den $R'''T'''$ mit g''' bildet.

Welche gerade Erzeugende g der Regelschraubenfläche wir auch wählen, stets haben mit dem gemeinsamen Lot FG von m und g die ihm und einander gleichen Strecken $F'G' \equiv M_1 G'$, $M_1 G^*$, $M'''T'''$ dieselbe Länge, so daß der Winkel $M_1'''R'''T'''$ immer dieselbe Größe besitzt. Dasselbe gilt auch von dem Winkel zwischen g''' und m''', der gleich dem Neigungswinkel γ von g gegen m ist, und somit auch von dem Winkel zwischen g''' und $R'''T'''$. Hieran ändert sich, wenn g' und g^* durch M_1 laufen, nur, daß $F' \equiv G' \equiv M_1$, $F'' \equiv G''$, $T''' \equiv M_1'''$, $\sphericalangle M_1'''R'''T''' = 0$. Also folgt der Satz:

Wird eine Regelschraubenfläche rechtwinklig auf eine Tafel projiziert, die zu ihrer Achse und zu einer geraden Erzeugenden g parallel ist, so haben die Bahntangenten der Punkte von g Bildgeraden, die einander parallel sind. Diese Bildgeraden sind, welche Erzeugende g der Fläche auch gewählt wurde, gegen die Bildgerade von g stets unter demselben Winkel geneigt.

Steht zufällig die Gerade g auf der Bahntangente t eines ihrer Punkte, P, senkrecht, so ist nach Nr. 51 $g''' \perp t'''$ und somit $g''' \perp R'''T'''$. Dann aber ist für jeden Punkt von g der dritte Riß seiner Bahntangente zu g''' und nach demselben Satz die Bahntangente selbst zu g senkrecht. Deshalb ergibt sich aus dem letzten Satz der folgende:

Wird bei einer Schraubung eine Gerade g mitgeführt und steht auf ihr in einer ihrer Lagen die Bahntangenten eines ihrer Punkte senkrecht, so gilt dasselbe für die Bahntangenten aller Punkte von g und in allen Lagen von g. Auf der entstehenden Regelschraubenfläche durchsetzen die Bahnschraubenlinien die geraden Erzeugenden durchweg rechtwinklig.

Die geschlossenen Regelschraubenflächen mit dieser Eigenschaft sind die Wendelflächen, bei denen jede gerade Erzeugende als Hauptnormale (Nr. 328) der Bahnschraubenlinien aller ihrer Punkte auf den zugehörigen Bahntangenten senkrecht steht. Die offenen Regelschraubenflächen dagegen, die unter unseren Satz fallen, können wir am besten mit Hilfe ihrer Kehlschraubenlinien beschreiben: Bei einer solchen Fläche muß jede gerade Erzeugende g in dem auf ihr liegenden Punkt G der Kehlschraubenlinie b_0 Normale (Nr. 328) von b_0 sein, und zwar ist sie, da das gemeinsame Lot FG der Schraubenachse m und der Geraden g die Hauptnormale ist, die zu dieser senkrechte *Binormale*; also ist die Fläche *die Binormalenfläche ihrer Kehlschraubenlinie.*

340. Wir machen nunmehr ausdrücklich davon Gebrauch, daß in Fig. 112 die gegebenen Stücke einer schiefen Regelschraubenfläche angehören, und leiten zunächst Eigenschaften ab, die den offenen und geschlossenen Flächen gemeinsam sind. Die Gerade, die wir parallel zu g durch den Punkt R ziehen, schneidet die Grundebene in einem Punkt $S \equiv S'$ ($R'S' \parallel g'$, $R''S'' \parallel g''$, $R'''S''' \parallel g'''$), der innerhalb eines Schraubenganges der Erzeugenden g umkehrbar eindeutig zugeordnet ist; wir nennen ihn *den zu g gehörigen Punkt S*. In dem rechtwinkligen Dreieck $M_1'''R'''S'''$ ist $M_1'''R'''$ der Parameter p der Schraubenfläche und $\sphericalangle M_1'''R'''S'''$ gleich dem Winkel zwischen m''' und g''', also gleich dem Neigungswinkel γ, den g und alle geraden Erzeugenden gegen m haben; mithin ist

$$M_1 S = M_1'''S''' = p \cdot tg\, \gamma\,.$$

Infolgedessen trägt der Kreis, den wir um M_1 mit dem Halbmesser

(1) $$\mathfrak{r} = p \cdot tg\, \gamma$$

schlagen, für alle geraden Erzeugenden die zugehörigen Punkte S; er möge *der Kreis s der schiefen Regelschraubenfläche* heißen. Wenn g die Schraubenbewegung ausführt, durch die die Fläche erzeugt wird, dreht sich die Ebene M_1RS so um m, daß sie — wie die in ihr enthaltene Gerade RS — stets zu g parallel bleibt; deshalb muß ihr Drehwinkel, der zugleich derjenige der Strecke M_1S ist, gleich dem Drehwinkel der Schraubung sein. Das Bogenmaß beider Winkel ist also, wenn der von S durchlaufene Bogen des Kreises s die Länge v hat, gleich $\frac{v}{\mathfrak{r}}$.

Das heißt:

Auf einer schiefen Regelschraubenfläche haben zwei gerade Erzeugende den in Bogenmaß gemessenen Winkelunterschied (Nr. 329)

(2) $$\psi = \frac{v}{\mathfrak{r}},$$

wenn $\mathfrak{r}$ der Halbmesser und v die Länge des Bogens des Kreises s ist, der beim Übergang von der einen Erzeugenden zu der anderen von dem zugehörigen Punkt S durchlaufen wird.

Wir bestimmen nun wie in Nr. 338 für einen beliebigen Punkt P von g den zugehörigen Punkt T der Grundebene und erhalten die in P berührende Tangente t der Bahnschraubenlinie b von P parallel zu RT. Die in P berührende Tangentialebene der Fläche ist, da sie die Geraden g und t enthält (Nr. 331), parallel zu der durch RS und RT bestimmten Ebene, deren Grundrißspur $ST \equiv S'T'$ ist; ihre ersten Hauptlinien sind nach dem zweiten Satz von Nr. 56 parallel zu ST. Da das Gefundene für jede gerade Erzeugende der schiefen Regelschraubenfläche gilt, folgt der Satz:

Ist g eine gerade Erzeugende einer in Grundstellung befindlichen schiefen Regelschraubenfläche, so sind für jeden Punkt P von g die ersten Hauptlinien der in ihm berührenden Tangentialebenen der Fläche parallel zu der Verbindungsgeraden der zu g und P gehörigen Punkte S und T.

Die abwickelbare Schraubenfläche.

341. Wenn in Fig. 112 der Winkel zwischen t''' und g''' sich gleich Null ergibt, so stimmen von den Rissen von g nicht nur der Grundriß g', der den Kreis b_0' in G' berührt, sondern nach dem ersten

Satz von Nr. 339 auch der Seitenriß g''' mit den gleichnamigen Rissel der Bahntangente von G überein; g ist die in G berührende Tangente der Kehlschraubenlinie b_0. Das gilt dann für alle geraden Erzeugenden der Regelschraubenfläche, so daß diese *die Tangentenfläche* den Schraubenlinie b_0 ist. Unter der Voraussetzung aber, daß die gerade Erzeugende g in G die Kehlschraubenlinie b_0 berührt, muß, da G^* der zu G gehörige Punkt T von b_0' (Nr. 338) ist, g zu RG^* paraller sein und, da $RS \| g$, S mit G^* zusammenfallen, so daß die in Nr. 338 eingeführte Gerade g^* durch S geht.

Während also im allgemeinen, sobald P auf g und dementsprechend T auf g^* verschoben wird, die Ebene RST sich um RS und die ihr parallelle Tangentialebene von P sich um g dreht, bleiben diese Ebenen jetzt fest. Das heißt: alle Punkte von g — außer dem Punkt G, dessen Tangentialebene unbestimmt ist ($T \equiv G^* \equiv S$) — besitzen eine einzige und gemeinsame Tangentialebene. Da für diese Ebene ST mit g^* übereinstimmt, stehen nach dem zweiten Satz von Nr. 340 ihre ersten Hauptlinien und somit auch sie selbst auf der in Fig. 112 eingeführten Seitenrißtafel senkrecht. Sie projiziert also die Gerade g auf die Seitenrißtafel und enthält, da $F''' \equiv G'''$, das aus G auf die Schraubenachse m gefällte Lot GF, so daß sie sich nach dem Satz von Nr. 327 als die zu G gehörige Schmiegungsebene erweist. Deshalb gilt der Satz:

Die Tangentenfläche einer Schraubenlinie hat längs jeder geraden Erzeugenden eine einzige Tangentialebene, die zugleich Schmiegungsebene der Schraubenlinie ist.

Nur wenn GF zu der Aufrißtafel senkrecht und folglich g zu ihr parallel ist, steht die zu g gehörige Tangentialebene auf der Aufrißtafel senkrecht. Dann sind nach dem ersten Satz von Nr. 266 alle Punkte von g solche der Kurve des wahren Umrisses. Also folgt:

Die Tangentenfläche einer Schraubenlinie hat in Grundstellung für den Aufriß die Gesamtheit ihrer zu der Aufrißtafel parallelen Erzeugenden als Kurve des wahren Umrisses.

Eigentlich müßten wir zu dieser Kurve die Schraubenlinie selbst hinzurechnen, weil ihre Bildkurve in jedem Riß von den Bildgeraden der Erzeugenden berührt wird und die im zweiten Satz von Nr. 266 ausgesprochene Eigenschaft der Kurve des scheinbaren Umrisses besitzt; aber ihre Punkte sind, da in ihnen die Tangentialebenen unbestimmt bleiben, Ausnahmepunkte der Fläche, und sie selbst werden wir (Nr. 351) als scharfen Grat derselben erkennen.

Durch die letzten beiden Sätze unterscheidet sich die Tangentenfläche der Schraubenlinie von den übrigen Regelschraubenflächen und ähnelt den Zylinder- und Kegelflächen. Wie von diesen kann auch von ihr — und ebenfalls von der Tangentenfläche jeder anderen Raumkurve — gezeigt werden, daß sie abwickelbar (Nr. 307) ist; sie wird deswegen aus den übrigen Schraubenflächen durch den Namen der *abwickelbaren Schraubenfläche* herausgehoben.

Die Flächennormalen.

342. Drehen wir das Dreieck $M_1 S T$ um M_1 bis zur Vereinigung von T und P', also um $90°$, so steht jede Strecke der neuen Lage auf ihrer alten Lage senkrecht. Deshalb fällt der Punkt S auf den Endpunkt V des gegen $M_1 S$ um $90°$ im Sinn der Schraubendrehung vorwärts gedrehten Halbmessers von s und die Strecke ST auf die zu ihr senkrechte Strecke VP'. Die Gerade VP' ist also nach dem letzten Satz senkrecht zu den Grundrissen der ersten Hauptlinien, die in der Tangentialebene von P verlaufen, und folglich nach dem zweiten Satz von Nr. 62 zugleich der Grundriß des Lotes, das auf dieser Tangentialebene in P zu errichten ist, d. h. der zu P gehörigen *Flächennormale.* Somit gilt der Satz:

Ist g eine gerade Erzeugende einer in Grundstellung befindlichen schiefen Regelschraubenfläche, so laufen die Grundrisse aller Flächennormalen, die zu den Punkten von g gehören, durch den Punkt V, der auf dem Kreis s der Fläche von dem zu g gehörigen Punkt S um $90°$ im Sinn der positiven Schraubendrehung entfernt liegt.

Wir können also in einem beliebigen Punkt P einer schiefen Regelschraubenfläche die Flächennormale n bestimmen, sobald die durch P gehende gerade Erzeugende g durch ihre Risse gegeben ist: Wir suchen (Fig. 112) den Punkt V auf und erhalten den Grundriß n' in der Geraden VP'; darauf führen wir denselben Seitenriß wie in Nr. 339 ein, ziehen, da g zu der Seitenrißtafel parallel und zu n senkrecht ist, nach Nr. 51 n''' durch P''' senkrecht zu g''' und finden mittels des ersten Spurpunktes N_1 von n den Aufriß $n'' \equiv N_1''P''$.

Die Flächennormalen, die in den einzelnen Punkten derselben geraden Erzeugenden g zu konstruieren sind, schneiden g und, da ihre Grundrisse durch den zu g gehörigen Punkt V laufen, auch die Gerade, die parallel zur Schraubenachse m durch V läuft; ferner stehen sie sämtlich auf g senkrecht und sind deshalb parallel zu einer Ebene, deren Lot g ist. Sie bilden eine *geradlinige* oder *Regelfläche,* die zu den Flächen zweiten Grades (Nr. 299) gehört und *hyperbolisches Paraboloid* heißt.

Lassen wir ferner den Punkt P seine Bahnschraubenlinie b durchlaufen und betrachten wir in jedem Augenblick die durch ihn gehende gerade Erzeugende g, sowie die in ihm berührende Tangente t von b, so sind diese Geraden die aufeinanderfolgenden Lagen zweier Geraden, die durch dieselbe Schraubung die untersuchte Regelschraubenfläche und die Tangentenfläche von b (Nr. 341) beschreiben. Dabei wird auch die Gerade n mitgeführt, die in P auf g und t senkrecht steht und somit für jede Lage von P die zugehörige Flächennormale ist. Also folgt:

Konstruiert man bei einer schiefen Regelschraubenfläche in den Punkten einer Bahnschraubenlinie die Flächennormalen, so bilden diese eine Regelschraubenfläche mit derselben Achse und demselben Parameter.

Die Umrißpunkte.

343. Zur Darstellung einer schiefen Regelschraubenfläche dient im wesentlichen ihr Riß auf eine zu ihrer Achse parallele Tafel, also etwa ihr Aufriß bei Grundstellung. Für ihn muß die Kurve des scheinbaren Umrisses ermittelt werden; dabei ergeben sich auf Grund der Sätze von Nr. 266 die folgenden leitenden Gesichtspunkte:

Für den Aufriß einer in Grundstellung befindlichen schiefen Regelschraubenfläche bestimmen wir die Kurve des scheinbaren Umrisses dadurch, daß wir für eine genügende Anzahl ihrer geraden Erzeugenden und ihrer Bahnschraubenlinien die Aufrisse ihrer Schnittpunkte mit der Kurve des wahren Umrisses aufsuchen und die gefundenen Punkte durch eine Kurve verbinden, die in ihnen die Aufrisse der Erzeugenden und der Bahnschraubenlinien berührt.

Nach dem ersten Satz von Nr. 266 stehen in den gesuchten Punkten die zugehörigen Tangentialebenen zu der Aufrißtafel senkrecht. Hat auf der in Fig. 112 gezeichneten Erzeugenden g der Punkt P_g diese Eigenschaft, so sind die Grundrisse der ersten Hauptlinien seiner Tangentialebene zu der Rißachse a_{12} senkrecht; deshalb muß, wenn T_g der zu P_g gehörige Punkt T ist, nach dem zweiten Satz von Nr. 340 $ST_g \perp a_{12}$ und folglich, da nach Nr. 342 $VP'_g \perp ST_g$ ist, $VP'_g \parallel a_{12}$ sein. Dies gibt den Satz:

Ist g eine gerade Erzeugende einer in Grundstellung befindlichen offenen oder geschlossenen schiefen Regelschraubenfläche und P_g der auf ihr liegende Punkt der Kurve des wahren Umrisses für den Aufriß, so ergibt sich der Grundriß P'_g als Schnittpunkt von g' mit der Wagerechten[1]) durch den Punkt V, der auf dem Kreis s der Fläche von dem zu g gehörigen Punkt S um 90° im Sinn der positiven Schraubendrehung entfernt liegt.

Der Punkt P''_g wird in g'' durch die Ordnungslinie [1, 2] von P'_g eingeschnitten; in ihm hat der Aufriß der Bahnschraubenlinie b_g von P_g eine mit g'' vereinigte Tangente und berührt ebenso wie g'' die Kurve des scheinbaren Umrisses. Für diese erhalten wir, wenn wir die Konstruktion für eine Anzahl von geraden Erzeugenden wiederholen, die zu ihrer Eintragung notwendigen Punkte und Tangenten.

344. Ferner suchen wir in Fig. 112 auch auf der Bahnschraubenlinie b einen Punkt P_b, in dem die Tangentialebene der Fläche zu der Aufrißtafel senkrecht ist: Wenn bei der Verschraubung der Geraden g der auf ihr liegende Punkt P die Bahnkurve b durchläuft, berührt g' stets den Kreis b'_0 und bewegt sich P' auf dem Kreis b'. Zugleich drehen sich M_1S als zu g' paralleler Halbmesser des Kreises s und M_1T

---

[1]) So nennen wir kurz in Figuren zu a_{12} parallele Geraden.

als zu $M_1 P'$ senkrechter Halbmesser des Kreises b', und zwar, da das Dreieck $M_1 P' G'$ nicht verändert wird, so, daß die Winkel $\sphericalangle P' M_1 S$ und $\sphericalangle S M_1 T$ ungeändert bleiben. Deshalb wird, wenn für den gesuchten Punkt P_b und die ihn tragende Erzeugende g_b T_b und S_b die zugehörigen Punkte der Kreise b' und s sind, $\Delta M_1 S_b T_b \cong \Delta M_1 S T$ sein. Aber wegen der Voraussetzung, die wir über die in P_b berührende Tangentialebene gemacht haben, muß — ebenso wie $S T_g$ in Nr. 343 — $S_b T_b$ zu der Rißachse a_{12} senkrecht sein.

Wir brauchen also, um den Grundriß P_b' eines Punktes P_b zu erhalten, nur das Dreieck $M_1 S T$ unter Mitnahme der zu $M_1 T$ senkrechten Strecke $M_1 P'$ um M_1 in eine der beiden möglichen Lagen $M_1 S_b T_b$ zu drehen, in denen $S_b T_b$ zu a_{12} senkrecht ist; und dies geschieht, da es nur auf den Punkt P_b' ankommt, am einfachsten dadurch, daß *wir das Lot $M_1 Q$ auf $S T$ fällen und das Dreieck $M_1 Q P'$ nach der einen oder der anderen Seite drehen, bis $M_1 Q$ zu a_{12} parallel wird.* Die beiden Punkte P_b' und $\mathfrak{P}_b'$, die sich dabei ergeben (Fig. 112), sind die Endpunkte desselben Durchmessers von b'; die zugehörigen Aufrisse P_b'' und $\mathfrak{P}_b''$ können durch die Ordnungslinien in b'' eingeschnitten oder, wenn dies zu ungenau wird, nach dem dritten Absatz von Nr. 335 ermittelt werden.

Konstruieren wir in Fig. 112 noch die Risse der geraden Erzeugenden g_b, auf der P_b liegt, so erhalten wir g_b' als die Tangente des Kreises b_0', die zu $M_1 S_b$ parallel durch P_b' läuft, und g_b'', da $T_b'' \equiv S_b''$ und $g_b'' \| R'' S_b''$, als in P_b'' berührende Tangente von b''. g_b'' und b'' berühren in P_b'' die Kurve des scheinbaren Umrisses.

345. Die Ergebnisse von Nr. 344 gestatten bei der geschlossenen schiefen Regelschraubenfläche eine wesentliche Vereinfachung. Wir nehmen in Fig. 113 von den geraden Erzeugenden einer solchen Fläche eine zu der Aufrißtafel parallele Erzeugende $g_0 \equiv P_0 G_0$ ($G_0' \equiv M_1$, $M_1 P_0' \| a_{12}$) und bestimmen den zu ihr gehörigen Punkt S_0 und den zu P_0 gehörigen Punkt T_0; dann ist S_0 der eine Endpunkt des wagerechten Durchmessers des Kreises s und T_0 der eine Endpunkt des scheitelrechten Durchmessers des Kreises b', sodaß das Dreieck $M_1 S_0 T_0$ bei M_1 rechtwinklig ist. Wenn wir daher das Lot $M_1 Q$ auf $S_0 T_0$ fällen und auf der in P_0 berührenden Tangente von b' die Strecke $P_0' N = M_1 S_0$ auftragen, so haben wir

$$\triangle Q S_0 M_1 \sim \triangle M_1 S_0 T_0 \cong \triangle P_0' N M_1$$

und folglich

$$\sphericalangle Q M_1 P_0 = \sphericalangle Q M_1 S_0 = \sphericalangle M_1 T_0 S_0 = \sphericalangle P_0' M_1 N.$$

Drehen wir nun nach Nr. 344 das Dreieck $M_1 Q P_0'$ so, daß $M_1 Q$ zu a_{12} parallel wird, so fällt $M_1 P_0'$ auf die Gerade $M_1 N$, falls wir die Strecke $P_0' N$ nach der richtigen Seite hin aufgetragen haben. Also schneidet $M_1 N$ die Punkte P_b' und $\mathfrak{P}_b$ in b' ein. Hierdurch erhalten wir die Konstruktionsvorschrift:

Ist b eine Bahnschraubenlinie einer in Grundstellung befindlichen geschlossenen schiefen Regelschraubenfläche, so findet man auf ihr die Punkte der Kurve des wahren Umrisses folgendermaßen: Man trägt auf einer der Tangenten, die den Kreis b' in den Endpunkten seines wagerechten Durchmessers berühren, vom Berührungspunkt nach beiden Seiten den Halbmesser des Kreises s auf und zieht die Geraden, die die Endpunkte dieser Strecken mit M_1 verbinden; die eine von ihnen zeichnet die gesuchten Punkte in b' ein.

Die andere der beiden Geraden leistet dasselbe für eine andere Bahnschraubenlinie der Fläche, die ebenfalls den Kreis b' zum Grundriß hat; eine solche Schraubenlinie wird, wenn wir uns in Fig. 113 die Fläche nicht durch m und b berandet, sondern allseitig unbegrenzt denken, durchlaufen von dem Punkt P_2 ($P_2' \equiv P_0'$) der geraden Erzeugenden g_2 ($g_2' \equiv P_0' G_0'$), die um $^1/_2\, h$ höher liegt als $g_0 \equiv P_0 G_0$.

Zu den Bahnschraubenlinien gehört als Sonderfall die Schraubenachse m, für die unsere Vorschrift erst gedeutet werden müßte; sie ist aber auch Aufriß für die geraden Erzeugenden, deren Grundrisse zu a_{12} senkrecht stehen, und kann somit nach dem zweiten Satz von Nr. 343 behandelt werden (siehe Nr. 347).

Die Umrißkurve der geschlossenen schiefen Regelschraubenfläche.

346. Für eine geschlossene schiefe Regelschraubenfläche können wir den Verlauf *der Kurve u'' des scheinbaren Umrisses*, die sie im Aufriß der Grundstellung besitzt, mit Hilfe des zweiten Satzes von Nr. 343 genau verfolgen. Wir benutzen dazu den in Fig. 113 dargestellten Streifen einer solchen Fläche, denken uns aber die geraden Erzeugenden nach beiden Seiten hin unbegrenzt.

Zunächst untersuchen wir von *der Kurve u des wahren Umrisses* die Gestalten der Risse u_1', u_1'' eines Astes u_1, dessen Punkte einer gewissen Gruppe von Erzeugenden angehören; die unterste dieser Erzeugenden ist die zu der Aufrißtafel parallele Gerade $g_0 \equiv P_0 G_0$ und die oberste die ebenfalls zu der Aufrißtafel parallele Gerade $g_2 \equiv P_2 G_2$, die gegen g_0 den Winkelunterschied $\psi = \pi$ und den Höhenunterschied $h_\psi = \frac{1}{2} h$ (Nr. 329) besitzt. In dieser Gruppe ist eine gerade Erzeugende g, deren Winkelunterschied gegen g_0 ein spitzer Winkel φ ist, und zugleich die Erzeugende $\mathfrak{g}$, die dem Winkel $\pi - \varphi$ entspricht. V_0, V_2, V, $\mathfrak{V}$ seien die nach dem zweiten Satz von Nr. 343 zu g_0, g_2, g, $\mathfrak{g}$ gehörigen Punkte des Kreises s; dann sind die Grundrisse der auf g und $\mathfrak{g}$ fallenden Punkte P_g und $\mathfrak{P}_{\mathfrak{g}}$ von u_1 die Schnittpunkte von g' und $\mathfrak{g}'$ mit den durch V und $\mathfrak{V}$ gelegten wagerechten Geraden. Drehen wir g' gegen g_0' und zugleich $\mathfrak{g}'$ gegen $g_2' \equiv g_0'$, so nähern sich die Wagerechten VP_g' und $\mathfrak{V}\mathfrak{P}_{\mathfrak{g}}'$ den in V_0 und V_2 berührenden Tangenten von s; also müssen P_g' und $\mathfrak{P}_{\mathfrak{g}}'$ sich immer weiter von M_1 entfernen und dabei jenen Tangenten immer näher kommen, ohne im Endlichen auf sie zu fallen. Infolgedessen entfernen sich auch die Aufrißpunkte P_g''

und $\mathfrak{P}_g''$ immer weiter von m'', je näher die sie tragenden Geraden g' und $\mathfrak{g}''$ an g_0'' und $\mathfrak{g}_2''$ heranrücken; sie kommen dabei den Geraden g_0'' und g_2'' immer näher, können aber, da sich auf $g_0' \equiv g_2'$ kein endlicher Punkt P_g' ergibt, sie im Endlichen nicht erreichen. Ebenso wie in Nr. 240 bei der Hyperbel dürfen wir hier sagen, daß die genannten Geraden *Asymptoten* von u_1' bzw. von u_1'' sind.

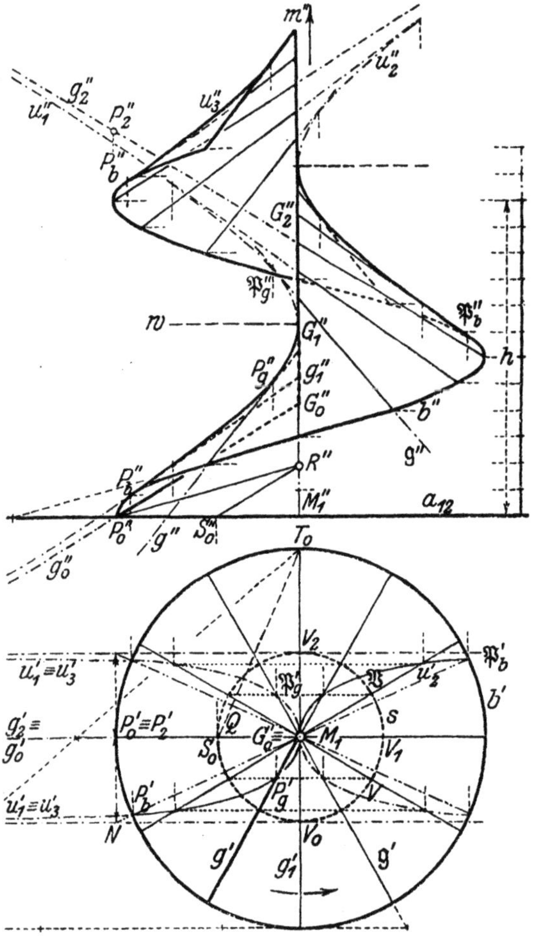

Fig. 113.

Wir erkennen hieraus, daß die geraden Erzeugenden g_0, g_2 tatsächlich einen Ast u_1 der Kurve u begrenzen. Zwei Erzeugende wie sie finden wir aber auf der geschlossenen Regelschraubenfläche unendlich oft wieder, und zwar so, daß sie immer abwechselnd nach links und nach rechts auseinander streben. Deshalb erhalten wir den Satz:

Eine geschlossene schiefe Regelschraubenfläche in Grundstellung hat für den Aufriß eine Kurve u des wahren Umrisses, deren Grundriß u' aus zwei und deren Aufriß u'' aus unendlich vielen kongruenten Ästen besteht. Jeder der beiden Äste von u' hat die beiden wagerechten Tangenten des Kreises s der Fläche, jeder Ast von u'' die Aufrisse von zwei geraden Erzeugenden, die zu der Aufrißtafel parallel sind und den Winkelunterschied π haben, zu Asymptoten. Die Äste von u'' folgen, abwechselnd zu beiden Seiten des Aufrisses der Schraubenachse liegend, mit dem Höhenunterschied $\frac{1}{2}h$ aufeinander.

347. Zur näheren Untersuchung der Kurvenzüge u_1', u_1'' nehmen wir noch die gerade Erzeugende g_1 der Fläche hinzu, die gegen g_0 den Winkelunterschied $\frac{1}{2}\pi$ und den Höhenunterschied $\frac{1}{4}h$ besitzt

($g_1' \perp a_{12}$, $g_1'' \equiv m''$). Ist G_1 ihr Schnittpunkt mit der Schraubenachse m, so ist $G_0''G_1'' = G_1''G_2'' = \frac{1}{4}h$. Ferner geben die spitzen Winkel, die g_0'' und g_2'' mit m'' einschließen, die wahre Größe des Neigungswinkels γ an, den die geraden Erzeugenden der Fläche gegen m haben; sie sind mithin einander gleich, aber nach verschiedenen Seiten hin geöffnet. Also folgt, daß g_0'' und g_2'' zueinander symmetrisch liegen in bezug auf die wagerechte Gerade w, die in G_1'' auf m'' senkrecht steht.

Die beiden in Nr. 346 eingeführten geraden Erzeugenden g und $\mathfrak{g}$ haben zu Grundrissen (Fig. 113) die durch M_1 laufenden Geraden g', $\mathfrak{g}'$, die gegen die wagerechte Gerade $g_0' \equiv g_2'$ unter den Winkeln φ und $\pi - \varphi$, d. h. beide unter dem spitzen Winkel φ geneigt sind; g' und $\mathfrak{g}'$ sind also zueinander in bezug auf $g_0' \equiv g_2'$ symmetrisch. Dagegen sind die Aufrisse g'' und $\mathfrak{g}''$ zueinander in bezug auf w symmetrisch: *Einerseits* nämlich sind, wenn die Schraubenlinie b von g, g_1, $\mathfrak{g}$ in P, P_1, $\mathfrak{P}$[1]) getroffen wird, nach Gleichung (1) in Nr. 329 die Höhenunterschiede von P_1 und P, sowie von $\mathfrak{P}$ und P_1 beide gleich $\left(\frac{\pi}{2} - \varphi\right) p$ und folglich, wenn die Achse m von g und $\mathfrak{g}$ in G und $\mathfrak{G}$ geschnitten wird, $GG_1 = G_1\mathfrak{G}$ und $G''G_1'' = G_1''\mathfrak{G}''$. *Andererseits* aber haben, wenn PO und $\mathfrak{P}\mathfrak{O}$ die aus P und $\mathfrak{P}$ auf m gefällten Lote sind, in den kongruenten Dreiecken GPO und $\mathfrak{G}\mathfrak{P}\mathfrak{O}$ die zu g' und $\mathfrak{g}'$ parallelen Seiten PO und $\mathfrak{P}\mathfrak{O}$ wie g' und $\mathfrak{g}'$ gleiche Neigungswinkel gegen die Aufrißtafel, so daß nach dem zweiten Satz in Nr. 47 $P''O'' = \mathfrak{P}''\mathfrak{O}''$ ist; folglich ist $\Delta G''P''O'' \cong \Delta \mathfrak{G}''\mathfrak{P}''\mathfrak{O}''$, so daß $g'' \equiv P''G''$ und $\mathfrak{g}'' \equiv \mathfrak{P}''\mathfrak{G}''$ gleiche Winkel gegen m'' bilden. Also gilt für g'' und $\mathfrak{g}''$ genau dasselbe wie für g_0'' und g_2''.

Zugleich mit g' und $\mathfrak{g}'$ liegen auch die zu ihnen gehörigen Punkte V, $\mathfrak{V}$ und folglich die durch diese gelegten Wagerechten zueinander in bezug auf $g_0' \equiv g_2'$ symmetrisch; deshalb gilt dasselbe für die Punkte P_g' und $\mathfrak{P}_\mathfrak{g}'$. Ihre gemeinsame Ordnungslinie schneidet, da sie auch zu w senkrecht steht, in die Geraden g'' und $\mathfrak{g}''$ die wie diese in bezug auf w symmetrischen Punkte P_g'' und $\mathfrak{P}_\mathfrak{g}''$ ein. Wir erkennen hieraus, daß u_1' die Symmetrieachse g_0' und u_1'' die Symmetrieachse w besitzt.

Wenn wir g' um M_1 gegen g_1' drehen, nähert sich V dem zu g_1 gehörigen Punkt V_1, der auf $g_0' \equiv g_2'$ liegt, und somit P_g' dem Punkt M_1; dieser ist, da er auf der Symmetrieachse $g_0' \equiv g_2'$ liegt, der Scheitel von u_1' und hat g_1' zur Tangente. Gleichzeitig rückt der Punkt P_g von u_1 nach dem Punkt von g_1, dessen Grundriß M_1 ist, d. h. nach G_1; also ist der Aufriß G_1'' ein Punkt von u_1'', und zwar, da er auf der Symmetrieachse w liegt, der Scheitel. Die zu G_1'' gehörige Scheiteltangente ist m'', weil u_1'' als Kurve des scheinbaren Umrisses die mit m'' vereinigte Gerade g_1'' berühren muß. Wir erhalten hiernach den Satz:

Ist u_1 ein Ast der Kurve des wahren Umrisses, die eine geschlossene schiefe Regelschraubenfläche für den Aufriß ihrer Grundstellung besitzt,

[1]) Die Risse dieser Punkte und die der Punkte G, $\mathfrak{G}$, O, $\mathfrak{O}$ sind in Fig. 113 nicht bezeichnet.

so hat der Grundriß u_1' den wagerechten Durchmesser des Kreises s zur Symmetrieachse und seinen Mittelpunkt zum Scheitel. Der Aufriß u_1'', die Kurve des scheinbaren Umrisses, hat zum Scheitel den Aufriß des Schnittpunktes zwischen der Schraubenachse m und der im Bereich von u_1 liegenden Erzeugenden, deren Aufriß mit m'' übereinstimmt; die durch diesen Punkt gezogene Wagerechte ist die Symmetrieachse und m'' die Scheiteltangente von u_1''.

Streifen schiefer Regelschraubenflächen.

348. Die geraden Erzeugenden einer Regelschraubenfläche, die aufeinander mit dem Winkelunterschied π und dem Höhenunterschied $\frac{1}{2}h$ folgen — wie in Fig. 113 die in Nr. 346 eingeführten Geraden g_0, g_2 —, liegen in einer, die Schraubenachse enthaltenden Ebene; die Schnittpunkte, die sie bei einer schiefen Regelschraubenfläche besitzen, führen zu Selbstdurchdringungen der Fläche, die in unzähligen Schraubenlinien stattfinden. Wir werden, dem Bedarf der Anwendungen folgend, Streifen von schiefen Regelschraubenflächen darstellen, innerhalb deren eine Selbstdurchdringung nicht vorkommt.

Aufgabe: *Gegeben* sind für eine Schraubung die Risse ihrer scheitelrechten Achse m ($M_1 \equiv M_1'$, m''), ihre Ganghöhe h und in Grund- und Aufriß die den Schraubensinn anzeigenden Pfeile, sowie die Risse einer Strecke P_0G_0, die zu der Aufrißtafel parallel ist ($P_0'G_0' \parallel a_{12}$) und deren Endpunkt G_0 auf m liegt ($G_0' \equiv M_1$). *Gefordert* wird, den Streifen einer geschlossenen schiefen Regelschraubenfläche, der durch die gegebene Schraubung aus der Strecke P_0G_0 entsteht, dadurch darzustellen, daß für $1^1/_6$ Schraubengang die Risse der Berandungen, die Risse einer Anzahl von gleichmäßig verteilten Erzeugenden und die scheinbaren Umrisse konstruiert werden.

Wir zeichnen in Fig. 113 zuerst, wie in Nr. 333, die Risse b', b'' der von P_0 ausgehenden Bahnschraubenlinie b. Doch legen wir der Übersichtlichkeit halber die hierfür erforderliche Zwölfteilung der Ganghöhe h nicht auf m'', sondern auf eine besondere scheitelrechte Gerade. Auf m'' tragen wir von G_0'' aus dieselbe Einteilung auf und erhalten dann durch die Strecken, die immer gleichvielte Teilpunkte von b'' und m'' verbinden, die Aufrisse der Erzeugenden, die sich bei der gewählten Einteilung ergeben. Die zugehörigen Grundrisse sind Halbmesser des Kreises b'. Die Risse von m, b, P_0G_0 und der um $1^1/_6$ Ganghöhe höheren Erzeugenden bilden die Berandung des geforderten Flächenstreifens.

In dem Aufriß des Scheitels des Richtungskegels von b haben wir zugleich denjenigen des Punktes R der Regelschraubenfläche. Dann ist der zu $g_0 \equiv G_0P_0$ gehörige Punkt S_0 als erster Spurpunkt der Geraden aufzusuchen, deren Risse $R'S_0' \equiv G_0'P_0'$ und $R''S_0'' \parallel G_0''P_0''$ sind (Nr. 340), und der Kreis s der Regelschraubenfläche mit dem Halbmesser M_1S_0 um M_1 zu schlagen. Die Punkte V, die nach dem zweiten Satz von Nr. 343 zu den eingezeichneten Erzeugenden gehören, sind bei der gewählten Zwölfteilung die Schnittpunkte von s mit den Grundrissen derselben. Mit ihrer Hilfe bestimmen wir nach dem erwähnten Satz die Risse der Punkte, in denen die Umrißkurve u die einzelnen eingezeichneten Erzeugenden trifft, — jedoch nur, soweit diese Punkte für den Flächenstreifen in Betracht kommen, — und schalten nach Bedarf weitere Erzeugende ein. Nachdem wir noch die Risse der Schnittpunkte von u und b nach Nr. 345 festgestellt haben, können wir nach dem ersten Satz von Nr. 343 und unter Beachtung der Sätze von Nr. 346 und Nr. 347 von der Kurve u'' des scheinbaren Umrisses die Bögen einzeichnen, aus denen sich neben der Berandung der scheinbare Umriß unseres Flächenstreifens im Aufriß zusammensetzt. Die Sichtbarkeit deuten wir, indem wir uns den Flächenstreifen als ein undurchsichtiges, dickeloses Blatt denken, wie in Fig. 113 an.

349. Aufgabe: *Gegeben* und *gefordert* ist dasselbe wie in der Aufgabe von Nr. 348 mit dem Unterschied, daß die Strecke P_0G_0 ersetzt ist durch eine Strecke P_0Q_0, deren Verlängerung in G_0 die Schraubenachse m schneidet.

Zu ihrer Lösung tragen wir in Fig. 117 die Risse der von P_0 und Q_0 ausgehenden Bahnschraubenlinien b_1 und b_2 ein und erhalten die Risse der erzeugenden Strecken durch Verbindung der gleichvielten Teilpunkte sowohl von b_1' und b_2', als auch von b_1'' und b_2''; dabei brauchen wir nicht, wie in Fig. 117 geschehen ist, die Erzeugenden bis M_1 und m'' zu verlängern. Ferner bestimmen wir nach Nr. 345 die Umrißpunkte von b_1'' und b_2'' und zeichnen von der Kurve u'' nur die zwischen b_1'' und b_2'' liegenden Bögen. Dabei ist zu beachten, daß *diese Bögen von u'' stets nach außen hohl sind.* Nur wenn sie weit von m'' entfernt, also den Asymptoten (Nr. 346) nahe liegen, dürfen sie als gemeinsame gerade Tangenten von b_1'' und b_2'' gezogen werden. Im anderen Fall und bei größerem Maßstab der Zeichnung müssen sie mit Hilfe eingeschalteter Erzeugenden wie in Nr. 348 konstruiert werden.

Aufgabe: *Gegeben* sind die Risse einer scheitelrechten Geraden m ($M_1 \equiv M_1'$, m'') und einer Strecke P_1P_2, deren Gerade zu m windschief ist, sowie eine Strecke h und die zur Bestimmung eines Schraubensinnes notwendigen Pfeile. *Gefordert* wird, den Streifen einer offenen schiefen Regelschraubenfläche, der durch Verschraubung der Strecke P_1P_2 mit der Achse m, der Ganghöhe h und dem angegebenen Schraubensinn entsteht, dadurch darzustellen, daß von der Anfangslage P_1P_2 an für einen Schraubengang die Risse der Berandungen, die Risse einer Anzahl von gleichmäßig verteilten Erzeugenden und die scheinbaren Umrisse konstruiert werden.

Wir tragen in Fig. 114 für die Bahnschraubenlinien b_1, b_2 der Punkte P_1, P_2 die Grundkreise b_1', b_2' ein, teilen diese von P_1' und von P_2' ausgehend in gleiche Teile und bestimmen die zu den Teilpunkten gehörigen Aufrißpunkte. Die Scheitel der Kurven b_1'', b_2'' befinden sich nur in besonderen Fällen unter diesen Punkten und werden nach dem dritten Absatz von Nr. 335 als die Aufrisse der Punkte bestimmt, in denen b_1 und b_2 die durch m laufende und zu der Aufrißtafel parallele Ebene durchbohren. Aus ihnen folgen mittels des Höhenunterschiedes $\frac{1}{4}h$ die auf m'' gelegenen Wendepunkte von b_1'', b_2'', so daß wir diese Kurven nach Nr. 323, Nr. 324 und Nr. 325 einzeichnen können. In derselben Weise stellen wir die Risse der Kehlschraubenlinie b_0 her, wenn sie in dem abzubildenden Flächenstreifen enthalten ist, d. h. wenn der Fußpunkt G' des auf $P_1' P_2'$ gefällten Lotes $M_1 G'$ (vgl. Nr. 332 und Nr. 339) zwischen P_1' und P_2' liegt. Endlich suchen wir noch für die in Betracht kommenden Bögen der Kurve u'' des scheinbaren Umrisses die Punkte auf b_1'', b_2'' und den Aufrissen der Erzeugenden nach Nr. 343 und Nr. 344 auf, wobei ohne Beweis bemerkt sei, daß für die Kurven u', u'' bei der offenen schiefen Regelschraubenfläche Ähnliches wie das in Nr. 346 und Nr. 347 Gefundene gilt.

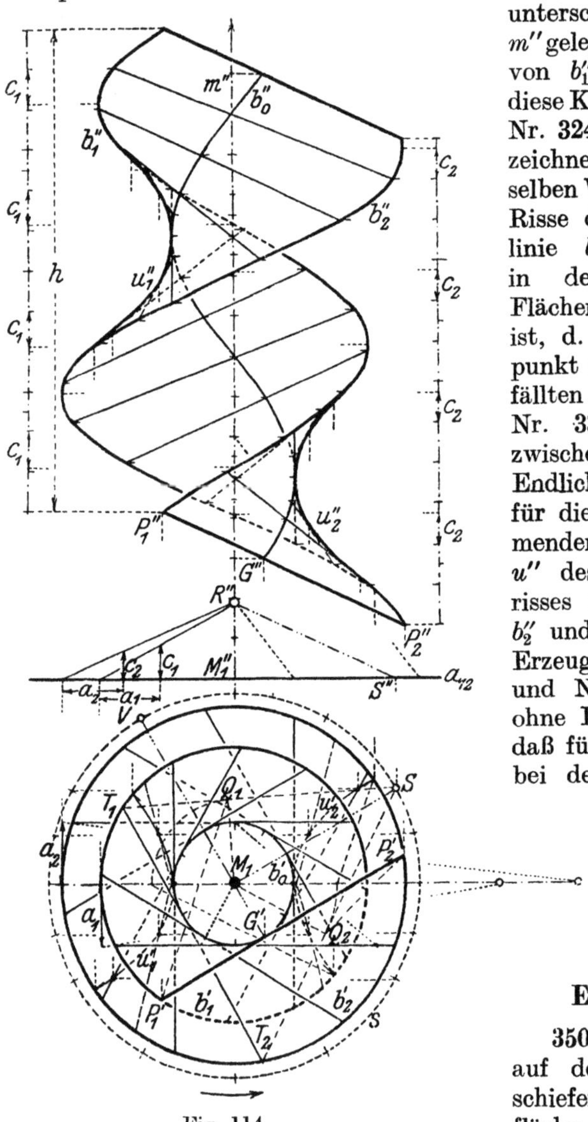

Fig. 114.

Ebene Schnitte.

350. Eine Ebene Δ, die auf der Achse m einer schiefen Regelschraubenfläche senkrecht steht, ist bei Grundstellung der Fläche wagerecht und wird in Fig. 112 durch ihre wagerechte Aufrißspur d_2 bestimmt. Sie schneidet eine gerade Erzeugende g der Fläche in einem Punkt P, dessen Aufriß P'' der Schnittpunkt von g'' und d_2 ist. Fällen wir aus dem Punkt G, den g mit der Kehlschraubenlinie

b_0 — wenn die Regelschraubenfläche offen ist — oder mit m — wenn die Regelschraubenfläche geschlossen ist ($G' \equiv M_1$) — gemeinsam hat, auf Δ das Lot GH ($H' \equiv G'$, H'' auf d_2), so ist HP gleich der Strecke $H'P' \equiv G'P'$ und $\sphericalangle HGP$ gleich dem Neigungswinkel γ von g gegen m. Also folgt aus dem rechtwinkligen Dreieck HGP, daß $HP = HG \cdot \operatorname{tg}\gamma$, und aus (1), daß

$$G'P' = \frac{\mathfrak{r} \cdot HG}{p} \tag{3}$$

ist. HG ist der Höhenunterschied zwischen G und dem Punkt G_Δ, in dem Δ die Kehlschraubenlinie b_0 bzw. die Schraubenachse m trifft, und nach Nr. 329 auch der Höhenunterschied der durch diese Punkte gehenden geraden Erzeugenden g und g_Δ (vgl. Fig. 117). Besitzen dieselben den (in Bogenmaß gemessenen) Winkelunterschied ψ, so ist nach Gleichung (1) in Nr. 329 $HG = \psi p$ und folglich nach (3)

$$G'P' = \psi \mathfrak{r}.$$

Hieraus ergibt sich nach dem ersten Satz von Nr. 340 und nach Gleichung (2)

$$G'P' = v\,, \tag{4}$$

wobei v der Bogen des Kreises s zwischen den zu g und g_Δ gehörigen Punkten S und S_Δ ist; weil aber $\sphericalangle SM_1V = \sphericalangle S_\Delta M_1 V_\Delta = 90°$, ist *$v$ auch die Länge des Bogens zwischen den Punkten V und V_Δ von s*, die nach dem ersten Satz von Nr. 342 zu g und g_Δ gehören.

Die Grundrißpunkte G' und G'_Δ liegen, wenn sie nicht mit M_1 vereinigt sind, so auf dem Kreis b'_0 und den Geraden M_1V und M_1V_Δ, daß M_1 entweder in beiden Strecken VG' und $V_\Delta G'_\Delta$ oder in keiner von ihnen enthalten ist. Deshalb ist stets $VG' = V_\Delta G'_\Delta$. Tragen wir nun in Fig. 112 den vierten Eckpunkt W des Rechtecks $P'G'VW$ ein, so erhalten wir auf der in V berührenden Tangente des Kreises s die Strecke VW, die nach (4) durch

$$VW = G'P' = v\,,$$

und senkrecht zu der Tangente die Strecke WP', die durch

$$WP' = VG' = V_\Delta G'_\Delta$$

gegeben ist. Hierdurch kommen wir zu der folgenden Begriffsbestimmung der Kurve, auf der die Grundrisse P' der Schnittpunkte von Δ mit allen geraden Erzeugenden der Fläche liegen:

Wir wiederholen in Fig. 115 den in Betracht kommenden Teil von Fig. 112 und denken uns eine Gerade y, mit der ein Punkt Z durch das Lot ZY fest verbunden ist, als Tangente an den Kreis s gelegt und, ohne zu gleiten, an ihm abrollend; dabei setzen wir $YZ = WP' = V_\Delta G'_\Delta$ voraus und nehmen die *Anfangslage* (y_0, Y_0, Z_0) so, daß y_0 die in V_Δ berührende, also zu g'_Δ parallele Tangente von s ist und Y_0 mit V_Δ, Z_0 mit G'_Δ übereinstimmt. Ist dann X der augenblickliche Berührungspunkt zwischen y und s, so ist immer der Kreisbogen XV_Δ gleich der Strecke XY; deshalb fällt, von welcher geraden Erzeugenden

g wir auch ausgehen, Y auf W, sobald y sich mit der Tangente von V vereinigt, und somit Z auf P'. Also gilt der Satz:

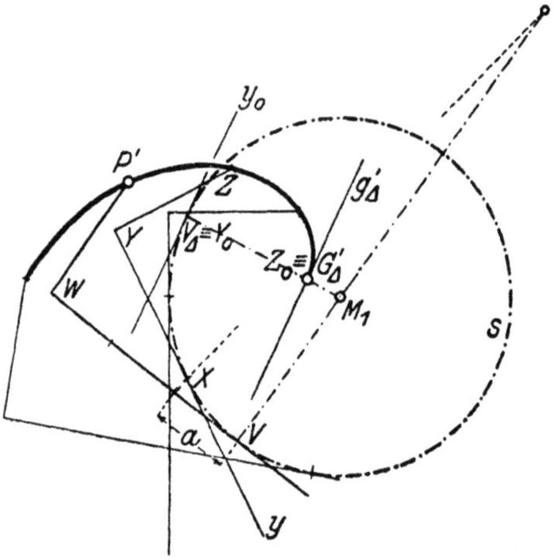

Fig. 115.

Wird eine schiefe Regelschraubenfläche in Grundstellung durch eine wagerechte Ebene Δ geschnitten, so ist der Grundriß der Schnittkurve diejenige Evolvente des Kreises s der Fläche, für die sich die Anfangslagen y_0, Z_0 der abrollenden Geraden y und des beschreibenden Punktes Z folgendermaßen bestimmen: Z_0 ist der Grundriß des Punktes G_Δ, in dem Δ die Kehlschraubenlinie oder, wenn die Fläche geschlossen ist, die Schraubenachse trifft, und y_0 liegt parallel zu dem Grundriß der geraden Erzeugenden der Fläche, die durch G_Δ geht.

351. Aus dem letzten Satz folgt, da die Schnittkurve selbst ihrem Grundriß kongruent ist:

Eine schiefe Regelschraubenfläche wird durch eine zu ihrer Achse senkrechte Ebene in einer (allgemeinen) Kreisevolvente geschnitten.

Eine allgemeine Kreisevolvente ist *verschlungen* (Fig. 116a) oder *geschweift* (Fig. 116b) oder *gespitzt* (Fig. 116c) und dann eine Kreisevolvente im engeren Sinn. Der letzte Fall tritt ein, wenn der beschreibende Punkt Z auf der abrollenden Geraden y selbst liegt ($Y \equiv Z$), wenn also in Fig. 112 $P' \equiv W$ und somit $G' \equiv V$, $b_0' \equiv s$ ist; dann ist aber nach Nr. 341 die Fläche eine *abwickelbare Schraubenfläche* und hat längs der Kehlschraubenlinie b_0 einen scharfen Grat, da auf dieser die Spitzen der Kreisevolventen liegen, in denen die Fläche von Δ und den zu Δ parallelen Ebenen geschnitten wird.

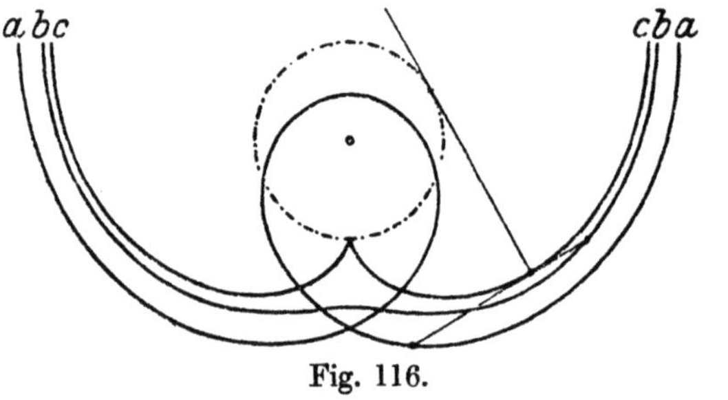

Fig. 116.

Eine verschlungene Kreisevolvente von besonderer Art finden wir bei der geschlossenen schiefen Regelschraubenfläche. Für eine solche vereinigen sich die Punkte G', G'_Δ von Fig. 112 mit M_1, wie dies Fig. 117 zeigt. Dann ist $G'P' \equiv M_1 P'$ und WP' gleich dem Halbmesser $\mathfrak{r}$ des Kreises s. Ferner liegen S_Δ auf g'_Δ, S auf g'; wir können also den Buchstaben A' an den einen Halbstrahl von g'_Δ so setzen, daß $\sphericalangle A' M_1 P'$ entweder der Winkel $\sphericalangle S_\Delta M_1 S$ selbst oder sein Scheitelwinkel ist und wie dieser nach (2) das Bogenmaß $\psi = \frac{v}{\mathfrak{r}}$ besitzt. Bezeichnen wir schließlich die Länge der Strecke $M_1 P'$ mit r, so sind der *Radius* r und die *Amplitude* ψ *Polarkoordinaten* von P' in bezug auf den *Pol* M_1 und die *Polarachse* $M_1 A'$; für sie folgt aus (4) die Beziehung

$$r = M_1 P' \equiv G'P' = v = \psi \mathfrak{r}$$

oder

$$r = \psi \mathfrak{r} \tag{5}$$

und aus dieser der Satz:

Eine geschlossene schiefe Regelschraubenfläche wird durch jede Ebene Δ, die zu ihrer Achse m senkrecht steht, in einer Archimedischen Spirale geschnitten. Die mit dieser kongruente Archimedische Spirale, die sich als ihr Grundriß bei Grundstellung der Fläche ergibt, hat zur Polarachse den Grundriß der geraden Erzeugenden, die m in demselben Punkt wie Δ trifft.

352. Die Kreisevolvente, die sich nach Nr. 350 als Grundriß der Schnittkurve zwischen einer in Grundstellung befindlichen schiefen Regelschraubenfläche und einer wagerechten Ebene Δ ergibt, können wir konstruieren, sobald der Kreis s und für eine einzige Erzeugende g der Fläche die Punkte V und P' gefunden sind: Zu diesem Zweck teilen wir, wie Fig. 115 dies zeigt, VW in eine Anzahl gleicher Teile von der Länge a, bestimmen auf s — wie im dritten Absatz von Nr. 334 mit Hilfe des Verfahrens von Nr. 312 — einen Bogen von der Länge a, tragen diesen Bogen von V aus nach beiden Seiten hin ab und zeichnen für jeden dieser Punkte die zugehörige Lage von y und Z.

Noch einfacher verfahren wir auf Grund der Gleichung (5), sobald es sich um einen Bogen einer Archimedischen Spirale handelt, für den der Pol M_1 und seine Endpunkte B'_1, B'_2 gegeben sind. Wir setzen dabei des einfacheren Ausdruckes wegen voraus, daß $M_1 B'_1 > M_1 B'_2$ und — wenn wir unter $\sphericalangle B'_2 M_1 B'_1$ den Winkel verstehen, den der Radius eines den Bogen durchlaufenden Punktes überstreicht — $\sphericalangle B'_2 M_1 B'_1 < 360°$ ist. Dann kennen wir von den Polarkoordinaten der Punkte B'_1, B'_2 die Radien $r_1 = M_1 B'_1$, $r_2 = M_1 B'_2$ und den Unterschied der Amplituden, $\psi_1 - \psi_2$, der das Bogenmaß von $\sphericalangle B'_2 M_1 B'_1$ ist. Da nach (5)

$$r_1 = \psi_1 \mathfrak{r},\ r_2 = \psi_2 \mathfrak{r} \text{ und somit } r_1 - r_2 = (\psi_1 - \psi_2)\mathfrak{r}$$

sein muß, ist, wenn d und δ gleichvielte Teile von

$$r_1 - r_2 = M_1 B'_1 - M_1 B'_2 \text{ und } \psi_1 - \psi_2 = \sphericalangle B'_2 M_1 B'_1$$

sind und ξ eine beliebige ganze Zahl bedeutet,

$$d = \delta \mathfrak{r} \text{ und } r_2 + \xi d = (\psi_2 + \xi \delta)\mathfrak{r};$$

das heißt: Jeder Punkt mit den Polarkoordinaten $r = r_2 + \xi d$, $\psi = \psi_2 + \xi\delta$ genügt der Gleichung (5) und liegt deshalb auf der Archimedischen Spirale. — Da die Archimedische Spirale durch ihren Pol M_1 ($r = \psi = 0$) läuft, dürfen wir an Stelle von B_2' auch die Polarachse $M_1 A'$ als gegeben annehmen und brauchen dann nur $\sphericalangle B_2' M_1 B_1' = \sphericalangle A' M_1 B_1$ und $r_2 = \psi_2 = 0$ zu setzen. Hierdurch kommen wir zu der am Grundriß von Fig. 117 erläuterten Vorschrift:

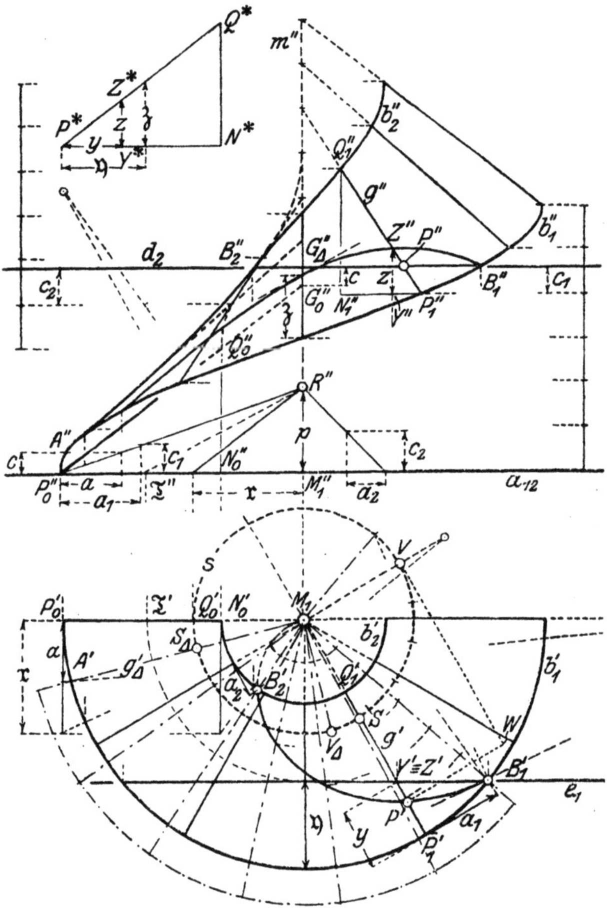

Fig. 117.

Für eine Archimedische Spirale seien gegeben der Pol M_1, ein Punkt B_1' und entweder die Polarachse $M_1 A'$ oder ein zweiter Punkt B_2' ($M_1 B_2' < M_1 B_1'$) derart, daß der durch diese Stücke begrenzte Bogen der Kurve sich über einen 360° nicht überschreitenden Winkel mit dem Scheitel M_1 spannt. Dann teilt man die Strecke $M_1 B_1'$ und den Winkel $\sphericalangle A' M_1 B_1'$ bzw. den Streckenunterschied $M_1 B_1' - M_1 B_2'$ und den Winkel $\sphericalangle B_2' M_1 B_1'$

in dieselbe Anzahl gleicher Teile und trägt, wenn die Länge der Streckenteile d ist, auf den Teilungsstrahlen des Winkels mit dem beginnend, der dem Schenkel $M_1 A'$ bzw. $M_1 B_2'$ am nächsten liegt, der Reihe nach die von M_1 ausgehenden Strecken $d, 2\,d, 3\,d$ usf., bzw. $M_1 B_2' + d$, $M_1 B_2' + 2\,d$, $M_1 B_2' + 3\,d$ usf. auf. Ihre Endpunkte gehören dem Bogen der Archimedischen Spirale an, der vom Pol M_1 bzw. vom Punkt B_2' bis zum Punkt B_1' verläuft.

353. Die Kurve, in der eine schiefe Regelschraubenfläche durch eine zu ihrer Achse senkrechte Ebene Δ geschnitten wird, besitzt in jedem Punkt P eine Tangente, die nach dem zweiten Satz von Nr. 330 sowohl in der zu P gehörigen Tangentialebene der Fläche als auch in Δ enthalten ist. Deshalb ist die Tangente einerseits auf der zu P gehörigen Flächennormale n (Nr. 342) senkrecht und andererseits bei Grundstellung der Fläche wagerecht, so daß nach Nr. 51 ihr Grundriß auf dem Grundriß n' von n senkrecht steht. n' ist also für den Grundriß P' von P die zugehörige Normale der Kreisevolvente, die der Grundriß der Schnittkurve ist, und hieraus folgt im Verein mit dem ersten Satz von Nr. 342:

Wird eine schiefe Regelschraubenfläche in Grundstellung durch eine wagerechte Ebene Δ geschnitten, so steht in jedem Punkt P', der als Grundriß des Schnittpunktes P zwischen Δ und einer geraden Erzeugenden g auf dem Grundriß der Schnittkurve liegt, die zugehörige Tangente auf der Geraden senkrecht, die P' mit dem zu g gehörigen Punkt V des Kreises s der Fläche verbindet.

Wenden wir den Satz bei einer geschlossenen schiefen Regelschraubenfläche auf den Pol M_1 der entstehenden Archimedischen Spirale an, so tritt nach Nr. 351 an die Stelle von g die Gerade g_Δ, deren Grundriß die Polarachse $M_1 A'$ der Archimedischen Spirale ist, und an die Stelle von V der Punkt V_Δ; da nun $M_1 A' \perp M_1 V_\Delta$ ist (Fig. 117), erhalten wir den Satz:

Die Archimedische Spirale hat in ihrem Pol die Polarachse zur Tangente.

Diese Sätze lassen sich auch unmittelbar ableiten aus der Erzeugung der Kreisevolventen durch Abrollung (Nr. 350).

354. Aufgabe: *Gegeben* sind die Risse eines Streifens einer schiefen Regelschraubenfläche in Grundstellung und die Aufrißspur d_2 einer wagerechten Ebene Δ. *Gesucht* ist der Kurvenbogen, in den sich im Grundriß die Schnittkurve zwischen Δ und dem Flächenstreifen abbildet.

Die einfachste und selbstverständliche Lösung der Aufgabe würde die Aufrisse der einzelnen geraden Erzeugenden, die zur Darstellung des Flächenstreifens eingetragen sind, mit d_2 schneiden und die Schnittpunkte durch Ordnungslinien in den Grundriß übertragen. Da aber hierbei die einzelnen Punkte mit sehr verschiedener Genauigkeit erhalten werden, ist es vorteilhafter, anders zu verfahren: Wir werden, da wir die Schnittkurve nach Nr. 350 und Nr. 351 kennen, ihre Eigenschaften benutzen und, um zunächst in Fig. 117[1]) den Fall der geschlossenen schiefen Regelschraubenfläche zu behandeln, für die entstehende Archimedische Spirale die Punkte B_1' und B_2' auf den Grundkreisen der berandenden Schraubenlinien b_1 und b_2, sowie die Polarachse ermitteln und die Vorschrift von Nr. 352 anwenden.

Die Punkte B_1' und B_2' sind die Grundrisse der Punkte B_1 und B_2, in denen Δ von b_1 und b_2 durchbohrt wird; sie werden wie im dritten oder vierten Absatz von Nr. 334 mit Hilfe der Höhenunterschiede c_1, c_2 und der Bogenlängen a_1, a_2 gefunden. Ist ferner G_Δ der Schnittpunkt zwischen Δ und m, also G_Δ'' derjenige zwischen d_2 und m'', so wird der Höhenunterschied c zwischen der geraden Erzeugenden g_Δ, die durch G_Δ läuft, und einer benachbarten Erzeugenden — als die wir bei den Lageverhältnissen von Fig. 117 $G_0 P_0$ nehmen dürfen — durch die Strecke $G_0'' G_\Delta''$ gegeben; er ist zugleich der Höhenunterschied der Punkte A und P_0, in denen g_Δ und $G_0 P_0$ die Schraubenlinie b_1 treffen, und gestattet, genau wie soeben die Länge a des Kreisbogens $P_0' A'$ und den Punkt A' zu ermitteln. Dann ist nach Nr. 351 $M_1 A' \equiv g_\Delta'$ die Polarachse der Archimedischen Spirale.

Nunmehr bestimmen wir nach der Vorschrift von Nr. 352 eine Anzahl Punkte des in Betracht kommenden Bogens der Archimedischen Spirale — wobei wir zur Teilung von $\sphericalangle A' M_1 B_1'$ bzw. von $\sphericalangle B_2' M_1 B_1'$ einen besonderen, in Fig. 117 strichpunktierten Kreis benutzen — und tragen für seine Endpunkte B_1', B_2' die Tangenten nach dem ersten Satz von Nr. 353 ein, während wir nach dem zweiten Satz von Nr. 353 die zu M_1 gehörige Tangente in der Polarachse $M_1 A'$ bereits besitzen.

Ist die schiefe Regelschraubenfläche offen, so werden wir wie oben die Punkte B_1', B_2', dann aber für eine passend gewählte gerade Erzeugende den Grundriß P' ihres Schnittpunktes mit Δ, den Punkt V und die Tangente VW des Kreises s ermitteln und die entstehende Kreisevolvente zwischen B_1' und B_2' zeichnen, wie es im ersten Absatz von Nr. 352 und in Fig. 115 angedeutet ist.

355. Die Schnittkurven einer schiefen Regelschraubenfläche mit den Ebenen, die zu ihrer Achse parallel sind, besitzen nicht so einfache Eigenschaften, wie wir sie bei der Wendelfläche (Nr. 335) gefunden haben; deshalb begnügen wir uns damit, in dem für Anwendungen wichtigsten Fall die Konstruktion des Aufrisses einer solchen Kurve ohne Benutzung ihrer Eigenschaften möglichst genau zu gestalten.

---

[1]) Fig. 117 stimmt in Anlage und Bezeichnungen mit Fig. 113 überein, entspricht aber der ersten Aufgabe von Nr. 349. Doch ist in ihr der Flächenstreifen auch zwischen m und b_2 soweit angedeutet, als es für das folgende nötig ist.

Aufgabe: *Gegeben* sind die Risse eines Streifens einer in Grundstellung befindlichen schiefen Regelschraubenfläche und die Grundrißspur e_1 einer Ebene E, die zu der Aufrißtafel parallel ist $(e_1 \| a_{12})$. *Gesucht* ist der Aufriß der Schnittkurve zwischen E und dem Flächenstreifen.

Die sich ohne weiteres darbietende Lösung der Aufgabe besteht, ähnlich wie in Nr. 354, darin, daß wir die Punkte, in denen e_1 den eingetragenen Grundrissen von Erzeugenden begegnet, durch Ordnungslinien auf die Aufrisse der Erzeugenden hinaufnehmen. Wir ergänzen sie, um bei den Erzeugenden mit sehr steilen Aufrissen die Genauigkeit zu verbessern, durch ein Verfahren, das an Fig. 117 erläutert sei, aber ebensogut bei einer offenen wie bei einer geschlossenen schiefen Regelschraubenfläche anwendbar ist.

Sind $P_0 Q_0$ eine zu der Aufrißtafel parallele und $P_1 Q_1$ eine beliebige gerade Erzeugende, so bestimmen sie mit den Punkten N_0 und N_1, in denen die Projektionslote $Q_0' Q_0$ und $Q_1' Q_1$ die durch P_0 und P_1 gelegten wagerechten Ebenen treffen $(N_0' \equiv Q_0',\ N_1' \equiv Q_1',\ N_0'' P_0'' \| a_{12},\ N_1'' P_1'' \| a_{12})$, zwei rechtwinklige Dreiecke $N_0 P_0 Q_0$ und $N_1 P_1 Q_1$. Da wir $N_0 P_0 = Q_0' P_0' = Q_1' P_1' = N_1 P_1$ und, wenn γ der Neigungswinkel der geraden Erzeugenden der Fläche gegen die Schraubenachse m ist, $\sphericalangle N_0 Q_0 P_0 = \sphericalangle N_1 Q_1 P_1 = \gamma$ haben, folgt

$$\triangle N_1 P_1 Q_1 \cong \triangle N_0 P_0 Q_0 \cong \triangle N_0'' P_0'' Q_0'' .$$

Ist nun Z der Schnittpunkt zwischen $P_1 Q_1$ und E, so ist Z' als derjenige zwischen $P_1' Q_1'$ und e_1 bekannt. Der Höhenunterschied z zwischen P_1'' und Z'' ist gleich dem zwischen P_1 und Z und somit gleich der Strecke YZ, die durch das Dreieck $N_1 Q_1 P_1$ auf dem Projektionslot $Z'Z$ abgegrenzt wird $(Y' \equiv Z',\ Y''$ auf $N_1'' P_1'')$; da wir

$$\triangle Y P_1 Z \sim \triangle N_1 P_1 Q_1 \quad \text{und somit} \quad \triangle Y P_1 Z \sim \triangle N_0'' P_0'' Q_0''$$

haben, können wir z aus der bekannten Länge $y = P_1' Y'$ von $P_1 Y$ mit Hilfe des Dreiecks $N_0'' P_0'' Q_0''$ ableiten — oder besser wie in Fig. 117 mit Hilfe eines Dreiecks $N^* P^* Q^*$, das jenem Dreieck kongruent besonders hingezeichnet worden ist. Dann erhalten wir den Aufrißpunkt Z'', indem wir auf der Ordnungslinie von Z' die Strecke z von der durch P_1'' gelegten Wagerechten aus auftragen.

Hieraus fließt das folgende Verfahren: *Wir ziehen in dem von e_1 durchschnittenen Teil des Grundrisses für eine Anzahl*[1]) *gleichmäßig verteilter Erzeugenden die Grundrisse und bestimmen die Aufrisse der Punkte, in denen diese Erzeugenden die äußere berandende Schraubenlinie b_1 treffen. Dann suchen wir für jede von ihnen, genau wie soeben für $P_1 Q_1$ angegeben wurde, mit Hilfe des Dreiecks $N^* P^* Q^*$ den Höhenunterschied z und mit dessen Hilfe den Punkt Z''.* Zum Schluß bestimmen wir noch

[1]) In Fig. 117 bleibt diese Anzahl der Übersichtlichkeit wegen wesentlich hinter der zurück, die erforderlich ist.

nach dem dritten Absatz von Nr. 335 die Aufrisse der Schnittpunkte zwischen E und den berandenden Schraubenlinien (z. B. B_1'' in Fig. 117) und zeichnen die gesuchte Bildkurve ein.

Durch ganz ähnliche Schlüsse wie in dem ersten Absatz von Nr. 353 folgt, daß *der Aufriß der Schnittkurve in jedem Punkt Z'' zur Normale den Aufriß n'' derjenigen Flächennormale n (Nr. 342) hat, deren Fußpunkt auf der Fläche den Aufriß Z'' besitzt.* Auf einer geschlossenen schiefen Regelschraubenfläche nun ist in jedem Punkt einer derjenigen Erzeugenden, deren Aufrisse mit m'' zusammenfallen, die Bahntangente zu der Aufrißtafel parallel und somit ihr Aufriß zu dem der Flächennormale senkrecht. Infolgedessen hat unsere Bildkurve in ihrem auf m'' liegenden (in Fig. 117 durch $\mathfrak{y}$ und $\mathfrak{z}$ ermittelten) Punkt $\mathfrak{Z}$[1] zur Normale n'' das Lot auf dem Aufriß t'' der zugehörigen Bahntangente und zur Tangente die Gerade t'' selbst; diese aber ziehen wir, wenn $\mathfrak{T}$ nach Nr. 338 der zu $\mathfrak{Z}$ gehörige Punkt auf dem Grundkreis der Bahnschraubenlinie von $\mathfrak{Z}$ ist, nach Nr. 322 parallel zu $R''\mathfrak{T}''$.

Scharfgängige Schrauben.

356. Wird ein gleichschenkliges — meist genau oder nahezu gleichseitiges — Dreieck, dessen Ebene die Schraubenachse m enthält und dessen Grundseite zu m parallel ist, bei einer Schraubung mitgeführt, so entsteht ein *scharfgängiger Schraubenkörper.* Die beiden Ecken an der Grundseite des Dreiecks beschreiben zwei einander kongruente Schraubenlinien und begrenzen auf ihrem gemeinsamen Schraubenzylinder das von der Grundseite überstrichene Schraubenband. Die Spitze des Dreiecks beschreibt eine Schraubenlinie mit größerem Halbmesser. In dieser stoßen die beiden Streifen geschlossener schiefer Regelschraubenflächen zusammen, die von den Schenkeln des Dreiecks überstrichen werden; sie bildet die scharfe Kante des Schraubenkörpers. Die beiden Flächenstreifen stimmen, da das Dreieck gleichschenklig ist, in allen Maßen überein und unterscheiden sich nur dadurch, daß der eine von außen nach innen ansteigt und der andere abfällt.

Ein *scharfgängiges Schraubengewinde* entsteht, wenn das Profil, dessen Risse in Fig. 118a angedeutet sind, mit der Schraubenachse m und mit einer Ganghöhe h verschraubt wird, die ein ganzes Vielfaches der Grundseite t der Profildreiecke ist. Es ist wie in Nr. 337 n-gängig, wenn $h = n\,t$ und n eine ganze Zahl ist, und im Aufriß sind die Zähne des Profils zu beiden Seiten von m'' in gleichen Höhen oder gegeneinander um $^1/_2\,t$ versetzt, je nachdem n eine gerade oder eine ungerade Zahl ist. Die sämtlichen engeren Schraubenlinien der Schraubenkörper, aus denen das Gewinde sich zusammensetzt, liegen auf dem *Kernzylinder*, und jede von ihnen ist sowohl die Bahnkurve der oberen Ecke eines Profildreiecks als auch der unteren Ecke des nächsten. Infolgedessen sind nur ebensoviel engere Schraubenlinien wie Schrauben-

[1]) Die Bezeichnungen $\mathfrak{Z}', \mathfrak{Z}''$ sind in Fig. 117 fortgelassen worden.

körper und somit wie weitere Schraubenlinien, nämlich n vorhanden. Der Kernzylinder wird von den Schraubenkörpern vollständig bedeckt.

357. Aufgabe: *Gegeben* sind das Profil für eine scharfgängige Schraube, eine ganze Zahl n und die Aufrißspur einer wagerechten Ebene Δ. *Gesucht* sind für die Grundstellung die Risse der aus dem Profil folgenden n-gängigen Schraube, deren Gewinde durch Δ abgeschnitten sei.

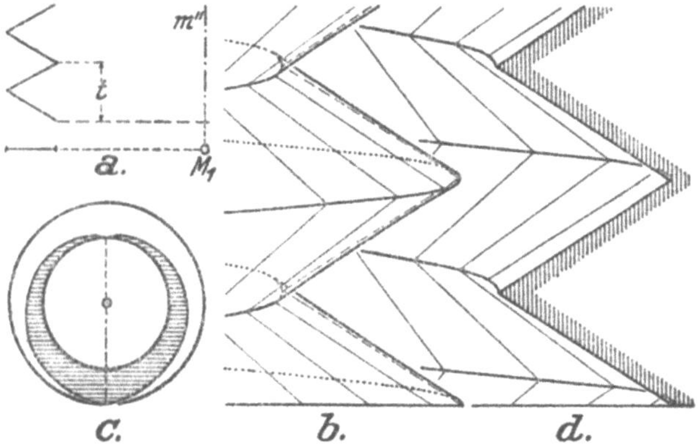

Fig. 118.

Die Anlage der Konstruktion ist genau so wie in der ersten Aufgabe von Nr. 337. Wir ermitteln zuerst nur die Punkte und Tangenten für den Aufriß des sichtbaren Teiles je eines Ganges einer weiteren und einer engeren Schraubenlinie — die Einteilung der Ganghöhe wie in Nr. 348 auf besonderen scheitelrechten Geraden auftragend; diese Punkte und Tangenten verschieben wir dann entsprechend den Höhenunterschieden des Profils längs der Ordnungslinien (die Punkte am bequemsten mit Hilfe eines Papierstreifens) und zeichnen die Bildkurven der Schraubenlinien. Die Bildstrecken der Erzeugenden werden nur, wo es aus besonderen Gründen nötig ist, eingetragen. Zu beachten sind die folgenden Bemerkungen, zu deren Erläuterung in Fig. 118b ein Teil einer scharfgängigen Schraube in größerem Maßstab dargestellt ist.

Auch bei sehr flach ansteigenden Schraubenlinien entstehen an den Scheiteln ihrer Bildkurven keine Ecken. Die Spitzen und die Schenkel der Profildreiecke treten niemals als Teile des scheinbaren Umrisses auf; vielmehr ist für diesen stets die erste Aufgabe von Nr. 349 maßgebend. Die Streifen von geschlossenen schiefen Regelschraubenflächen, die das Gewinde begrenzen, überdecken sich in der Nähe der Scheitel der Bildkurven der engeren Schraubenlinien; dies ist in Fig. 118b für die rechte Seite des Aufrisses gezeigt, während sich die linke Seite dadurch ergibt, daß man die Figur in ihrer Ebene um 180° dreht.

Die Grundrisse der n Punkte, in denen Δ die n weiteren Schraubenlinien schneidet, verteilen sich gleichmäßig auf dem Grundkreis derselben; ebenso die Grundrisse der n Schnittpunkte zwischen Δ und den engeren Schraubenlinien auf deren Grundkreis. Überdies müssen, da die Profildreiecke gleichschenklig sind, die nach diesen $2n$ Punkten gehenden Halbmesser der beiden Grundkreise ebenfalls gleichmäßig verteilt sein, so daß immer jeder kleinere Halbmesser den Winkel zwischen den beiden benachbarten größeren Halbmessern in zwei gleiche Winkel von $\frac{180°}{n}$ teilt. Es genügt deshalb, einen der $2n$ Punkte nach dem dritten oder vierten Absatz von Nr. 334 aufzusuchen und die übrigen durch Kreisteilung zu bestimmen. Dann sind nach Nr. 352 immer zwischen je einen Teilpunkt des weiteren und den beiden benachbarten Teilpunkten des engeren Grundkreises die Bögen einer Archimedischen Spirale zu legen; diese sind sämtlich kongruent, aber abwechselnd entgegengesetzt gebogen, da sie abwechselnd ansteigenden und abfallenden Schraubenflächenstreifen angehören. In Fig. 118c ist für ein eingängiges scharfes Schraubengewinde der Grundriß dieser Schnittfigur gezeichnet.

Aufgabe: *Gegeben* sind dasselbe Schraubenprofil und dieselbe ganze Zahl n wie in der vorigen Aufgabe. *Gesucht* ist der Aufriß für die hintere Hälfte der zugehörigen n-gängigen *Schraubenmutter.*

Wir verfahren, dem Muster der zweiten Aufgabe von Nr. 337 folgend, wie in der vorigen Aufgabe. Fig. 118d zeigt, wie die Sichtbarkeit sich gestaltet, und im Verein mit Fig. 118b, wie die Schraube in die Schraubenmutter hineinpaßt.

358. Scharfgängige (meist eingängige) Schrauben werden als *Befestigungsschrauben* und in der *Feinmechanik* gebraucht. Häufig werden bei ihnen die scharfen Kanten abgestumpft, so daß ein Profil ähnlich dem in Fig. 119 benutzten entsteht. Das Profil von Fig. 119 jedoch gehört einer *Evolventenschnecke* an, die im Verein mit einem in sie eingreifenden *Schneckenrad*[1]) ein *Schneckengetriebe* bildet und die Bewegung ihrer Welle auf die sie rechtwinklig kreuzende des Schneckenrades überträgt.

Aufgabe: *Gegeben* sind das Profil für eine Evolventenschnecke, eine ganze Zahl n und die Aufrißspur d_2 einer wagerechten Ebene Δ. *Gesucht* sind für die Grundstellung die Risse der aus dem Profil folgenden n-gängigen Evolventenschnecke, deren Gewinde durch Δ abgeschnitten sei.

---

[1]) Jede Ebene E, die parallel zu der Schneckenachse m und senkrecht zu der Radachse ist, schneidet die Schnecke in einer Figur (siehe Nr. 355), die sich bei der Drehung der Schnecke um m wie eine Zahnstange fortschiebt, und das Schneckenrad in einer Figur, die als Zahnrad in jene eingreift. Hiernach müssen die Zahnflanken des Schneckenrades gestaltet werden. In der durch m gehenden Ebene E insbesondere ist die Schnittfigur des Rades ein Zahnrad mit Evolventenverzahnung, wovon der Name „Evolventenschnecke“ herrührt.

Da jeder der vorkommenden n Schraubenkörper einerseits zu zwei engeren und zwei weiteren Schraubenlinien und andererseits zu zwei Streifen von schiefen geschlossenen Regelschraubenflächen führt, müssen wir den einschlägigen Teil der Überlegungen von Nr. 337 mit den Überlegungen von Nr. 357 verknüpfen. Dadurch finden wir ohne weiteres, wie bei der Herstellung des Aufrisses von Fig. 119 (mit $n = 3$) zu verfahren ist; insbesondere sind auch hier die Bemerkungen im dritten Absatz von Nr. 357 zu beachten. Ferner folgt aus der Regelmäßigkeit des Profils: Die Grundrisse der Figuren, in denen Δ die einzelnen Schraubenkörper abschneidet, sind einander kongruent und gleichmäßig in dem Ring zwischen den beiden Grundkreisen verteilt; die vorkommenden Bögen Archimedischer Spiralen sind abwechselnd entgegengesetzt gebogen, aber die gemeinsamen Zentriwinkel der beiden Grundkreise, über die sie gespannt sind, haben sämtlich dieselbe Größe α; sowohl die Bögen des weiteren Grundkreises, die den Schnittfiguren angehören, als auch die Bögen des engeren Grundkreises, die zwischen je zwei Schnittfiguren liegen, entsprechen gleichen Höhenunterschieden und haben somit sämtlich Zentriwinkel, die dieselbe Größe β besitzen. Infolgedessen sind von den Grundrissen der $4n$ Punkte, in denen Δ die $2n$ weiteren und die $2n$ engeren Schraubenlinien schneidet, immer zwei die Endpunkte zweier entgegengesetzt gerichteten Halbmesser — bei geradem n desselben Grundkreises, bei ungeradem n eines des weiteren und eines des engeren Grundkreises. Es genügt deshalb, drei benachbarte dieser Punkte nach dem dritten und vierten Absatz von Nr. 334 zu bestimmen, um die übrigen $4n - 3$ Punkte auf den Grundkreisen verteilen und nach Nr. 352 die Bögen der Archimedischen Spiralen einzeichnen zu können.

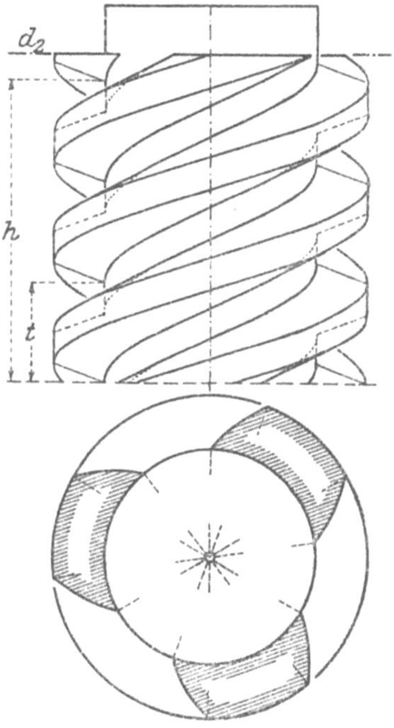

Fig. 119.

III. Hüllflächen.

Die Kreisringfläche.

359. Die Kreisringfläche, die wir in Nr. 273 als Drehfläche eines Kreises eingeführt haben, kann auch aus einem anderen Gesichtspunkt betrachtet werden. Ist k ein Meridiankreis der Fläche, M die ihn tragende Meridianebene, O sein Mittelpunkt und P ein auf ihm liegender Punkt, so steht die Breitenkreistangente von P auf M (Nr. 264) und somit auf OP senkrecht. Dasselbe gilt von der in P berührenden Meridiantangente und folglich auch von der zu P gehörigen Tangentialebene T der Fläche. Die Kugel K nun, deren Mittelpunkt O und deren Großkreis k ist, trägt ebenfalls den Punkt P und hat in ihm zur Tangentialebene die zu OP senkrechte Ebene (Nr. 192), d. h. die Ebene T; sie berührt also in jedem Punkt von k die Kreisringfläche.

Wir erhalten so für jeden Meridiankreis der Kreisringfläche eine Kugel, die längs desselben die Fläche berührt. Diese Kugeln sind sämtlich kongruent und haben ihre Mittelpunkte auf dem *Mittelkreis* der Kreisringfläche, den der Mittelpunkt O des Meridiankreises bei der erzeugenden Drehung beschreibt. Sie bilden also eine Schar, die wir ohne Benutzung der Kreisringfläche einführen können, und bestimmen die Kreisringfläche als die Fläche, die ihre Gesamtheit einhüllt. Hierdurch erhalten wir ein Beispiel einer *Hüllfläche*, die jede Fläche einer gegebenen Schar längs einer *Berührungskurve* berührt.

Wird die Kreisringfläche mitsamt den von ihr eingehüllten Kugeln durch Parallelstrahlen projiziert, so besitzt eine Kugel K eine Kurve v des wahren Umrisses, die ein Großkreis (Nr. 193) ist und den Berührungskreis k in zwei Punkten A, B schneidet. Infolge der Bedeutungen von v und k sind A und B Punkte der Kreisringfläche, in deren jedem die der Kreisringfläche und der Kugel K gemeinsame Tangentialebene den Projektionsstrahlen parallel ist; sie sind also Punkte der Kurve u des wahren Umrisses (Nr. 266) der Kreisringfläche. Da die zu A und B gehörigen Tangentialebenen die in diesen Punkten berührenden Tangenten der Kurven k, v, u enthalten, sind in ihren Spurlinien, die in der Rißtafel durch die Bildpunkte $\bar{A}$ und $\bar{B}$ laufen, die in diesen Punkten berührenden Tangenten der Bildkurven $\bar{k}$, $\bar{v}$, $\bar{u}$ vereinigt; also berühren einander in $\bar{A}$ und $\bar{B}$ die Kurven $\bar{k}$, $\bar{v}$, $\bar{u}$, von denen die letzten beiden die Kurven des scheinbaren Umrisses der Kugel K und der Kreisringfläche sind. Deshalb erhalten wir, wenn wir die Gesamtheit der Kugeln K betrachten, die Kurve $\bar{u}$ als *Hüllkurve* sowohl der sämtlichen Kurven $\bar{k}$ als auch der sämtlichen Kurven $\bar{v}$. Wir finden hierdurch die folgenden Sätze, die wir sogleich in allgemeinerer Form aussprechen dürfen:

Auf einer Hüllfläche ist die Kurve des wahren Umrisses der Ort der Punkte, in denen die wahren Umrisse der eingehüllten Flächen die Berührungskurven derselben treffen.

Bei einer Hüllfläche ist die Kurve des scheinbaren Umrisses sowohl die Hüllkurve der Kurvenschar, in die sich die Berührungskurven der eingehüllten Flächen abbilden, als auch die Hüllkurve der scheinbaren Umrisse der eingehüllten Flächen.

360. Bei rechtwinkliger Projektion sind die scheinbaren Umrisse der Kugeln, die von einer Kreisringfläche eingehüllt werden, Kreise

(Nr. 193) von demselben, dem Kugelradius gleichen Halbmesser; ihre Mittelpunkte sind die Risse der Punkte des Mittelkreises der Fläche und liegen infolgedessen auf einer Ellipse, die wir als *Mittelellipse* bezeichnen wollen. Also ergibt sich:

Bei rechtwinkliger Projektion hat die Kreisringfläche zur Kurve des scheinbaren Umrisses die Hüllkurve einer Schar von gleichen Kreisen, deren Mittelpunkte die Mittelellipse erfüllen.

Wenn wir einen Meridiankreis k der Kreisringfläche nehmen und auch die übrigen Bezeichnungen von Nr. 359 benutzen, so steht in jedem Punkt P von k die Tangentialebene der Fläche auf dem Halbmesser OP von k senkrecht. Deshalb sind bei rechtwinkliger Projektion die Endpunkte des zur Rißtafel parallelen Durchmessers von k die Punkte, in denen die Tangentialebenen der Fläche zu den Projektionsstrahlen parallel sind, d. h. die in Nr. 359 mit Hilfe der Kugel K gefundenen Punkte A, B; also steht (Nr. 62) die Bildgerade $\overline{A}\,\overline{B}$ senkrecht auf den in $\overline{A}$, $\overline{B}$ berührenden Tangenten der Kurve $\overline{u}$, die die Spuren jener Tangentialebenen sind. Ferner ist die Tangente, die den Mittelkreis der Kreisringfläche im Mittelpunkt O von k berührt, zu der Meridianebene M und somit auch zu der in M enthaltenen Geraden AB senkrecht; infolgedessen ist bei rechtwinkliger Projektion (Nr. 51) $\overline{A}\,\overline{B}$ senkrecht auch zu der in $\overline{O}$ berührenden Tangente der Mittelellipse. Endlich sind die Strecken $\overline{O}\,\overline{A}$ und $\overline{O}\,\overline{B}$ gleich dem Halbmesser von k. Deshalb gilt der Satz:

Wird eine Kreisringfläche rechtwinklig projiziert, so kann ihre Kurve des scheinbaren Umrisses aus der Mittelellipse dadurch abgeleitet werden, daß in den einzelnen Punkten derselben die Normalen (Nr. 160) gezeichnet und auf jeder von der Mittelellipse nach beiden Seiten Strecken aufgetragen werden, die gleich dem Halbmesser des Meridiankreises der Fläche sind. Die Endpunkte dieser Strecken sind die Punkte der Kurve und die in ihnen auf den Normalen errichteten Lote die Tangenten.

Die letzten beiden Sätze gelten auch für den Fall, daß die Kreisringfläche sich gegen das rechtwinklige Zweitafelsystem in Grundstellung befindet (Nr. 273). In ihm ist im Grundriß die Mittelellipse ein Kreis und liefert nach beiden Sätzen als Kurve des scheinbaren Umrisses zwei Kreise; im Aufriß dagegen entartet sie in eine Strecke, aus der sich die Kurve des scheinbaren Umrisses auch auf Grund der letzten beiden Sätze wie in Nr. 273 ergibt.

361. Die Kreisringfläche liefert ein Beispiel für einen allgemein gültigen Satz, der ohne Beweis angeführt sei:

Die Kugeln, die um alle Punkte einer „Mittelkurve" mit demselben Halbmesser beschrieben sind, besitzen eine Hüllfläche, die Röhren- oder Kanalfläche heißt. Jede Kugel wird von der Röhrenfläche längs eines Großkreises berührt, dessen Ebene in ihrem Mittelpunkt auf der zugehörigen Tangente der Mittelkurve senkrecht steht.

Bezeichnen wir ferner eine Kurve, die in der Weise des letzten Satzes von Nr. 360 aus einer ebenen Kurve abgeleitet wird, als eine *Parallelkurve* derselben, so haben wir in dem erwähnten Satz ein Beispiel für die folgenden beiden allgemeinen Sätze:

Bei rechtwinkliger Projektion ist für eine Röhrenfläche die Kurve des scheinbaren Umrisses eine Parallelkurve zu dem Riß der Mittelkurve der Fläche.

Wird zu einer ebenen Kurve eine Parallelkurve gezeichnet, so ist jede Normale der ersten auch Normale der zweiten in jedem der beiden auf ihr eingetragenen Punkte.

Endlich lehren die beiden Sätze von Nr. 360, daß eine Schar gleicher Kreise, deren Mittelpunkte auf der „Mittelellipse" liegen, als Hüllkurve eine Parallelkurve der Mittelellipse haben. Dies ist ein Beispiel des allgemeinen Satzes:

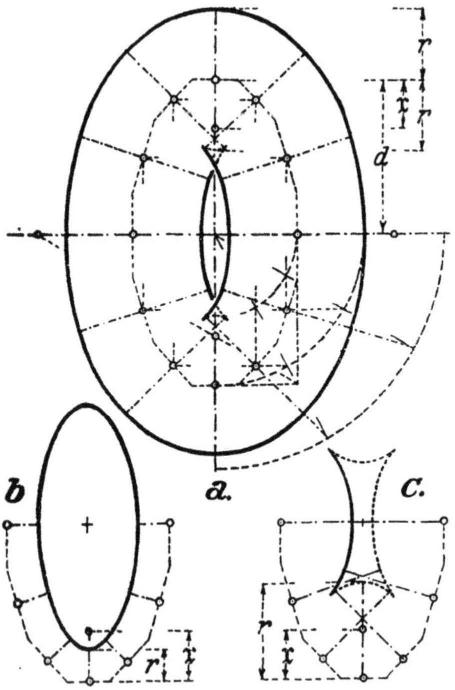

Fig. 120.

Die Hüllkurve einer Schar von gleichen Kreisen, deren Mittelpunkte eine ebene Kurve erfüllen, ist eine Parallelkurve dieser Kurve.

Auf Grund der in Nr. 164 und Nr. 165 gegebenen Einführung des Krümmungskreises, den eine ebene Kurve in einem Punkt P besitzt, folgt — und zwar am besten mit den Mitteln der höheren Analysis — für den Mittelpunkt des Krümmungskreises, daß ihm als Grenzlage der Schnittpunkt zwischen der Normale von P und der Normale eines benachbarten Kurvenpunktes X zustrebt, sobald X auf der Kurve nach P rückt. Deshalb besitzen zwei ebene Kurven, die in je zwei — durch diese Eigenschaft einander zugeordneten — Punkten dieselbe Gerade zur Normale haben, in je zwei solchen Punkten Krümmungskreise, deren Mittelpunkte in denselben Punkt der gemeinsamen Normale fallen. Hiernach aber ergibt sich zu unserem vorletzten Satz die folgende Ergänzung:

Wird zu einer ebenen Kurve eine Parallelkurve gezeichnet, so haben für jeden Punkt der ersten und für die beiden auf seiner Normale ein-

getragenen Punkte der zweiten die Krümmungskreise einen gemeinsamen, auf der Normale liegenden Mittelpunkt.

Diesen Satz wollen wir — als einzigen ohne eigenen Beweis — auf die Parallelkurve der Ellipse anwenden.

362. Aufgabe: *Gegeben* sind für eine Kreisringfläche die Risse ihrer Drehachse, die Risse des Mittelpunktes ihres Mittelkreises und die Halbmesser d und r $(d > r)$ ihres Mittelkreises und ihrer Meridiankreise. *Gesucht* sind ihre scheinbaren Umrisse.

Nachdem wir genau wie in Nr. 178 die Achsen der Bildellipsen des Mittelkreises bestimmt haben, müssen wir nach dem zweiten Satz von Nr. 360 die Parallelkurven dieser Mittelellipsen für die Strecke r herstellen. Da hierfür in beiden Rissen dasselbe zu sagen ist, genügt es, in Fig. 120a die eine der beiden Mittelellipsen als durch ihre Achsen gegeben anzunehmen. Wir ziehen dann in einem der vier Achsenwinkel die ihn in Winkel von 30° teilenden Strahlen, suchen nach den Sätzen von Nr. 157 und Nr. 160 die aus ihnen folgenden Punkte, Normalen und Tangenten der Mittelellipse und übertragen sie vermöge der Symmetrie in die anderen drei Achsenwinkel. Auf die Normalen, zu denen auch die Achsen gehören, legen wir von den Punkten der Mittelellipse aus nach außen und nach innen Strecken von der Länge r und ziehen in ihren Endpunkten die Lote zu den Normalen. Endlich tragen wir noch nach Nr. 168 die Mittelpunkte der Scheitelkrümmungskreise der Mittelellipse und damit zugleich ihrer Parallelkurve ein. Darauf zeichnen wir die Parallelkurve.

Wir erkennen sofort, daß die Parallelkurve die Achsen der Mittelellipse ebenfalls zu Symmetrieachsen hat und aus zwei getrennten Zügen besteht, von denen der äußere, wie Fig. 120a zeigt, stets ein Oval ist. Für die Gestaltung des inneren Zuges ist von entscheidender Bedeutung, ob der Halbmesser $\mathfrak{r}$ der Krümmungskreise in den Scheiteln der großen Achse der Mittelellipse größer oder kleiner als r ist.

Ist $\mathfrak{r} > r$, so ergibt sich ebenfalls ein Oval, wie es für dieselbe Mittelellipse Fig. 120b zeigt.

Ist $\mathfrak{r} < r$, so sind bei der Voraussetzung, daß $d > r$, die beiden aus Fig. 120a und Fig. 120c ersichtlichen Gestalten möglich, deren jede vier Spitzen (Nr. 156) besitzt. Diese Spitzen dürfen ohne genaue Konstruktion eingezeichnet werden; sie sind die Risse der Punkte der Kurve des wahren Umrisses, deren Tangenten Projektionsstrahlen sind (vgl. den letzten Satz von Nr. 328). Dem scheinbaren Umriß gehört von diesem vierspitzigen Kurvenzuge immer nur ein Teil an; dies ist in Fig. 120a und Fig. 120c unter der Voraussetzung angedeutet, daß die rechte Seite der Kreisringfläche dem Beschauer näher liegt und somit einen Teil der linken Seite verdeckt.

Jede Parallelkurve einer Geraden besteht aus zwei zu derselben parallelen Geraden und jede Parallelkurve eines Kreises aus zwei zu ihm konzentrischen Kreisen. Im allgemeinen aber sind die beiden Züge einer Parallelkurve nicht je für sich selbständige Kurven. Insbesondere genügen bei jeder Parallelkurve einer Ellipse die Punkte ihrer beiden Züge, wenn rechtwinklige Koordinaten eingeführt werden, derselben unzerlegbaren algebraischen Gleichung höherer Ordnung; deshalb sind die in Fig. 120a und Fig. 120b auftretenden Ovale keine Ellipsen.

Die Röhrenschraubenfläche.

363. Wenn eine Schraubung durch ihre Achse m und ihre Ganghöhe h gegeben ist, so nehmen wir einen beliebigen Punkt O des Raumes, bestimmen die durch ihn gehende Bahnschraubenlinie b_0 nebst der zu ihm gehörigen Tangente und legen durch O die Ebene E, die zu dieser Tangente senkrecht ist. Die Ebene E nun denken wir uns so mit m verbunden, daß sie längs m verschoben und um m gedreht werden kann, ohne daß ihr Schnittpunkt mit m in ihr verschoben oder ihr Neigungswinkel gegen m geändert wird. Dann können wir sie bei der Schraubung dadurch mitführen, daß wir ihren Punkt O auf b_0 laufen lassen, und sind sicher, daß sie in jedem Augenblick auf der Bahntangente von O senkrecht steht. Ein Kreis k, der in E um O geschlagen ist, beschreibt dabei eine Schraubenfläche, deren Erzeugende Kreise sind (Nr. 329), also eine *Kreisschraubenfläche*, und zwar eine solche mit besonderen Eigenschaften. Der Einfachheit halber setzen wir voraus, daß der Halbmesser r von k kleiner ist als der Schraubenradius (Nr. 318) von b_0.

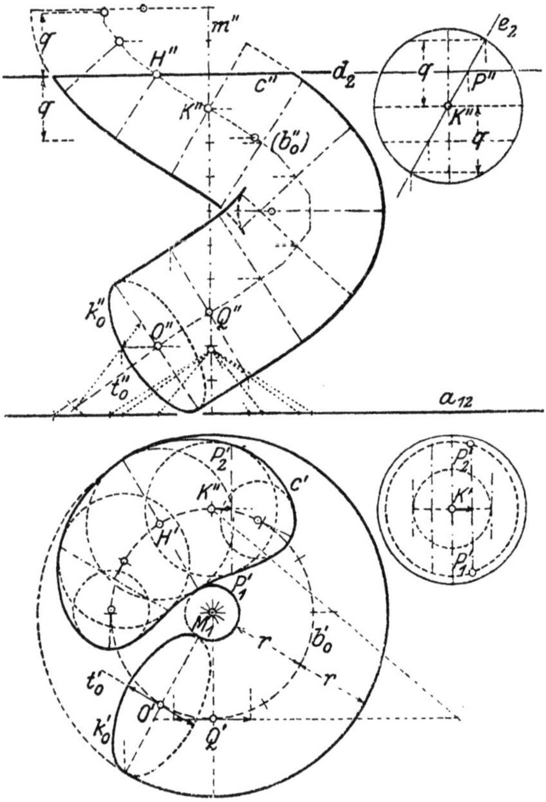

Fig. 121.

Ist P ein Punkt eines erzeugenden Kreises k und somit auch ein Punkt von E, so wird auch die in E liegende Gerade OP bei der Schraubung mitgeführt. Da sie wie E auf der Bahntangente von O senkrecht steht, so tritt der zweite Satz von Nr. 339 in Kraft: Auch die Bahntangente t von P bildet — ohne jedoch auf E senkrecht zu stehen — mit OP einen rechten Winkel. Zu OP ist ferner die in P berührende Tangente von k senkrecht und folglich auch die durch diese und durch t bestimmte (Nr. 330) Tangentialebene der Fläche. Hieraus fließt der Satz:

Wird bei einer Schraubung ein Kreis mitgeführt, dessen Ebene senkrecht zu der Bahntangente seines Mittelpunktes ist, so hat die von ihm beschriebene Kreisschraubenfläche in den Punkten jedes erzeugenden Kreises k Tangentialebenen, die mit der Ebene von k rechte Winkel bilden.

Die Fläche besitzt also hinsichtlich ihrer erzeugenden Kreise dieselbe Eigenschaft, die wir im ersten Absatz von Nr. 359 für die Meridiankreise der Kreisringfläche fanden. Sie ist deshalb die Hüllfläche einer Schar kongruenter Kugeln, deren Mittelpunkte die *Mittelschraubenlinie* b_0 erfüllen, und somit ein weiteres Beispiel einer Röhrenfläche (Nr. 361); sie wird als *Röhrenschraubenfläche* bezeichnet und findet beim *Schlangenrohr* oder der *Rohrschlange* ihre Anwendung.

364. Auf Grund des Satzes von Nr. 363 können wir für die Röhrenschraubenfläche die Schlüsse wiederholen, die wir in Nr. 359, Nr. 360, Nr. 361 bei der Kreisringfläche angewendet haben, und erhalten dadurch entsprechende Sätze; insbesondere erkennen wir, daß der zweite Satz von Nr. 361 auch für sie gilt. Zu ihm nehmen wir beweislos den letzten Satz von Nr. 361 hinzu und kommen dadurch zur Lösung der

Aufgabe: *Gegeben* sind für eine Röhrenschraubenfläche in Grundstellung die Risse der Schraubenachse m ($M_1 \equiv M_1'$, m'') und eines Punktes O der Mittelschraubenlinie b_0, sowie die Ganghöhe h und der Halbmesser r der erzeugenden Kreise. *Gesucht* sind ihre scheinbaren Umrisse und die Risse des erzeugenden Kreises k_0, dessen Mittelpunkt O ist.

Wir konstruieren in Fig. 121 nach der Aufgabe von Nr. 320 die Risse für eine Anzahl von Punkten der Mittelschraubenlinie b_0, indem wir O als Anfangspunkt benutzen, und nehmen dabei an, daß O' einer der Teilpunkte des Kreises b_0' bei der Zwölfteilung ist, die unmittelbar zu den Scheiteln und Wendepunkten der Bildkurve b_0'' führt. Im Grundriß besteht der scheinbare Umriß aus den beiden Kreisen, die mit b_0' konzentrisch sind und deren Halbmesser sich um r von dem Halbmesser von b_0' unterscheiden. Im Aufriß zeichnen wir mit Hilfe des Punktes R der Schraubenfläche (Nr. 329) lotrecht zu den Tangenten (Nr. 322, Nr. 323) der Teilpunkte von b_0'' die Normalen, tragen auf diesen nach beiden Seiten von b_0'' Strecken von der Länge r ab und ziehen in ihren Endpunkten senkrecht zu den Normalen die Tangenten der Parallelkurve von b_0''. Endlich bestimmen wir nach Nr. 325 die Mittelpunkte für die Scheitelkrümmungskreise von b_0'' und schlagen um sie die Krümmungskreise der Parallelkurve für die Punkte, die aus den Scheiteln von b_0'' folgen und ebenfalls die Scheitel der Parallelkurve sind. Über die Gestaltung dieser Parallelkurve und über den Teil von ihr, der als scheinbarer Umriß im Aufriß wirksam wird, gilt dasselbe, was zur Aufgabe von Nr. 362 bemerkt wurde.

Die Ebenen aller erzeugenden Kreise der Röhrenschraubenfläche sind gegen die Grundrißtafel unter demselben Winkel $90° - \alpha$ geneigt, weil die Tangenten der Mittelschraubenlinie b_0 den gemeinsamen Neigungswinkel α besitzen; infolgedessen haben die Grundrißellipsen der erzeugenden Kreise sämtlich die Achsenlängen $2\,r$, $2\,r \sin \alpha$ (Nr. 173) und sind demgemäß einander kongruent. Nehmen wir nun in Fig. 121 einen Punkt Q von b_0, dessen Aufriß Q'' ein Wendepunkt von b_0'' (Nr. 324) ist, so ist die Tangente von Q zu der Aufrißtafel parallel; deshalb hat der erzeugende Kreis, dessen Mittelpunkt Q ist, eine zu der Aufrißtafel senkrechte Ebene, deren Spur die zu Q'' gehörige Normale von b_0'' ist; für ihn ermitteln wir nach Nr. 175 (Grund- und Aufriß vertauschend) die Bestimmungsstücke seiner Risse und erhalten in der kleinen Achse seiner Grundrißellipse die Länge $r \sin \alpha$. Nunmehr können wir, da die Ebene des gesuchten Kreises k_0 in O auf der Bahntangente t_0 von O senkrecht steht und t_0', t_0'' als Tangenten von b_0', b_0'' bekannt sind, die Grundrißellipse k_0' nach Nr. 178 — jedoch, da die Länge $r \sin \alpha$ bereits gefunden ist, ohne Einführung des Seitenrisses — und die Aufrißellipse k_0'' nach Nr. 179 herstellen. Beide Ellipsen berühren in den Scheiteln ihrer großen Achsen die in Betracht kommende Kurve des scheinbaren Umrisses, wie es nach dem letzten Satz von Nr. 359 der Fall sein muß.

365. Durch eine Ebene Δ werde eine Hüllfläche in der Kurve c und eine der von ihr eingehüllten Flächen in der Kurve w geschnitten. Ist dann k die Berührungskurve der beiden Flächen, so ist jeder Schnittpunkt P von k und w ein Punkt sowohl der Hüllfläche als auch der Ebene Δ, mithin ein Punkt von c. Die zu P gehörigen Tangenten von k, w, c sind in der Tangentialebene enthalten, die im Punkt P den beiden Flächen gemeinsam ist; also haben (Nr. 257) die in Δ liegenden Kurven w und c im Punkt P eine gemeinsame Tangente und berühren einander. Hieraus folgt der Satz:

Wird eine Hüllfläche durch eine Ebene Δ geschnitten, so ist die Schnittkurve die Hüllkurve der Schar von Kurven, die in Δ durch die Schar der eingehüllten Flächen eingezeichnet werden. Dabei durchbohrt die Berührungskurve jeder eingehüllten Fläche die Ebene Δ in den Berührungspunkten zwischen der Kurve, in der diese Fläche von Δ geschnitten wird, und der Hüllkurve.

Dieser Satz überträgt sich auf jeden Riß und gestattet die Lösung der folgenden

Aufgabe: *Gegeben* sind in Fig. 121 die Risse einer Röhrenschraubenfläche in Grundstellung (nach Nr. 364) und die Aufrißspur d_2 einer wagerechten Ebene Δ. *Gesucht* ist der Grundriß der Kurve c, in der Δ die Fläche abschneidet.

Da die Röhrenschraubenfläche die Hüllfläche von kongruenten Kugeln ist, deren Mittelpunkte auf der Mittelschraubenlinie b_0 liegen, bestimmen wir die Grundrisse der Kreise, in denen Δ von einer Anzahl dieser Kugeln geschnitten wird, und zeichnen die Bildkurve c' als ihre Hüllkurve. Δ möge von b_0 in einem Punkt H durchbohrt werden, dessen Risse in Nr. 364 als Teilpunkte von b_0' und b_0'' benutzt wurden, und H'' möge einem Wendepunkt K'' von b_0'' (Nr. 324) so nahe liegen, daß die eingehüllte Kugel, deren Mittelpunkt der Punkt K von b_0 ist, Δ schneidet. Die Ebene E des Berührungskreises dieser Kugel steht auf der Aufrißtafel senkrecht, so daß ihre Spur e_2 den Aufriß des Berührungskreises trägt. Wir bestimmen dann — wie dies in Fig. 121 an den besonders gezeichneten Rissen der Kugel ausgeführt und von ihnen in die Hauptfigur übertragen worden ist — den Grundriß des Kreises (Nr. 195), in dem Δ die Kugel durchdringt, und auf ihm — als die Grundrisse der Schnittpunkte zwischen Δ und dem Berührungskreis — die beiden Punkte P_1', P_2', in denen er die gesuchte Bildkurve c' berührt.

Bei jeder anderen der eingehüllten Kugeln verfahren wir in derselben Weise mit Hilfe eines Seitenrisses, dessen Ebene zu der Ebene ihres Berührungskreises und zu der Grundrißtafel senkrecht ist. Da aber die Kugeln kongruent und die Ebenen ihrer Berührungskreise gegen die Grundrißtafel gleich geneigt sind, dürfen wir den Aufriß der in Fig. 121 gezeichneten Nebenfigur als diesen Seitenriß auffassen, indem wir sie nach oben oder unten verschoben denken. Wir benutzen in diesem Sinn die Nebenfigur von Fig. 121 für die Kugeln, deren Mittelpunkte H und der nächsthöhere Teilpunkt von b_0 sind, und müssen dann ihren Grundriß so verschieben, daß sein Mittelpunkt auf H' bzw. den nächsten Teilpunkt von b_0' und die in ihm wagerechte Gerade auf die zugehörige Tangente von b_0' fällt. Die Kugel mit dem Mittelpunkt H liefert den größten der von c' eingehüllten Kreise (Halbmesser r); in den Endpunkten seines Durchmessers M_1H' berührt c' den scheinbaren Umriß der Röhrenschraubenfläche. Die Gerade M_1H' ist, wie leicht ersichtlich, Symmetrieachse der ganzen Kreisschar und somit auch der Hüllkurve c'.

Die letzten Kugeln, deren Schnittkreise in Δ die Kurve c berühren, haben — wie aus der Nebenfigur von Fig. 121 zu erkennen — Mittelpunkte, die von Δ um die dort angegebene Strecke q entfernt sind. Wir bestimmen die Grundrisse dieser Mittelpunkte als diejenigen der Schnittpunkte von b_0 mit den Ebenen, die im Abstand q parallel zu Δ liegen, nach dem dritten oder vierten Absatz von Nr. 334 und verfahren wie bei den übrigen Kugeln. Die Kugeln endlich, deren Mittelpunkte von Δ um mehr als q, aber um weniger als r entfernt liegen, liefern zwar noch Kreise der Kreisschar; aber dieselben treten nicht mehr an die Hüllkurve heran.

Das Drehparaboloid.

366. Nach dem Satz von Nr. 265 wird eine Drehfläche längs jedes Breitenkreises von einer Kugel berührt, deren Mittelpunkt auf der Drehachse liegt, und ist somit als Hüllfläche dieser Kugeln aufzufassen. Deshalb gelten die Sätze von Nr. 359 für jede Drehfläche und können zur Bestimmung ihrer Umrißkurven in dem Fall dienen, daß die Fläche sich nicht in Grundstellung befindet.

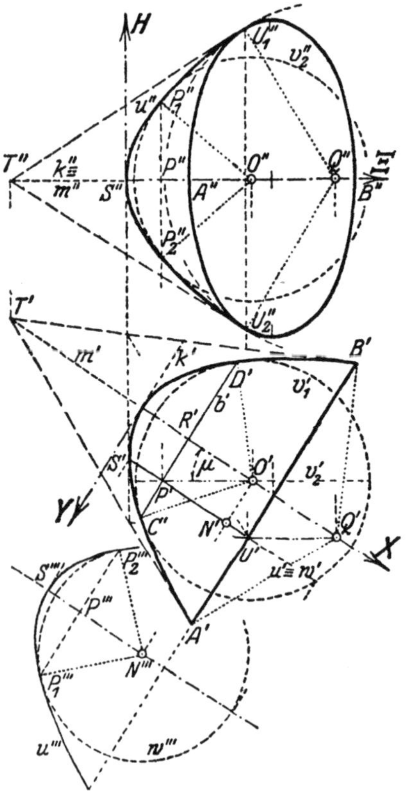

Fig. 122.

Aufgabe: *Gegeben* sind für eine Drehfläche die Risse der wagerecht liegenden Drehachse *m* und der Grundriß *k'* der Meridiankurve *k*, deren Ebene wagerecht ist. *Gesucht* sind die scheinbaren Umrisse der Drehfläche.

Da *m* zu der Aufrißtafel parallel ist, gilt der letzte Teil des Satzes von Nr. 268 unter Vertauschung von Aufriß- und Grundrißtafel; deshalb ist *k'* die Kurve des scheinbaren Umrisses in der Grundrißtafel, und es handelt sich nur um die Kurve des wahren Umrisses, *u*, und des scheinbaren Umrisses, *u''*, für die Aufrißtafel. In Fig. 122 seien nun die zu *m'* senkrechte Strecke *C'D'* der Grundriß *b'* eines Breitenkreises *b* (vgl. den ersten Absatz von Nr. 268) und *O'*, *O''* die Risse des Punktes *O* von *m*, durch den die zu *b* gehörigen Meridiannormalen (Nr. 265) gehen. Dann sind die wagerechten Geraden *OC*, *OD* Normalen von *k* und ihre Grundrisse *O'C'*, *O'D'* Normalen von *k'* (Nr. 51), so daß wir *O'* durch diese Normalen[1]) und *O''* durch die

[1]) Ist eine Normalen- (oder Tangenten-) Konstruktion, die aus der Gesetzmäßigkeit der Kurve *k'* folgt, nicht bekannt, so muß man die Normalen versuchsweise ermitteln. Hierzu dient z. B. ein *Lineal mit spiegelnder Ziehkante*, die auf die Normale eingestellt ist, sobald der in ihr gespiegelte Teil der Kurve und sein Spiegelbild ohne Knick ineinander übergehen. Oder die folgende Näherungskonstruktion: Man legt in die Kurve *k'* von dem Punkt *U*, dessen Normale bestimmt werden soll, nach beiden Seiten hin zwei gleiche Sehnen *UV*, *UW*, die so klein sind, daß der Bogen *VW* von *k'* als Kreisbogen betrachtet werden darf, und konstruiert die Mittelsenkrechte *n* der Sehne *VW*; sind *UV* und *UW* genügend klein, so geht *n* durch *U* und ist die gesuchte Normale. Als Genauigkeitsprobe kann dienen, daß jeder Kreis, dessen Mittelpunkt auf *n* liegt und der durch *U* geht, auf ein Stück zu beiden Seiten von *U* mit *k'* übereinstimmen muß.

Ordnungslinie von O bestimmen können. Die Kugel nun, von der die Drehfläche längs b berührt wird, hat den Mittelpunkt O und den Halbmesser $r = O'C' = O'D'$; ihre scheinbaren Umrisse sind (Nr. 193) die mit r um O' und um O'' geschlagenen Kreise v_1' und v_2''. Der Kreis v_2, dessen Grundriß der wagerechte Durchmesser v_2' von v_1' und dessen Aufriß v_2'' ist, ist der wahre Umriß der Kugel für die Aufrißtafel und schneidet nach dem vorletzten Satz von Nr. 359 in den Breitenkreis b die auf ihm liegenden Punkte P_1, P_2 der Kurve u ein. Die Aufrisse P_1'', P_2'' sind die Punkte, in denen nach dem letzten Satz von Nr. 359 v_2'' von der Kurve u'' berührt wird, und werden, da P_1, P_2 den Schnittpunkt P' von v_2' und b' zum gemeinsamen Grundriß haben, durch die Ordnungslinie von P' in v_2'' eingezeichnet.

Wir tragen nun die Grundrisse von Breitenkreisen ein, die in geeigneter Weise über die Drehfläche verteilt sind, und bestimmen zu jedem von ihnen den Punkt O' auf m' und den Punkt P', der in ihn durch die Wagerechte von O' eingeschnitten wird. Darauf fahren wir entweder fort wie oben und erhalten im Aufriß eine Anzahl von Kreisen (v_2''), die von u'' eingehüllt werden, nebst ihren Berührungspunkten (P_1'', P_2'') — oder wir suchen die zu jedem Punkt P' gehörigen Aufrißpunkte P_1'', P_2'' mit Hilfe eines dritten Risses, dessen Tafel auf m senkrecht ist, in derselben Weise, wie in Nr. 294 und Fig. 97 die zu P'' gehörigen Grundrißpunkte P_1', P_2' gefunden wurden. Nunmehr können wir die Kurve u'' einzeichnen; sie besitzt unter Umständen Spitzen und Knoten (wie bei der Kreisringfläche und bei der Röhrenschraubenfläche) und braucht nicht als Ganzes in den scheinbaren Umriß einzugehen.

367. In Fig. 122 ist die Kurve k' ein Parabelbogen, dessen Symmetrieachse m' ist und der durch zwei in bezug auf m' symmetrische Punkte A', B' begrenzt wird. Da dasselbe für die Meridiankurve k gilt, ist die Drehfläche ein *Drehparaboloid*, das durch einen Breitenkreis abgeschnitten wird. Solche Flächen kommen als parabolische Spiegel bei *Scheinwerfern* zur Anwendung und bestimmen oft auch die äußere Gestalt derselben.

Wenn R' der Schnittpunkt zwischen m' und $C'D'$ ist (Fig. 122), so ist nach dem zweiten Satz von Nr. 233 die Strecke $O'R'$ gleich dem Parameter p der Parabel; wir haben also, welchen Breitenkreis b wir auch nehmen, stets

$$O'R' = p .$$

Ist ferner μ der spitze Winkel, unter dem m' gegen die Wagerechte geneigt ist, so ist in dem rechtwinkligen Dreieck $O'R'P'$ stets $\sphericalangle R'O'P' = \mu$; also haben wir immer

$$R'P' = p \cdot \operatorname{tg} \mu \quad \text{und} \quad O'P' = \frac{p}{\cos \mu} .$$

Hieraus folgt erstens, daß P' immer auf einer Geraden liegt, die im Abstand $p \cdot \operatorname{tg} \mu$ parallel zu m' verläuft. Diese Gerade trägt also den Grundriß u' der Kurve u, und das heißt:

Wird ein Drehparaboloid rechtwinklig projiziert, so wird seine Kurve des wahren Umrisses in es durch eine Ebene eingeschnitten, die zu der Drehachse parallel ist.

Zweitens aber ist, wenn wir mit P'' den Schnittpunkt zwischen m'' und $P_1''P_2''$ bezeichnen, die Strecke $O''P''$ gleich der Strecke $O'P'$ und hat somit ebenfalls stets die Länge

$$(1) \qquad q = \frac{p}{\cos \mu}.$$

Nun sind, da die Kurve u'' in P_1'', P_2'' den Kreis v_2'' berührt, $O''P_1''$, $O''P_2''$ die zu P_1'', P_2'' gehörigen Normalen von u''. Folglich hat die Kurve u'' die im zweiten Satz von Nr. 233 ausgesprochene Eigenschaft mit einer Parabel vom Parameter q gemeinsam; daß sie tatsächlich eine Parabel ist, beweisen wir folgendermaßen:

Aus dem Halbmesser r der Kreise v_1', v_2'' und aus den Strecken $O'P'$, $O''P''$, die beide gleich q sind, ergibt sich in derselben Weise, wie in der Gleichung (7b) von Nr. 304, sowohl für die Potenz $\mathfrak{P}_1$ von P' in bezug auf v_1' als auch für die Potenz $\mathfrak{P}_2$ von P'' in bezug auf v_2'' derselbe Wert $r^2 - q^2$, so daß wir $\mathfrak{P}_1 = \mathfrak{P}_2$ haben. Andererseits ist aber, da

$$R'C' = R'D', \; P'C' = R'C' - R'P', \; P'D' = R'C' + R'P'; \; P''P_1'' = P''P_2''$$

ist, auch

$$\mathfrak{P}_1 = P'C' \cdot P'D' = \overline{R'C'}^2 - \overline{R'P'}^2, \quad \mathfrak{P}_2 = P''P_1'' \cdot P''P_2'' = \overline{P''P_1''}^2.$$

Also folgt

$$(2) \qquad \overline{R'C'}^2 - \overline{R'P'}^2 = \overline{P''P_1''}^2.$$

Ferner ist

$$(3) \qquad S''P'' = S'P' \cdot \cos \mu,$$

wenn S' der Punkt, in dem die Parabel k' von ihrem Durchmesser u' getroffen wird (Nr. 230), und S'' der auf derselben Ordnungslinie liegende Punkt von m'' ist. Wir legen in die Grundrißtafel ein xy-Koordinatensystem, dessen x-Achse m' und dessen y-Achse die Scheiteltangente von k' ist, und in die Aufrißtafel ein $\xi\eta$-Koordinatensystem, dessen ξ-Achse m'' und dessen η-Achse die Ordnungslinie $S'S''$ ist. In dem ersten habe S' die Koordinaten x_0, y_0 und C' die Koordinaten x, y; in dem zweiten habe P_1'' die Koordinaten ξ, η. Dann ist einschließlich der Vorzeichen

$$S'P' = x - x_0, \quad R'P' = y_0, \quad R'C' = y; \quad S''P'' = \xi, \quad P''P_1'' = \eta$$

und folgt aus (2) und (3)

$$y^2 - y_0^2 = \eta^2 \quad \text{und} \quad \xi = (x - x_0) \cos \mu.$$

Hieraus erhalten wir, da für die Punkte S' und C' der Parabel k' auf Grund von Gleichung (17) in Nr. 233

$$y_0^2 = 2\,p\,x_0, \quad y^2 = 2\,p\,x \quad \text{und somit} \quad y^2 - y_0^2 = 2\,p\,(x - x_0)$$

ist,

$$\eta^2 = \frac{2\,p\,\xi}{\cos\mu}$$

oder mit (1)

$$\eta^2 = 2\,q\,\xi.$$

Diese Gleichung gilt für alle Punkte der Kurve u'' und lehrt nach Nr. 233, daß dieselbe in der Tat eine Parabel (mit dem Scheitel S'' und dem Parameter p) ist. Also gilt der Satz:

Bei rechtwinkliger Projektion ist der scheinbare Umriß eines Drehparaboloides eine Parabel, deren Symmetrieachse der Riß der Drehachse ist.

368. Aufgabe: *Gegeben* sind für ein Drehparaboloid die Risse m', m'' der wagerecht liegenden Drehachse m und von dem Grundriß k' der Meridianparabel k, deren Ebene wagerecht ist, zwei in bezug auf m' symmetrische Punkte A', B' nebst dem auf m' liegenden Schnittpunkt T' ihrer Tangenten. *Gesucht* ist der Aufriß des Drehparaboloides, das durch den Breitenkreis der Punkte A, B abgeschnitten werde.

Wir konstruieren zuerst in Fig. 122 nach Nr. 235 die Parabel $(A'B';\ T') \equiv k'$ und ziehen die zu A', B' gehörigen Normalen, indem wir in diesen Punkten auf $T'A'$, $T'B'$ die Lote errichten; sie schneiden sich in einem Punkt Q' von m', durch dessen Ordnungslinie wir in m'' den Punkt Q'' einzeichnen. Legen wir nun durch Q' die Wagerechte und durch den Punkt U', in dem diese die Gerade $A'B'$ trifft, die Parallele u' zu m', so ist nach Nr. 367 u' der Grundriß der Kurve u des wahren Umrisses. Um Q'' schlagen wir den Kreis, dessen Halbmesser die Länge $Q'A' = Q'B'$ hat, und schneiden ihn mit der Ordnungslinie von U' in den Punkten U_1'', U_2'', die wie P_1'', P_2'' in Nr. 367 der Kurve u'' des scheinbaren Umrisses angehören. — Der Punkt T von m nun, der den Grundriß T' hat, ist der Schnittpunkt der zu A und B gehörigen Tangenten der Meridianparabel k und somit der Scheitel des Drehkegels, der nach dem zweiten Satz von Nr. 264 das Drehparaboloid längs des Breitenkreises der Punkte A, B berührt. Infolgedessen sind $T''U_1''$, $T''U_2''$ die Aufrisse der Meridiantangenten der Punkte U_1, U_2, deren Aufrisse U_1'', U_2'' sind; sie fallen aber, da U_1, U_2 als Punkte der Kurve u des wahren Umrisses zur Aufrißtafel senkrechte Tangentialebenen besitzen, mit den Aufrissen der zu U_1, U_2 gehörigen Tangenten von u, d. h. mit den zu U_1'', U_2'' gehörigen Tangenten von u'' zusammen. Wir brauchen also nur den Punkt T'' durch die Ordnungslinie von T' in m'' einzuschneiden, um den als scheinbarer Umriß in Betracht kommenden Parabelbogen $(U_1''U_2'';\ T'')$ nach Nr. 235 herstellen zu können. — Endlich zeichnen wir noch nach Nr. 175 die Aufrißellipse des Breitenkreises der Punkte A, B und beachten dabei, daß sie durch U_1'', U_2'' gehen und dort die Geraden $T''U_1''$, $T''U_2''$ berühren muß.

Der Punkt S', den wir nach Nr. 227 als den Schnittpunkt zwischen der Parabel k' und ihrem Durchmesser u' bestimmen, und der Punkt S'', den die Ordnungslinie von S' in m'' einzeichnet, sind, da $k'' \equiv m''$, die Risse des Schnittpunktes S der beiden Kurven des wahren Umrisses, k und u. Die zu S gehörige Tangentialebene des Drehparaboloides steht auf beiden Tafeln senkrecht, sodaß ihre beiden Spuren in die Ordnungslinie $S'S''$ hineinfallen. Infolgedessen wird diese Gerade in S' von k' und in S'' von u'' berührt. S'' ist der Scheitel von u'' und muß nach dem zweiten Satz von Nr. 230 in der Mitte zwischen T'' und $U_1''U_2''$ liegen. Ferner muß, da nach Nr. 367 $Q''U_1''$, $Q''U_2''$ Normalen von u'' sind, $T''U_1'' \perp Q''U_1''$ und $T''U_2'' \perp Q''U_2''$ sein.

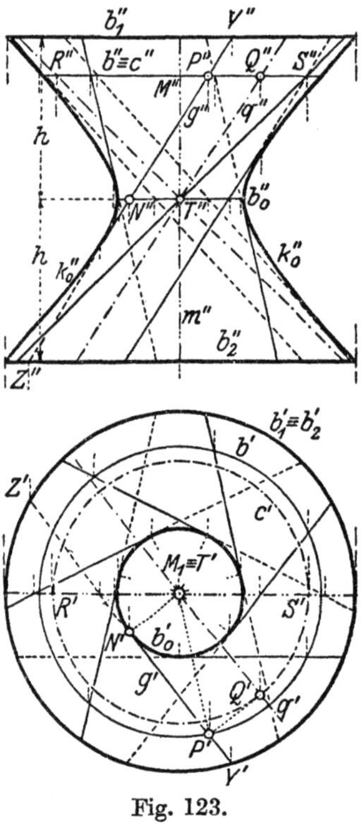

Fig. 123.

Die Kurve u kann als schiefe Parallelprojektion der Parabel u'' auf die Ebene E aufgefaßt werden, die längs u' auf der Grundrißtafel senkrecht steht; sie ist also nach Nr. 236 ebenfalls eine Parabel. Wir erhalten in Fig. 122 ihre wahre Gestalt durch ihre Bildkurve u''' in einem an den Grundriß anschließenden Seitenriß, dessen Tafel zu E parallel ist. Nach dem Satz von Nr. 365 ergibt sich u''' als Hüllkurve einer Kreisschar; ist w der Kreis, in dem E die zu dem Breitenkreis b gehörige Kugel (Nr. 367) schneidet ($w' \equiv u'$), so ist sein Seitenriß w''' ein Kreis dieser Schar und berührt u''' in den Punkten P_1''', P_2'''. Wenn N der Mittelpunkt von w und P''' der Schnittpunkt zwischen $P_1'''P_2'''$ und der Symmetrieachse von u''' ist, so sind $N'''P_1'''$, $N'''P_2'''$ Normalen und nach dem zweiten Satz von Nr. 233 die Strecke $N'''P'''$ der Parameter von u'''. Da aber nach Nr. 195 $O'N' \perp u'$, ist $N'''P''' = N'P' = O'R' = p$ (Nr. 367). Also haben die Parabeln k' und u''' und folglich auch die Parabeln k und u denselben Parameter; hieraus folgt aber auf Grund der Begriffsbestimmung durch Brennpunkt und Leitlinie (Nr. 233), daß die Parabeln kongruent sind. Das heißt:

Ein Drehparaboloid wird durch alle Ebenen, die seiner Drehachse parallel sind, in Parabeln geschnitten, die seinen Meridianparabeln kongruent sind.

Das geradlinige Drehhyperboloid.

Die windschiefe Drehfläche.

369. Von der Familie der *Flächen zweiten Grades* (Nr. 299), zu der auch das hyperbolische Paraboloid (Nr. 342) und das Drehparaboloid (Nr. 367) gehören, wollen wir eine Fläche näher untersuchen, die, ohne eine Zylinder- oder Kegelfläche zu sein, von unzähligen Geraden überzogen wird und somit eine *geradlinige* oder *Regelfläche* (Nr. 331, Nr. 342) ist.

Drehen wir eine Gerade g, die mit einer zu ihr windschiefen (Nr. 48) Geraden m fest verbunden ist, um die *Drehachse* m, so entsteht eine Drehfläche, die wir vorläufig als *die windschiefe Drehfläche* bezeichnen. Sie steht nach ihrer Erzeugung mit den Drehkegelflächen (Nr. 210) und den Regelschraubenflächen (Nr. 331) in gewisser Verwandtschaft. Die einzelnen Lagen von g, die die Fläche überziehen, sind ihre *geraden Erzeugenden.* Wir zeichnen die windschiefe Drehfläche in Fig. 123 in *Grundstellung*, so daß also m durch den ersten Spurpunkt M_1 und den scheitelrechten Aufriß m'' gegeben ist. Sind T und N die Fußpunkte des gemeinsamen Lotes von m und g, so bilden sich (Nr. 51) der rechte Winkel zwischen TN und m in der Aufrißtafel und der rechte Winkel zwischen TN und g in der Grundrißtafel als rechte Winkel ab; hiernach erhalten wir aus $T' \equiv M_1$ unmittelbar nacheinander die Punkte N', N'', T''. Der von N beschriebene Breitenkreis b_0 hat zum Aufriß die wagerechte, N'' tragende Strecke, deren Mitte T'' und deren Länge gleich 2 $T'N'$ ist, und zum Grundriß den Kreis b_0', der T' zum Mittelpunkt und $T'N'$ zum Halbmesser hat. Das gemeinsame Lot TN ist der kürzeste Abstand, der zwischen einem Punkt von g und der Drehachse m möglich ist; *die windschiefe Drehfläche hat keinen Punkt, der auf ihrer Drehachse liegt,* und b_0 ist ihr engster Breitenkreis, ihr *Kehlkreis.*

Wir legen nun durch T die Gerade q parallel zu g ($q' \parallel g'$, $q'' \parallel g''$) und denken sie uns gleichzeitig mit g um m herumgedreht; dann überstreicht sie eine gerade Kreiskegelfläche mit dem Scheitel T und der Mittellinie m, die wir den *Kegel* [T] der windschiefen Drehfläche nennen. Ist P ein beliebiger Punkt von g, so liegt in derselben wagerechten Ebene wie er ein Punkt Q von q, dessen Risse Q', Q'' wir aus P', P'' mit Hilfe der Tatsache ableiten können, daß die Geraden NT und PQ als Schnittgeraden der durch g und q bestimmten Ebene mit zwei wagerechten Ebenen einander parallel sind ($P'Q' \parallel N'T'$, $P''Q'' \parallel N''T''$). Durch P geht ein Breitenkreis b der windschiefen Drehfläche und durch Q ein Breitenkreis c des Kegels [T], die denselben Mittelpunkt M ($M' \equiv M_1$) und die Halbmesser $r = MP = M_1P'$, $r^* = MQ = M_1Q'$ besitzen. Nehmen wir noch den Halbmesser $r_0 = TN = M_1N'$ des Kehlkreises b_0 hinzu, so folgt aus dem Rechteck $M_1N'P'Q'$ und seiner Diagonale M_1P' die Beziehung

(1) $$r^2 - r^{*2} = r_0^2$$

und der Satz:

Zwischen den Halbmessern r_0, r und r^* des Kehlkreises einer windschiefen Drehfläche, eines Breitenkreises derselben und des in der gleichen Ebene liegenden Breitenkreises des Kegels [T] besteht die Gleichung (1).

370. Die Gerade MP trägt eine — in Fig. 123 nicht angegebene — Durchmessersehne C_1C_2 des Kreises c, und die Potenz von P in bezug auf c ist $\mathfrak{P} = PC_1 \cdot PC_2$. Aus dem Halbmesser r^* von c und der Strecke $MP = r$ ergibt sich aber in derselben Weise, wie in der Gleichung (7b) von Nr. 304, auch $\mathfrak{P} = r^2 - r^{*2}$. Also folgt unter Zuziehung von (1) die Gleichung

$$\mathfrak{P} = PC_1 \cdot PC_2 = r_0^2 \tag{2}$$

und der Satz:

Bestimmt man für einen beliebigen Punkt einer windschiefen Drehfläche die Potenz in bezug auf denjenigen Breitenkreis des Kegels [T], dessen Ebene durch den Punkt geht, so ergibt sich als ihr Wert stets das Quadrat des Kehlkreisdurchmessers.

Die durch P gehende Meridianebene M der windschiefen Drehfläche schneidet die Ebene der Breitenkreise b und c in der zu m senkrechten Geraden, auf der M, P, C_1, C_2 liegen, und den Kegel [T] in den Erzeugenden $q_1 \equiv TC_1$, $q_2 \equiv TC_2$. Verschieben wir nun P längs der in M enthaltenen Meridiankurve k der Fläche, so bleiben q_1 und q_2 fest und werden von C_1 und C_2 so durchlaufen, daß die Gerade C_1C_2 stets zu m senkrecht ist. Da dabei immer die Gleichung (2) gilt, ist nach dem letzten Satz von Nr. 243 die von P durchlaufene Kurve k eine Hyperbel mit den Asymptoten q_1 und q_2. Die Drehachse m ist Symmetrieachse von k (Nr. 262), und zwar, da sie nach Nr. 369 keinen Punkt der windschiefen Drehfläche trägt, die Nebenachse (Nr. 247). Die Hauptachse steht in T auf m senkrecht und ist somit derjenige Durchmesser des Kehlkreises, der in der Ebene von k liegt. Also ergibt sich der Satz:

Die windschiefe Drehfläche wird durch jede Meridianebene in einer Hyperbel geschnitten, deren Nebenachse die Drehachse ist, deren Asymptoten Erzeugende des Kegels [T] sind und deren Scheitel auf dem Kehlkreis liegen.

Wenn eine Hyperbel um eine ihrer Achsen gedreht wird, so entsteht ein *Drehhyperboloid*, während die Asymptoten der Hyperbel den *Asymptotenkegel* beschreiben. Wir führen ohne Beweis an, daß das Drehhyperboloid immer und nur dann eine windschiefe Drehfläche ist, wenn die Drehachse die Nebenachse der Meridianhyperbel ist. Ein solches Drehhyperboloid heißt *geradlinig* oder, da es in sich zusammenhängt, *einschalig*, während die Drehhyperboloide, deren Drehachse die Hauptachse der Meridianhyperbel ist, zwei getrennte Schalen besitzen und das Beiwort *zweischalig* führen. Wir können also den letzten Satz in der Form aussprechen:

Die windschiefe Drehfläche ist ein geradliniges Drehhyperboloid und ihr Kegel [T] dessen Asymptotenkegel.

371. Betrachten wir nun die Risse der windschiefen Drehfläche in Grundstellung, so ist ihr Kehlkreis b_0 als Ort der Scheitel der Meridianhyperbeln der einzige Breitenkreis mit berührendem geraden Kreiszylinder und folglich (Nr. 268) die Kurve des wahren Umrisses für die Grundrißtafel. Ferner wird die Kurve des wahren Umrisses für die Aufrißtafel durch die Meridianhyperbel k_0 gebildet, deren Ebene M_0 der Aufrißtafel parallel ist; die Asymptoten von k_0 sind die in M_0 gelegenen Erzeugenden des Asymptotenkegels, aus denen der wahre Umriß desselben besteht, und die Scheitel von k_0 die Endpunkte der zur Aufrißtafel parallelen Durchmessersehne von b_0. Hierauf beruht die Lösung der

Aufgabe: *Gegeben* sind die Risse zweier windschiefen Geraden m und g, von denen m scheitelrecht steht, und eine Strecke h. *Gesucht* sind die Risse des geradlinigen Drehhyperboloides, das durch Drehung von g um die Achse m entsteht und durch zwei wagerechte Ebenen im Abstand h von der Kehlkreisebene abgeschnitten wird, nebst den Rissen einer Anzahl gleichmäßig verteilter Erzeugenden.

Wir leiten in Fig. 123, in der M_1, m'' für m und g', g'' für g gegeben sind, nach Nr. 369 die Risse der Punkte T und N, der Geraden q und des Kehlkreises b_0 ab; b_0' ist die erste Kurve des scheinbaren Umrisses. Dann bestimmen wir nach der ersten Aufgabe von Nr. 209 den scheinbaren Umriß ($T''R''$, $T''S''$) des Asymptotenkegels, indem wir auf q einen beliebigen Punkt Q wählen und die Risse des durch ihn laufenden Breitenkreises c des Asymptotenkegels herstellen. Die Geraden $T''R''$, $T''S''$ und die Endpunkte der wagerechten Strecke b_0'' sind die Aufrisse der Asymptoten und der Scheitel der Meridianhyperbel k_0, die für den Aufriß die Kurve des wahren Umrisses bildet; sie sind, da b_0'' eine Winkelhalbierende von $T''R''$, $T''S''$ ist, nach dem Satz von Nr. 253 und dem zweiten Satz von Nr. 247 die Asymptoten und die Scheitel der Hyperbel k_0'', die die zweite Kurve des scheinbaren Umrisses ist, und gestatten, diese nach Nr. 251 herzustellen.

Das Drehhyperboloid hat in jeder wagerechten Ebene einen Breitenkreis (Nr. 261) und wird sonach auf Grund der Aufgabe durch zwei Breitenkreise abgegrenzt. Um deren Risse zu finden, schneiden wir nach Nr. 252 die beiden wagerechten Geraden, die von b_0'' den Abstand h besitzen, mit der Hyperbel k_0''; wir finden infolge der Symmetrie von k_0'' zwei gleiche Sehnen b_1'', b_2'' und somit im Grundriß nur einen Kreis $b_1' \equiv b_2'$, dessen Mittelpunkt M_1 und dessen Durchmesser gleich jenen Sehnen ist. Statt dessen können wir auch die Schnittpunkte Y'', Z'' zwischen g'' und b_1'', b_2'' durch Ordnungslinien nach g' übertragen; die erhaltenen Punkte Y', Z' bestimmen denselben Kreis $b_1' \equiv b_2'$. Dieser Kreis bildet zusammen mit b_0' in der Grundrißtafel den scheinbaren Umriß, während der scheinbare Umriß in der Aufrißtafel aus den zwischen b_1'', b_2'' liegenden Bögen von k_0'' und aus den Sehnen b_1'', b_2'' besteht.

Die Risse aller geraden Erzeugenden müssen (Nr. 266) im Grundriß den Kreis b_0', im Aufriß die Hyperbel k_0'' berühren. Um nun die

Risse gleichmäßig verteilter Erzeugenden einzuzeichnen, teilen wir b_0' in gleiche Teile[1]) und legen in den Teilpunkten die Tangenten an b_0'. Dieselben teilen den Grundriß eines beliebigen Breitenkreises, z. B. b', in dieselbe Anzahl gleicher Teile. Übertragen wir nun durch Ordnungslinien die Teilpunkte von b_0' und b' auf die wagerechten Geraden b_0'' und b'', so können wir durch die zusammengehörigen Punkte von b_0'' und b'' die Aufrisse der Erzeugenden ziehen. Diese berühren k_0'' in ihren Schnittpunkten mit den Ordnungslinien der Punkte, in denen die Grundrisse der Erzeugenden dem Grundriß k_0', das ist dem wagerechten Durchmesser von b', begegnen.

Die beiden Geradenscharen.

372. Wir haben in Nr. 371 gefunden, daß auf dem geradlinigen Drehhyperboloid je zwei Breitenkreise b_1, b_2, deren Ebenen gleich weit von der Ebene des Kehlkreises b_0 entfernt liegen, einen gemeinsamen Grundrißkreis $b_1' \equiv b_2'$ besitzen. Unter Berücksichtigung der Erörterungen von Nr. 259 folgt hieraus, daß die Kreise b_1, b_2 ihre gegenseitigen Spiegelbilder in bezug auf die Ebene von b_0 sind. Deshalb gilt der Satz:

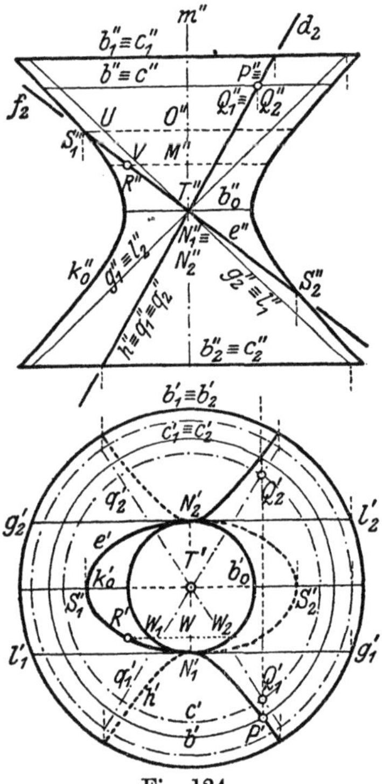

Fig. 124.

Das geradlinige Drehhyperboloid hat die Ebene seines Kehlkreises zur Symmetrieebene.

Suchen wir nun zu den Punkten einer Erzeugenden g ihre Spiegelbilder in bezug auf die Kehlkreisebene, so erhalten wir Punkte des geradlinigen Drehhyperboloides, die eine Gerade l, das Spiegelbild von g, erfüllen müssen. Und zwar muß l durch denselben Punkt N der Kehlkreisebene gehen, in derselben, zu der Kehlkreisebene senkrechten und somit scheitelrechten Ebene N liegen und denselben Neigungswinkel gegen die Kehlkreisebene besitzen wie g. Da die Grundrißspur n_1 von N und der Grundriß l' von l mit g' übereinstimmen, ist TN zugleich das aus T auf N gefällte Lot und das gemeinsame Lot von m und l. Denken wir uns nun die Ebene N und die Geraden g und l durch das Lot TN

[1]) In Fig. 123 sind sieben Teile (siehe die Anmerkung zu Nr. 337) gewählt und N' von vornherein so gelegt, daß ein Teilpunkt auf den zu a_{12} senkrechten Durchmesser von b_0 fällt; der Aufriß der zu diesem Teilpunkt gehörigen Erzeugenden ist zugleich eine Asymptote von k_0'' (vergl. Nr. 373).

fest mit m verbunden und dann um m gedreht, so ist jede Lage g_1 von g eine Erzeugende (Nr. 369) des geradlinigen Drehhyperboloides und die gleichzeitig von l angenommene Lage l_1 als Spiegelbild von g_1 ebenfalls eine auf der Fläche verlaufende Gerade. l überstreicht also dasselbe geradlinige Drehhyperboloid wie g, ohne jemals in eine der Lagen von g kommen zu können. Deshalb gilt der Satz: *Jedes geradlinige Drehhyperboloid kann auf zwei Weisen als windschiefe Drehfläche entstehen und trägt infolgedessen zwei getrennte Scharen von geraden Erzeugenden.*

Die beiden Scharen nennen wir kurz die *g-Schar* und die *l-Schar*. Da jeder Punkt von g und jeder Punkt von l bei der Drehung um die Achse m einen Breitenkreis der Fläche beschreibt, wandert, wenn ein beliebiger Punkt P der Fläche angemerkt ist, auf dem Breitenkreis von P ein Punkt von g und ein Punkt von l, deren jeder während einer vollen Umdrehung einmal mit P zusammenfällt. Deshalb gibt es gerade eine Erzeugende g_1 aus der g-Schar und eine Erzeugende l_1 aus der l-Schar, die durch P geht. Wiederholen wir die Erörterungen von Nr. 263, indem wir an die Stelle der Kurve c die Gerade g_1 oder l_1 setzen, so erhalten wir den Satz:

Durch jeden Punkt des geradlinigen Drehhyperboloides geht je eine Erzeugende aus jeder der beiden Scharen. Die beiden Erzeugenden liegen in der Tangentialebene des Punktes und bilden die Schnittlinie derselben mit der Fläche.

Sind g_1, g_2 zwei Erzeugende aus der g-Schar, so begrenzen sie auf allen Breitenkreisen der Fläche Bögen von demselben Zentriwinkel, um den die Gerade g beim Übergang von g_1 nach g_2 gedreht werden muß; sie können also keinen Breitenkreis in demselben Punkt schneiden. Da dasselbe für je zwei Erzeugende der l-Schar gilt, folgt der Satz:

Auf einem geradlinigen Drehhyperboloid haben keine zwei Erzeugenden aus derselben Schar einen Punkt gemeinsam.

Die Durchmesserebenen.

373. Nach dem vorletzten Satz von Nr. 372 schneiden eine Erzeugende aus der g-Schar und eine Erzeugende aus der l-Schar einander im allgemeinen; aber es gibt auch solche Erzeugende, die einander parallel sind. Nehmen wir in Fig. 124, die wie Fig. 123 angelegt ist, die Endpunkte N_1, N_2 der Durchmessersehne des Kehlkreises b_0, für die $N_1'' \equiv N_2'' \equiv T''$ ist, so verwandelt sich von den Erzeugendenpaaren g_1, l_1 und g_2, l_2, die durch sie gehen ($g_1' \equiv l_1' \parallel a_{12}$, $g_2' \equiv l_2' \parallel a_{12}$), das eine in das andere durch eine Drehung von $180°$ um die Achse m. Die Geraden, die wir zu diesen vier Erzeugenden parallel durch T ziehen, sind die Erzeugenden $\mathfrak{q}_1$, $\mathfrak{q}_2$ des Asymptotenkegels, deren Verbindungsebene zu der Aufrißtafel parallel ist; sie bilden seinen wahren Umriß und sind nach dem zweiten Satz von Nr. 370 die Asymptoten der Hyperbel k_0, die der wahre Umriß des Hyperboloides ist. Hieraus folgt zunächst

$$g_1 \parallel l_2 \parallel \mathfrak{q}_1, \quad g_2 \parallel l_1 \parallel \mathfrak{q}_2 \quad \text{und} \quad g_1'' \equiv l_2'' \equiv \mathfrak{q}_1'', \quad g_2'' \equiv l_1'' \equiv \mathfrak{q}_2''$$

und somit der Satz:

Wird ein geradliniges Drehhyperboloid rechtwinklig auf eine zu seiner Drehachse parallele Tafel projiziert, so sind die Risse der Erzeugenden, die zu der Tafel parallel laufen, gleichzeitig die Asymptoten seiner Umriß-hyperbel und der scheinbare Umriß seines Asymptotenkegels.

Ferner aber folgt, daß die Ebenen $(g_1 l_2)$ und $(g_2 l_1)$ die zu $\mathfrak{q}_1$, $\mathfrak{q}_2$ gehörigen, zur Aufrißtafel senkrechten Tangentialebenen des Asymptotenkegels sind. Wenn wir von einer anderen Durchmessersehne des Kehlkreises b_0 ausgehen, so erhalten wir in einer zu ihr senkrechten Rißtafel genau dieselbe Figur, wie hier im Aufriß, und können deshalb den Satz aussprechen:

Jede Tangentialebene des Asymptotenkegels durchdringt das geradlinige Drehhyperboloid in zwei einander parallelen Erzeugenden, die nicht derselben Geradenschar angehören.

Der Scheitel T des Asymptotenkegels ist der Mittelpunkt (Nr. 246) aller Meridianhyperbeln des geradlinigen Drehhyperboloides und wird als der *Mittelpunkt* der Fläche bezeichnet. Die durch ihn gehenden Ebenen nennen wir *Durchmesserebenen.* Zu ihnen gehören die Tangentialebenen des Asymptotenkegels; von diesen gehen durch einen Durchmesser des Kehlkreises b_0, wie $N_1 N_2$ in Fig. 124, zwei und teilen die übrigen durch den Durchmesser gehenden Durchmesserebenen in zwei Gruppen, in die Gruppe der Ebenen, die je zwei, und in die Gruppe der Ebenen, die keine Erzeugenden des Asymptotenkegels enthalten. Die durch $N_1 N_2$ gehenden Durchmesserebenen insbesondere stehen mit $N_1 N_2$ auf der Aufrißtafel senkrecht, sodaß in der Aufrißspur einer jeden von ihnen die Aufrisse aller in ihr liegenden Punkte und Linien vereinigt sind; da ferner in Fig. 124 $g_1'' \equiv l_2''$ und $g_2'' \equiv l_1''$ den scheinbaren Umriß des Asymptotenkegels bilden und zugleich die Asymptoten der Umrißhyperbel k_0'' sind, muß die Aufrißspur f_2 einer Ebene Φ, die der zweiten Gruppe der durch $N_1 N_2$ gehenden Durchmesserebenen angehört, ein wirklicher Durchmesser von k_0'' (Nr. 246) sein, während die Aufrißspur d_2 einer Ebene Δ aus der ersten Gruppe keinen Schnittpunkt mit k_0'' besitzt.

374. Wir untersuchen in Fig. 124 zuerst die Kurve h, in der die Ebene Δ das geradlinige Drehhyperboloid schneidet. Ihr Aufriß h'' liegt auf d_2 ebenso wie die Aufrisse $\mathfrak{q}_1''$, $\mathfrak{q}_2''$ der in Δ enthaltenen Erzeugenden $\mathfrak{q}_1$, $\mathfrak{q}_2$ des Asymptotenkegels. Da die Geraden $g_1'' \equiv l_2''$, $g_2'' \equiv l_1''$ den scheinbaren Umriß des Asymptotenkegels bilden, bestimmen wir mit ihrer Hilfe nach der ersten Aufgabe von Nr. 207 den gemeinsamen Grundriß[1]) $c_1' \equiv c_2'$ der Breitenkreise c_1, c_2 desselben, die in den Ebenen der begrenzenden Breitenkreise b_1, b_2 des Hyperboloides liegen ($c_1'' \equiv b_1''$, $c_2'' \equiv b_2''$). Dann schneiden die Ordnungslinien der beiden Punkte, in denen d_2 den Geraden $b_1'' \equiv c_1''$, $b_2'' \equiv c_2''$ begegnet,

[1]) Im Grundriß von Fig. 124 ist alles auf den Asymptotenkegel Bezügliche strichpunktiert und ohne Rücksicht auf die Sichtbarkeit eingetragen.

in $b_1' \equiv b_2'$ und in $c_1' \equiv c_2'$ die Grundrisse der Punkte von h ein, die auf b_1 und b_2, und die Grundrisse der Punkte von q_1 und q_2, die auf c_1 und c_2 liegen. Durch die letztgenannten Punkte sind q_1' und q_2' bestimmt.

Es seien nun P ein Punkt der Kurve h, b der ihn tragende Breitenkreis des Hyperboloides und c der in derselben Ebene enthaltene Breitenkreis des Asymptotenkegels ($b'' \equiv c''$). Dann ist in Fig. 124 P' ein Punkt von b' und P'' der Schnittpunkt der Geraden $h'' \equiv d_2$ und $b'' \equiv c''$. Die Punkte Q_1, Q_2, in denen c von q_1, q_2 getroffen wird, haben zu Grundrissen Q_1', Q_2' die Schnittpunkte zwischen c' und q_1', q_2', während $Q_1'' \equiv Q_2'' \equiv P''$ sein muß. Welchen Punkt P von h wir auch wählen, stets gehören die Punkte P, Q_1, Q_2 einer zu $N_1 N_2$ parallelen Geraden von Δ an; ferner besitzt nach dem ersten Satz von Nr. 370 das Produkt $PQ_1 \cdot PQ_2$ als Potenz von P in bezug auf c stets den Wert r_0^2, wenn r_0 der Halbmesser des Kehlkreises b_0 ist. Folglich ist nach dem letzten Satz von Nr. 243 die Kurve h eine Hyperbel mit den Asymptoten q_1, q_2 und der Durchmessersehne $N_1 N_2$. Zugleich ergeben sich die Gerade $N_1 N_2$, da sie den einen Winkel zwischen q_1 und q_2 hälftet, als Hauptachse und die Punkte N_1, N_2 als Scheitel von h. Also gilt der Satz:

Ein geradliniges Drehhyperboloid wird von einer Durchmesserebene, die zwei Erzeugende seines Asymptotenkegels enthält, in einer Hyperbel geschnitten, deren Asymptoten die beiden Erzeugenden des Asymptotenkegels und deren Scheitel die Endpunkte einer Durchmessersehne des Kehlkreises sind.

Da $Q_1'Q_2' \parallel N_1'N_2'$ und $P'Q_1' = PQ_1$, $P'Q_2' = PQ_2$ ist, finden wir in derselben Weise und im Einklang mit Nr. 253, daß im Grundriß die Bildkurve h' von h eine Hyperbel mit den Asymptoten q_1', q_2' und den Scheiteln N_1', N_2' ist. Hierdurch kommen wir zu der Lösung der

Aufgabe: *Gegeben* sind die Risse eines in Grundstellung befindlichen geradlinigen Drehhyperboloides nach Nr. 371 und die Aufrißspur d_2 einer zur Aufrißtafel senkrechten Durchmesserebene Δ, die zwei Erzeugende q_1, q_2 des Asymptotenkegels trägt. *Gesucht* ist der Grundriß der Hyperbel h, in der Δ das Hyperboloid schneidet.

Die Asymptoten der Hyperbel k_0'', die der scheinbare Umriß des Hyperboloides ist, bilden den scheinbaren Umriß des Asymptotenkegels. Mit ihnen bestimmen wir wie im ersten Absatz von Nr. 374 die Asymptoten q_1', q_2' und die auf $b_1' \equiv b_2'$ liegenden Punkte der gesuchten Hyperbel h', deren Scheitel die Endpunkte der scheitelrechten Durchmessersehne $N_1' N_2'$ von b_0' sind, und zeichnen dieselbe nach Nr. 251.

375. Nunmehr gehen wir in Fig. 124 an die Untersuchung der Kurve e, in der die Ebene Φ (siehe das Ende von Nr. 373) das geradlinige Drehhyperboloid schneidet. Die Aufrißspur f_2 von Φ trägt eine Durchmessersehne $S_1''S_2''$ der Umrißhyperbel k_0'', und diese Strecke ist der Aufriß e'' von e. Die Grundrisse S_1', S_2' der Punkte S_1, S_2 von e, deren Aufrisse S_1'', S_2'' sind, liegen auf dem wagerechten Durchmesser k_0' des Kreises $b_1' \equiv b_2'$. Ziehen wir die Wagerechte durch S_1'' und schneiden sie mit m'' in O'', mit $l_1'' \equiv g_2''$ in U, so sind die Halbmesser des den Punkt S_1 tragenden Breitenkreises des Hyperboloides und des in derselben Ebene liegenden Breitenkreises des Asymptotenkegels

$$s = T'S_1' = O''S_1'', \qquad s^* = O''U;$$

sie stehen nach Gleichung (1) mit dem Halbmesser r_0 des Kehlkreises b_0 in der Beziehung

(3) $$s^2 - s^{*2} = r_0^2.$$

Für einen beliebigen Punkt R von e mögen M'', V, r, r^* dieselbe Bedeutung wie O'', U, s, s^* für S_1 besitzen; dann ist

$$r = T'R', \qquad r^* = M''V$$

und

(4) $$r^2 - r^{*2} = r_0^2.$$

Da R'' als Punkt der Strecke $S_1''S_2''$ in dem Scheitelwinkelpaar zwischen $g_1'' \equiv l_2''$ und $g_2'' \equiv l_1''$ liegt, das m'' nicht enthält, befindet sich der Punkt R auf einem der beiden Bögen seines Breitenkreises, deren Grundrisse dem Streifen zwischen den Parallelen $g_1' \equiv l_1'$, $g_2' \equiv l_2'$ angehören. Deshalb liegt auch der Punkt R' in diesem Streifen und schneidet die durch ihn gelegte Wagerechte die Strecke $N_1'N_2'$ in einem Punkt W und den Kreis b_0' in zwei Punkten W_1, W_2. Wir setzen

$$x = WR' = M''R'', \qquad x_0 = WW_1 = W_2W,$$

so daß

$$W_1R' = x - x_0, \quad W_2R' = x + x_0, \quad W_1R' \cdot W_2R' = x^2 - x_0^2$$

ist, und erhalten für die Potenz von R' in bezug auf b_0' hiernach den Ausdruck $x^2 - x_0^2$, während sich mit der Strecke $T'R' = r$ ebenso wie in der Gleichung (7b) von Nr. 304 der Ausdruck $r^2 - r_0^2$ ergibt. Also folgt die Gleichung

(5) $$x^2 - x_0^2 = r^2 - r_0^2.$$

Endlich lehren die ähnlichen Dreiecke $T''M''R''$, $T''O''S_1''$ und die ähnlichen Dreiecke $T''M''V$, $T''O''U$, daß

$$\frac{M''R''}{M''V} = \frac{O''S_1''}{O''U} \quad \text{oder} \quad \frac{x}{r^*} = \frac{s}{s^*} \quad \text{oder} \quad \frac{x^2}{r^{*2}} = \frac{s^2}{s^{*2}}$$

ist. Da aus (4) und (5) $r^{*2} = x^2 - x_0^2$ folgt, haben wir

$$\frac{x^2}{x^2 - x_0^2} = \frac{s^2}{s^{*2}} \quad \text{oder} \quad \frac{x^2}{x_0^2} = \frac{s^2}{s^2 - s^{*2}}$$

oder mit Hilfe von (3)

$$\frac{x^2}{x_0^2} = \frac{s^2}{r_0^2} \quad \text{oder }^{1)} \quad x = \frac{s}{r_0} x_0 .$$

Vergleichen wir die letzte Gleichung mit der zweiten Zeile der Gleichungen (3) in Nr. 159, so erkennen wir, daß R' auf der Ellipse liegt, deren große Achse die Strecke $S_1' S_2'$ und deren kleine Achse die Strecke $N_1' N_2'$ ist. Diese Ellipse ist die Bildkurve e'; sie ist außerdem nach Nr. 171 der Grundriß der Ellipse, die in Φ durch die beiden konjugierten Durchmessersehnen $S_1 S_2$, $N_1 N_2$ — d. h., da $S_1 S_2 \perp N_1 N_2$, durch ihre Achsen — bestimmt wird; also ist die zuletzt genannte Ellipse die Schnittkurve e, und es folgt der Satz:

Ein geradliniges Drehhyperboloid wird von einer Durchmesserebene, die keine Erzeugenden seines Asymptotenkegels enthält, in einer Ellipse geschnitten, deren kleine Achse eine Durchmessersehne des Kehlkreises ist.

Aufgabe: *Gegeben* sind die Risse eines in Grundstellung befindlichen geradlinigen Drehhyperboloides nach Nr. 371 und die Aufrißspur f_2 einer zur Aufrißtafel senkrechten Durchmesserebene Φ, die keine Erzeugenden des Asymptotenkegels trägt. *Gesucht* ist der Grundriß der Ellipse e, in der Φ das Hyperboloid schneidet.

Wir bestimmen in Fig. 124 nach der Vorschrift von Nr. 246 die Punkte S_1'', S_2'', in denen f_2 die Umrißhyperbel k_0'' schneidet, ferner die zu ihnen als Grundrisse gehörigen Punkte S_1', S_2' der wagerechten Geraden k_0' und die Endpunkte N_1', N_2' des scheitelrechten Durchmessers von b_0'. Darauf zeichnen wir die Ellipse e' nach Nr. 170 aus ihren Achsen $S_1 S_2$ und $N_1 N_2$ (vgl. Nr. 153 und Nr. 172).

Die scheinbaren Umrisse.

376. Für das geradlinige Drehhyperboloid können wir, wenn es nicht in Grundstellung ist, in ähnlicher Weise wie für das Drehparaboloid (Nr. 367) die Kurve des scheinbaren Umrisses bestimmen. Es seien in Fig. 125 die Risse zweier windschiefen, zu der Grundrißtafel parallelen Geraden m_1, g mit dem gemeinsamen Lot $T_1 N$ gegeben ($m_1'' \parallel g'' \parallel a_{12}$, $T_1' \equiv T' \equiv N'$). Wir fügen einen dritten, an den Grundriß anschließenden Riß hinzu, dessen Tafel zu m_1 senkrecht ist ($g''' \parallel a_{13}$), und können dann in diesem und in dem Grundriß das durch m_1, g bestimmte Drehhyperboloid X_1 gerade so darstellen, wie dies die Aufgabe von Nr. 371 in Grund- und Aufriß lehrt; dabei ist nach dem ersten Satz von Nr. 373 g' eine Asymptote der Umrißhyperbel k_1' von X_1. Für den Aufriß dagegen müssen wir die Kurven des wahren und des scheinbaren Umrisses nach der Aufgabe von Nr. 366 aufsuchen.

Wir zeichnen zunächst den Grundriß b' eines beliebigen Breitenkreises b von X_1 als zu m_1' senkrechte Sehne ein, jedoch ohne deren

---

[1]) Wir dürfen hier alle Strecken positiv nehmen.

Endpunkte festzustellen. Darauf bestimmen wir auf m^1 den Schnittpunkt O_1' der Normalen, die k_1' in den Endpunkten von b' besitzt, dadurch, daß wir nach dem Satz von Nr. 249 in dem Schnittpunkt L' von b' und g' das Lot auf g' errichten und es mit m_1' zum Schnitt bringen. Die durch O_1' gezogene Wagerechte trifft b' in dem Punkt P', der nach Nr. 366 für zwei Punkte der gesuchten Umrißkurve der Grundriß ist. Führen wir dieselbe Konstruktion für den einen der beiden Breitenkreise, b_1, aus, in denen X_1 in Fig. 125 abgeschnitten ist, so erhalten wir, dem Dreieck $O_1' L' P'$ entsprechend, ein Dreieck $Q_1' R' U_1'$, dessen Seiten den Seiten jenes parallel sind. Die beiden Dreiecke sind ähnlich in ähnlicher Lage, so daß die Gerade $U_1'P'$ durch den Schnittpunkt $T' \equiv T_1'$ der Geraden $Q_1'O_1' \equiv m_1'$ und $R' L' \equiv g'$ laufen muß. Deshalb liegt, von welchem Breitenkreis b wir auch ausgehen, der für ihn gefundene Punkt P' stets auf der Geraden $T'U_1'$, und das heißt: Die gesuchte Kurve des wahren Umrisses ist in der scheitelrechten Ebene Δ enthalten, deren Grundrißspur $d_1 \equiv T'U_1'$ ist. Da Δ durch T_1 geht, gilt der Satz:

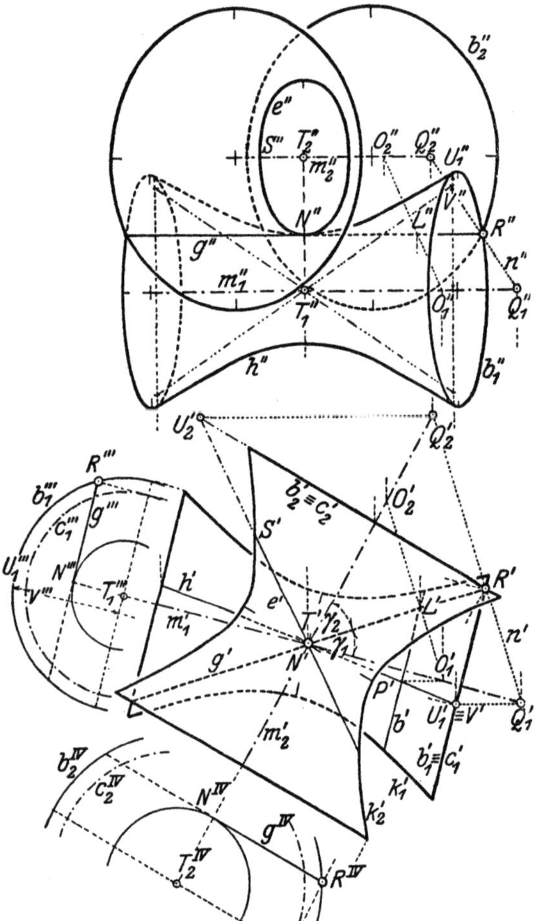

Fig. 125.

Wird ein geradliniges Drehhyperboloid rechtwinklig projiziert, so wird seine Kurve des wahren Umrisses durch eine Durchmesserebene in es eingeschnitten.

Je nach der Stellung dieser Durchmesserebene sind die Kurven des wahren und des scheinbaren Umrisses auf Grund der Sätze von Nr. 374 und Nr. 375, sowie der Sätze von Nr. 253 und Nr. 152 Hyperbeln und Ellipsen.

377. Aufgabe: *Gegeben* sind die Risse zweier windschiefen, wagerechten Geraden m, g und eines Punktes R von g. *Gesucht* sind die scheinbaren Umrisse des geradlinigen Drehhyperboloides, dessen Drehachse m, dessen Erzeugende g ist und das durch den Breitenkreis von R und durch den ihm symmetrischen Breitenkreis abgeschnitten wird.

Wir nehmen in Fig. 125 zunächst die Gerade m_1 als die gegebene Gerade m und erhalten durch den Schnittpunkt $T_1' \equiv N'$ von m_1' und g' die Risse des gemeinsamen Lotes $T_1 N$ von m_1 und g, sowie die Risse des Mittelpunktes T_1 und den Kehlkreishalbmesser $T_1 N$ des durch m_1 und g bestimmten Hyperboloides X_1. Für dieses zeichnen wir, wie im ersten Absatz von Nr. 376 angedeutet, unter Hinzuziehung einer dritten Rißtafel die Umrißhyperbel k_1' und die Risse b_1', b_1''' des durch R gehenden Breitenkreises b_1; auch den Riß c_1''' des in der Ebene von b_1 enthaltenen Breitenkreises c_1 des Asymptotenkegels können wir ohne weiteres eintragen, da g' zum scheinbaren Umriß des Asymptotenkegels gehört. Hierauf schneiden wir m_1' durch das in R' auf g' errichtete Lot in Q_1' und b_1' durch die Wagerechte von Q_1' in U_1'; dadurch erhalten wir nach Nr. 376 die Grundrißspur $d_1 \equiv T' U_1'$ der scheitelrechten Durchmesserebene Δ, die für den Aufriß die Kurve des wahren Umrisses trägt.

Infolge der Lage von d_1 tritt der Satz von Nr. 374 in Kraft; die Kurve des wahren Umrisses ist also eine Hyperbel h und die Kurve des scheinbaren Umrisses ihre Bildkurve h''. Auch h'' ist eine Hyperbel (Nr. 253); ihr Mittelpunkt ist T_1''; ihre Asymptoten gehen nach den Aufrissen der Punkte, in denen Δ den Kreis c_1 trifft und von denen in Fig. 125 der eine, V, angemerkt ist; der eine ihrer Scheitel ist, da $T_1'' N''$ eine Winkelhalbierende der Asymptoten ist, der Punkt N''. Hiernach zeichnen wir nach Nr. 251 die Hyperbel h'' und nach Nr. 175 die Aufrisse des Breitenkreises b_1 und des zu ihm symmetrischen Breitenkreises; dabei muß h'' die beiden entstehenden Ellipsen in den Aufrissen der Punkte berühren, in denen Δ die beiden Kreise trifft und von denen in Fig. 125 der eine, U_1, bezeichnet ist.

Nehmen wir in Fig. 125 die Gerade m_2 als die gegebene Gerade m, so ergibt sich das geradlinige Drehhyperboloid X_2. Wir verfahren genau wie im vorletzten Absatz und finden an Stelle von d_1 die Gerade $T' U_2'$ als die Grundrißspur der scheitelrechten Durchmesserebene, in der die Kurve des wahren Umrisses von X_2 liegt. Aber $T' U_2'$ schneidet die Umrißhyperbel k_2' von X_2 in zwei nach Nr. 246 aufzusuchenden Punkten, von denen der eine, S', angemerkt ist; infolgedessen tritt der Satz von Nr. 375 in Kraft, so daß wir als Kurve des wahren Umrisses eine Ellipse e erhalten. Der Mittelpunkt von e ist T, der eine Scheitel der Nebenachse N und der eine Scheitel der Hauptachse der Punkt S, dessen Grundriß S' ist und dessen Aufriß S'' auf $k_2'' \equiv m_2''$ liegt. Die Kurve des scheinbaren Umrisses ist also die Bildellipse e'', für die (vgl. Nr. 153 und Nr. 172) die aufeinander senkrechten Geraden $T_2'' S''$, $T_2'' N''$ die Achsen sind. Wir vollenden die Figur, indem wir e'' nach Nr. 170 und die Aufrisse der begrenzenden Breitenkreise nach Nr. 175 eintragen.

Einander berührende Drehhyperboloide.

378. In Fig. 125 sind die Risse von drei windschiefen Geraden m_1, m_2, g gegeben, die zu der Grundrißtafel parallel sind ($m_1'' \parallel m_2'' \parallel g'' \parallel a_{12}$) und dieselbe scheitelrechte Gerade in den Punkten T_1, T_2, N treffen ($T_1' \equiv T_2' \equiv T' \equiv N'$). Wir setzen dabei voraus, daß N der Strecke $T_1 T_2$ angehört und daß die Gerade g', die durch den Schnittpunkt $T' \equiv N'$ von m_1' und m_2' läuft, den spitzen Winkel von m_1' und m_2' teilt; die Teilwinkel γ_1, γ_2 sind dann zugleich die Neigungswinkel von g gegen m_1 und gegen m_2. Konstruieren wir nun nach Nr. 377 die Risse der geradlinigen Drehhyperboloide X_1, X_2 mit den Drehachsen m_1, m_2 und der gemeinsamen Erzeugenden g, so sind, da die Gerade $T_1 T_2$ das gemeinsame Lot von m_1 und g und von m_2 und g ist, T_1, T_2 ihre Mittelpunkte und $T_1 N$, $T_2 N$ Halbmesser ihrer Kehlkreise (Nr. 369). Auf Grund des zweiten Satzes von Nr. 370 sind die zu N gehörigen Meridiantangenten von X_1 und X_2 auf $T_1 T_2$ senkrecht und liegen infolgedessen ebenso wie die zu N gehörigen Kehlkreistangenten in der Ebene, die $T_1 T_2$ in N rechtwinklig schneidet; also haben X_1 und X_2 diese Ebene zur gemeinsamen Tangentialebene (Nr. 263) im Punkt N und berühren einander in ihm.

In einem anderen Punkt von g, etwa in R, haben X_1 und X_2 im allgemeinen zwei verschiedene Tangentialebenen; deshalb sind auch die Lote, die auf ihnen in R zu errichten sind, die *Flächennormalen* n_1 und n_2, voneinander verschieden. Da die Erzeugende g nach dem dritten Satz von Nr. 372 in beiden Tangentialebenen enthalten ist und wagerecht liegt, stehen n_1, n_2 auf ihr senkrecht und haben das in R' auf g' errichtete Lot n' zum gemeinsamen Grundriß (Nr. 51). Ferner sind n_1, n_2 auch zugleich die Normalen der beiden durch R gehenden Meridiankurven von X_1 und X_2; denn auch diese Normalen stehen nach Nr. 265 auf den zu R gehörigen Tangentialebenen senkrecht. Infolgedessen schneiden n_1, n_2 die Drehachsen m_1, m_2 in zwei Punkten Q_1, Q_2, deren Grundrisse Q_1', Q_2' durch die Schnittpunkte von n' mit m_1' und m_2' gegeben sind, und haben, wenn wir auf m_1'' und m_2'' die Punkte Q_1'' und Q_2'' durch die Ordnungslinien von Q_1' und Q_2' einzeichnen, die Aufrisse $n_1'' \equiv R'' Q_1''$, $n_2'' \equiv R'' Q_2''$.

Immer dann und nur dann, wenn $n_1'' \equiv n_2''$, vereinigen sich n_1 und n_2 zu einer Geraden n und die beiden zu R gehörigen Tangentialebenen von X_1 und X_2 zu der Ebene, die n in R rechtwinklig schneidet; dann berühren X_1 und X_2 einander in R. Die hierfür notwendige und hinreichende Bedingung, daß Q_1'', Q_2'', R'' in gerader Linie liegen, ist, wie Fig. 125 lehrt, gleichwertig mit dem Bestehen der Verhältnisgleichungen

$$NT_1 : NT_2 = N''T_1'' : N''T_2'' = R''Q_1'' : R''Q_2'' = R'Q_1' : R'Q_2' = \frac{R'Q_1'}{T'R'} : \frac{R'Q_2'}{T'R'}$$

oder

$$NT_1 : NT_2 = \operatorname{tg}\gamma_1 : \operatorname{tg}\gamma_2 . \tag{6}$$

379. In der Bedingung (6) spielt der Punkt R gar keine Rolle; deshalb muß sie für jeden Punkt von g dieselbe Bedeutung wie für R haben. In der Tat: Konstruieren wir — in genau derselben Weise wie in Nr. 378 für R — für einen beliebigen Punkt L von g die Risse seiner beiden Flächennormalen LO_1, LO_2, so fallen $L'O_1'$ und $L'O_2'$ in dieselbe, zu g' senkrechte Gerade, so daß wir

$$L'O_1' : L'O_2' = \operatorname{tg} \gamma_1 : \operatorname{tg} \gamma_2$$

haben. Ist nun die Bedingung (6) erfüllt und somit

$$L'O_1' : L'O_2' = N''T_1'' : N''T_2'',$$

so teilen die Ordnungslinie $L'L''$ und die Gerade g'' die Strecke $O_1''O_2''$ innerlich in demselben Verhältnis. Deshalb muß ihr Schnittpunkt L'' auf $O_1''O_2''$ liegen, so daß wir dieselben Schlüsse wie in Nr. 378 bei Q_1'', Q_2'', R'' ziehen können. Also gilt der Satz:

Zwei geradlinige Drehhyperboloide berühren sich in allen Punkten einer gemeinsamen Erzeugenden g, wenn diese das gemeinsame Lot T_1T_2 der beiden Drehachsen m_1, m_2 in einem Punkt N rechtwinklig schneidet und wenn zwischen den Teilstrecken NT_1, NT_2 und den Winkeln γ_1, γ_2, unter denen g gegen m_1 und m_2 geneigt ist, die Beziehung (6) *besteht.*

Der Satz bleibt auch in Kraft, wenn wir die Voraussetzung ändern, die wir am Anfang von Nr. 378 über die Lage von N und von g' gemacht haben; jedoch kann dann der Fall eintreten, daß X_1 und X_2 außer ihrer Berührung längs g sich noch in zwei Erzeugenden durchdringen, die g schneiden. Ein besonderer Fall liegt vor, wenn $m_1 \perp m_2$: In ihm sind die Ebene, die durch m_1 senkrecht zu m_2, und die Ebene, die durch m_2 senkrecht zu m_1 läuft, gleichzeitig eine Meridianebene des einen und die Kehlkreisebene des anderen Hyperboloides; infolgedessen gehört die Gerade, die in bezug auf diese Ebenen zu g symmetrisch ist, wie g den beiden Hyperboloiden so an, daß in allen ihren Punkten Berührung stattfindet.

Aufgabe: *Gegeben* sind die Risse zweier windschiefen Geraden m_1, m_2, die zu der Grundrißtafel parallel sind ($m_1'' \parallel m_2'' \parallel a_{12}$), und eine Gerade g', die im Grundriß durch den Schnittpunkt T' von m_1' und m_2' so läuft, daß sie den spitzen Winkel von m_1' und m_2' in zwei Winkel γ_1, γ_2 teilt. *Gesucht* ist der Aufriß g'' der Geraden g, die g' zum Grundriß hat und als Erzeugende zwei sich berührende Drehhyperboloide mit den Achsen m_1, m_2 bestimmt, nebst den Rissen der beiden Hyperboloide.

Wir wählen (Fig. 125) auf g' einen beliebigen Punkt, etwa den Grundriß R' des Punktes von g, durch den je ein begrenzender Breitenkreis der beiden Hyperboloide gehen soll, errichten in ihm auf g' das Lot, das m_1', m_2' in Q_1', Q_2' trifft, und zeichnen durch die Ordnungslinien dieser Punkte sowie durch diejenige von T' in m_1'' und m_2'' die Punkte Q_1'', T_1'' und Q_2'', T_2'' ein. Die Ordnungslinie von R' trifft die Gerade $Q_1''Q_2''$ in dem Punkt R'', durch den wir g'' parallel zu m_1'' und m_2'' ziehen.

Hierauf stellen wir nach Nr. 377 die Risse der beiden gesuchten Hyperboloide her.

Wenn wir die beiden Hyperboloide um ihre Achsen drehen, kommen ihre einzelnen Erzeugenden nacheinander in die Lage von g; die beiden Hyperboloide haben also in jedem Augenblick eine Erzeugende gemeinsam und berühren sich in allen Punkten derselben. Hierbei ist es nicht möglich, die Winkelgeschwindigkeiten ω_1, ω_2 der Drehungen so zu bestimmen, daß — wie es bei zwei einander berührenden Kegeln (Nr. 212) der Fall ist — das eine Hyperboloid auf dem anderen abrollt, ohne zugleich abzugleiten; wenn aber $\omega_1 : \omega_2 = \sin\gamma_2 : \sin\gamma_1$ ist, so findet das Abgleiten gerade längs der jeweiligen Berührungserzeugenden statt. Zwei in dieser Weise aufeinander *abschrotende* Drehhyperboloide sind die Grundkörper für *Hyperboloidzahnräder*, die zur Übertragung der Drehung von einer Welle auf eine zu ihr windschiefe Welle dienen können.

V. Schatten krummflächig begrenzter Körper.

Vorbereitende Sätze.

380. Die Ausführungen, die von Nr. 77 bis Nr. 80 und in Nr. 94 über die Eigenschatten und Schlagschatten ebenflächig begrenzter Körper gemacht wurden, gelten mit einigen Erweiterungen auch für Kurven und für krummflächig begrenzte Körper. Jedoch ist auf krummen Flächen sowohl an der Helligkeit der beleuchteten, als auch an der Dunkelheit der beschatteten Teile eine stetige Veränderung von Ort zu Ort wahrzunehmen, deren Untersuchung der *Beleuchtungslehre* obliegt. Wenn wir nach dem ersten Absatz von Nr. 77 diesen Umstand unbeachtet lassen und nach der Anmerkung zu Nr. 90 die Eigenschatten und Schlagschatten in gleichmäßigen Tönen anlegen, so entfernen wir uns von dem, was wir zu sehen gewöhnt sind. Insbesondere verwischt sich in der Wirklichkeit auf einer krummen Fläche die Grenze zwischen aneinanderstoßenden Eigen- und Schlagschatten. Aus diesen Gründen empfiehlt es sich, die Eigen- und die Schlagschatten auf krummen Flächen mit sehr leichten Tuschlagen und mit geringem Unterschiede der Töne anzulegen.

Dem in Nr. 78 eingeführten Begriff des Schattenprismas entspringt in selbstverständlicher Weise der Begriff des *Schattenzylinders* einer Kurve und den Erörterungen von Nr. 77 und Nr. 78 der Satz:

Der Schlagschatten, den eine Kurve bei parallelen Lichtstrahlen auf eine Fläche wirft, ist die Durchdringungslinie dieser Fläche mit dem Schattenzylinder der Kurve. Seine Risse werden nach den Verfahren hergestellt, die in Kap. II und Kap. III des vierten Abschnittes entwickelt worden sind.

Rufen zwei Kurven g, h auf derselben Fläche die Schatten g_1, h_1 hervor, so bedeutet ein Schnittpunkt von g_1 und h_1, daß die Schattenzylinder von g und h die durch ihn gehende Erzeugende l gemeinsam haben. l trifft g und h in den Punkten G und H, von denen entweder H auf dem Schattenstrahl von G oder G auf dem Schattenstrahl von H liegt; mithin ist entweder H ein Punkt von h, auf den Schatten von g, oder G ein Punkt von g, auf den Schatten von h fällt.

Wir dürfen deshalb das in Nr. 88 auseinandergesetzte Verfahren des Zurückschneidens auch zur Bestimmung des Schattens verwenden, den eine Kurve auf eine andere wirft.

Auf einer ebenen Fläche kann der Schlagschatten einer Kurve auch als ein Schrägriß (Nr. 12) aufgefaßt werden. Infolgedessen treten zu den in Nr. 79 angeführten Sätzen solche über die Schatten von Kurven; wir erwähnen nur die aus Nr. 171 fließenden Sätze:

Der Schlagschatten, den ein Kreis k auf eine Ebene E wirft, ist, wenn die Ebene von k zu E parallel ist, ein zu k kongruenter Kreis, dessen Mittelpunkt der Schatten des Mittelpunktes von k ist, — und, wenn k nicht zu E parallel ist, eine Ellipse, zu deren Bestimmung durch zwei konjugierte Durchmessersehnen man die Schatten zweier rechtwinkligen Durchmessersehnen von k aufsucht.

Der Schatten, den eine Ellipse auf eine Ebene wirft, ist eine Ellipse, zu deren Bestimmung durch zwei konjugierte Durchmessersehnen man die Schatten zweier konjugierten Durchmessersehnen der ersten Ellipse aufsucht.

381. Aufgabe: *Gegeben* sind Grund- und Aufriß eines Kreises k, die Rißachse a_{12} und die Lichtrichtung (l_0', l_0''). *Gesucht* sind die Schlagschatten, die k auf die Grundrißtafel Π_1 und auf die Aufrißtafel Π_2 wirft.

Wir nehmen zunächst den Kreis k, dessen Risse in Fig. 126 so gegeben sind, daß seine Ebene zu Π_1 parallel ist. Sind dann M_1, M_2 die nach Nr. 81 bestimmten Schatten seines Mittelpunktes in Π_1 und in Π_2, so ist der Schatten k_1, den k in Π_1 hervorruft, der zu k kongruente Kreis mit dem Mittelpunkt M_1 und der Schatten k_2, der sich in Π_2 ergibt, die Ellipse mit den konjugierten Halbmessern M_2A_2, M_2B_2, die wir in Π_2 als die Schatten zweier beliebigen, rechtwinkligen Halbmesser MA, MB von k $(M'A' \perp M'B')$ finden. Die Ellipse k_2 können wir dann nach Nr. 151 oder nach Nr. 176 herstellen; wir können sie aber auch, da sie nach dem letzten Satz von Nr. 127 ein affines Bild von k_1 ist (Affinitätsachse a_{12}, Affinitätsstrahl M_1M_2), wie in Nr. 189 konstruieren. Wenn k_1 die Rißachse a_{12} schneidet, läuft die Ellipse k_2 durch die beiden Schnittpunkte und kommt, wie dies in Nr. 91 für den Schlagschatten eines Streckenzuges $ABC\mathfrak{C}\mathfrak{D}\mathfrak{E}\mathfrak{F}FA$ auseinandergesetzt wurde, nur oberhalb von a_{12} in Betracht.

Ist die Ebene des schattenwerfenden Kreises zu keiner Rißtafel parallel, so müssen wir uns in zwei aneinander anschließenden Rissen für zwei rechtwinklige Halbmesser die Bildstrecken verschaffen — wie dies z. B. nach Nr. 176 und Nr. 177 für die Halbmesser MA, MB des

Kreises k in Fig. 48 geschehen ist — und dann ihre Schatten bestimmen. Ein anderes Beispiel liefert der Kreis e in Fig. 132, von dem im Grundriß und in dem an ihn anschließenden Seitenriß die Bilder der rechtwinkligen Halbmesser MA, MB gegeben sind; in diesem Fall ermitteln wir wie in Nr. 82 den Seitenriß l_0''' des die Lichtrichtung bestimmenden Strahles l_0 und mit seiner Hilfe nach Nr. 81 in Π_1 die Schatten $M_1A_1 \equiv M_1'A_1'$, $M_1B_1 \equiv M_1'B_1'$, die als konjugierte Halbmesser die Schattenellipse $e_1 \equiv e_1'$ bestimmen. In Fig. 132 sind, weil l_0 zu der Ebene von e und MA zu l_0 senkrecht ist, M_1A_1 und M_1B_1 rechtwinklig, so daß wir unmittelbar die Achsen von e_1 erhalten; ferner fällt, da e_1 nicht an die Rißachse a_{12} heranreicht, auf Π_2 kein Schatten von e.

Aufgabe: *Gegeben* sind die Risse eines Paares konjugierter Halbmesser MA, MB einer Ellipse, die Grundrißspur einer scheitelrechten Ebene und die Lichtrichtung (l_0', l_0''). *Gesucht* ist der Aufriß des Schattens, den die Ellipse auf die Ebene wirft.

Wir nehmen die Ellipse, von der in Fig. 127 ein Viertel gezeichnet ist und für die $M' \equiv A'$, $M''A'' \perp M''B''$ gegeben sind, sowie die Ebene $\mathfrak{K}KL\mathfrak{L}$, deren Grundrißspur $\mathfrak{K}'K' \equiv \mathfrak{L}'L'$ ist. Nach dem ersten Teil der Aufgabe von Nr. 82 konstruieren wir für die Punkte M, A, B die Risse der Schatten M_2, A_2, B_2, die sie auf die Ebene werfen, und zeichnen die durch $M_2''A_2''$ und $M_2''B_2''$ bestimmte Ellipse nach Nr. 176 oder, wenn nur ein Bogen von ihr in Betracht kommt, nach Nr. 147 oder Nr. 151 ein.

382. Die Begriffe und Gesetze der Parallelprojektion gestatten noch weitere Anwendungen auf die Schatten krummflächig begrenzter Körper. Indem wir die Begriffe der *Eigenschattengrenze* und der *Schlagschattengrenze* so, wie sie in Nr. 77 und Nr. 78 eingeführt wurden, auch auf krummflächig begrenzte Körper anwenden, sagen wir, um die hierbei auftretenden neuen Umstände ausdrücken zu können, in Anlehnung an Nr. 266:

Die „Eigenschattenkurve" einer krummen Fläche ist der Ort der Punkte, in denen ihre Tangentialebenen den Lichtstrahlen parallel sind. Als „Schlagschattenkurve", die von der Fläche auf einer anderen Fläche hervorgerufen wird, bezeichnen wir den Schlagschatten ihrer Eigenschattenkurve.

Wir können nun die Bemerkung aus Nr. 188 von den Umrissen in folgender Weise auf die Schattengrenzen übertragen:

Wird ein konvexer Körper von ebenen und krummen Flächen begrenzt, so besteht seine Eigenschattengrenze aus den Eigenschattenkurven seiner krummen Flächen und gegebenenfalls aus Teilen seiner scharfen Kanten. Die Grenze des Schlagschattens, den der Körper auf ebene oder krumme Flächen wirft, ist die Durchdringungskurve des Schattenzylinders seiner Eigenschattengrenze mit den schattenempfangenden Flächen und setzt sich aus den Schatten der obengenannten Liniensorten zusammen.

Gruppen von konvexen Körpern und solche nicht konvexe Körper, die in mehrere konvexe Körper zerschnitten werden können, sind nach Nr. 94 und nach dem ersten Absatz von Nr. 97 zu behandeln, auch wenn krumme Flächen in den Begrenzungen vorkommen. Jedoch nicht bei jedem krummflächig begrenzten Körper besteht die Möglichkeit, ihn in durchaus konvexe Teile zu zerlegen. Wenn nämlich ein Körper eine Höhlung mit gekrümmter Oberfläche (Hohlzylinder, Hohlkugel) besitzt oder wenn seiner Begrenzung ein Flächenstück von der Art der Hohlkehle der Kreisringfläche (Nr. 275) angehört, so finden sich bei jeder Zerschneidung unter den Teilkörpern solche mit derselben Eigenschaft, und diese sind nicht konvex; denn es gibt bei einem Körper dieser Art unter den Strecken, deren jede irgend zwei Punkte seiner Oberfläche verbindet, stets solche, die außer ihren Endpunkten keinen Punkt des Körpers enthalten, während bei einem konvexen Körper irgend zwei Punkte seiner Oberfläche immer durch eine Strecke verbunden werden, die entweder ganz in der Oberfläche oder ganz im Innern des Körpers liegt.

Körper dieser Art können nicht wie eine Gruppe konvexer Körper behandelt werden. Es ist unmöglich, sie bei jeder Beleuchtung so zu teilen, daß auf jedem Teilkörper die Eigenschattengrenze den beleuchteten Teil der Oberfläche von dem trennt, der vom Licht abgewendet ist; so ist z. B. beim Hohlzylinder (Nr. 388 und Fig. 128) und bei der Hohlkugel (Nr. 393 und Fig. 133) die Eigenschattengrenze, wenn sie überhaupt vorhanden ist, stets die Grenze zwischen Eigen- und Schlagschatten. Ferner muß man z. B. bei Drehflächen (Nr. 399) damit rechnen, daß der Schattenzylinder der Eigenschattenkurve die Fläche selbst schneidet; dann ist die Eigenschattenkurve wenigstens teilweise eine Grenze zwischen Eigen- und Schlagschatten, und die Schlagschattenkurve gehört auf irgendeiner anderen Fläche nicht vollständig zur Schlagschattengrenze.

383. Jeder Riß der Eigenschattenkurve einer krummen Fläche unterliegt dem zweiten Satz von Nr. 266. Ist P ein Punkt, in dem die Eigenschattenkurve und die Kurve des wahren Umrisses einander begegnen, so ist die zu ihm gehörige Tangentialebene sowohl den Lichtstrahlen (Nr. 382) als auch den Projektionsstrahlen (Nr. 266) parallel und hat infolgedessen in der betreffenden Tafel zum Riß ihre zu den Lichtstrahlrissen parallele Spur. Diese Spur trägt also die Risse der zu P gehörigen Tangenten der beiden Kurven, und es folgt unter Hinzuziehung des zweiten Satzes von Nr. 266 der Satz:

In jedem Riß einer krummen Fläche tritt die Bildkurve der Eigenschattenkurve an die Kurve des scheinbaren Umrisses in den Punkten heran, in denen die letztere zu den Lichtstrahlrissen parallele Tangenten besitzt. Dabei findet zwischen den beiden Kurven Berührung statt außer in den Fällen, in denen die Tangente der Eigenschattenkurve zu den Projektionsstrahlen parallel ist.

Durch dieselben Überlegungen wie der zweite Satz von Nr. 266 ergibt sich ferner, wenn wir darin Lichtstrahlen an Stelle von Projektionsstrahlen nehmen, der Satz:

Verläuft eine Kurve c auf einer krummen Fläche Φ und zeichnet man so, als ob Φ nicht vorhanden wäre, den Schatten c_1, *den c auf eine ebene oder krumme Fläche Ψ wirft, dann berührt in den Schatten der Punkte, in denen c der Eigenschattenkurve von Φ begegnet*[1]), c_1 *die von Φ auf Ψ erzeugte Schlagschattenkurve. Dies gilt auch für jeden Riß, in dem die Schatten dargestellt werden.*

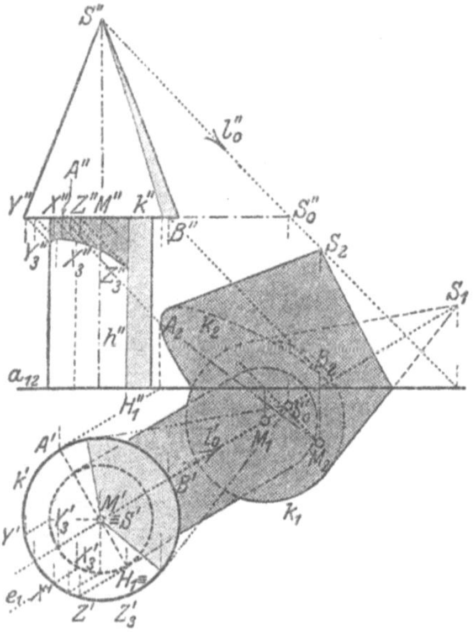

Fig. 126.

Wird ein Körper von ebenen und krummen Flächen begrenzt, so können wir diesen Satz auf jede Kurve anwenden, in der zwei verschiedenartige Teile seiner Oberfläche zusammenstoßen; er liefert dann, indem wir jeden der beiden Oberflächenteile als die Fläche Φ nehmen, im Anschluß an den zweiten Satz von Nr. 382 den folgenden Satz:

Wenn eine Kurve, die zwei verschiedenartige Oberflächenteile Φ_1, Φ_2 *eines Körpers trennt, einen Bogen der Schlagschattengrenze des Körpers liefert, so geht dieser Bogen berührend in jeden der an ihn anstoßenden Bögen über, die von den Eigenschattenkurven von* Φ_1 *und* Φ_2 *herrühren. Die Schlagschattenkurve erhält keine Knickpunkte.*

Ist für den Schatten c_1, den eine Kurve c auf eine krumme Fläche Ψ wirft, ein Riß zu zeichnen, so kommen von c_1 nur die Bögen in Frage, die auf dem sichtbaren und dem Licht zugekehrten Teil von Ψ liegen. *An denjenigen Endpunkten der zu zeichnenden Kurvenbögen, die auf den scheinbaren Umriß fallen, ist der zweite Satz von Nr. 266 sorgfältig zu beachten.* Ein besonderer Satz dagegen gilt für die Punkte, in denen c_1 auf die Eigenschattenkurve von Ψ trifft, und für ihre Bildpunkte. Ist Z_1 ein solcher Punkt und Z der Punkt von c, dessen Schatten Z_1 ist, so liegt der Lichtstrahl ZZ_1 sowohl in der zu Z_1 gehörigen Tangentialebene von Ψ (nach der Begriffsbestimmung von Nr. 382), wie

[1]) Der Satz erleidet eine Ausnahme, wenn c in einem solchen Punkt eine zu den Lichtstrahlen parallele Tangente besitzt; dann ergibt sich, ähnlich wie im letzten Satz von Nr. 328 für den Schatten von c eine Spitze.

auch in der zu ihm als einer Erzeugenden gehörigen Tangentialebene des Schattenzylinders von c (Nr. 184). Er ist deshalb nach dem ersten Satz von Nr. 276 die zu Z_1 gehörige Tangente der Durchdringungskurve c_1. Dasselbe folgt, wenn c eine Gerade ist, und überträgt sich vermöge des ersten Satzes von Nr. 258 auf alle Risse. Also finden wir den Satz:

Der Schatten, den eine gerade oder krumme Linie auf eine krumme Fläche wirft, hat in seinen Schnittpunkten mit der Eigenschattenkurve der Fläche Tangenten, die zu den Lichtstrahlen parallel sind. Dies gilt auch für jeden Riß, in dem der Schatten dargestellt wird.

Zylinder.

384. Ähnlich wie der erste Satz von Nr. 186 ergibt sich der folgende: *Auf einer Zylinderfläche, deren Erzeugende den Lichtstrahlen nicht parallel sind, besteht die Eigenschattenkurve aus den Erzeugenden, deren Tangentialebenen den Lichtstrahlen parallel sind.*

Er bildet die Grundlage für die Lösung der

Aufgabe: *Gegeben* sind Grund- und Aufriß eines in Grundstellung befindlichen geraden Kreiszylinders und eine Lichtrichtung (l_0', l_0''). *Gesucht* sind der Aufriß der Eigenschattengrenze und die auf die Tafeln fallenden Schlagschattengrenzen.

Wir verfahren in Fig. 126 wie in der Aufgabe von Nr. 89, indem wir an die Stelle der Prismenflächen die Kreiszylinderfläche und an die Stelle der Deckflächen die Flächen des in der Grundrißtafel Π_1 liegenden Leitkreises und des oberen Kreises (vgl. Nr. 188) setzen. Da die Tangentialebenen der Kreiszylinderfläche scheitelrecht stehen, haben die von ihnen, die zu den Lichtstrahlen parallel sind, zu Grundrißspuren die zu l_0' parallelen Tangenten des Leitkreises und berühren infolgedessen die Kreiszylinderfläche in den beiden Erzeugenden, deren erste Spurpunkte die Endpunkte des zu l_0' senkrechten Leitkreisdurchmessers sind. Diese beiden Erzeugenden, von denen wir nur für die sichtbare den Aufriß h'' (erster Spurpunkt H_1) eintragen, bilden die Eigenschattengrenze der Kreiszylinderfläche und liefern die Schlagschattengrenze auf Π_1 durch ihre Schatten, die nach Nr. 84 zu l_0' parallel sind. Der Leitkreis, der sein eigener Schatten ist, und der Schatten des oberen Kreises, den wir nach der ersten Aufgabe von Nr. 381 ermitteln, besitzen nach dem zweiten Satz von Nr. 383 die beiden Geraden, aus denen die Schlagschattengrenze der Kreiszylinderfläche besteht, zu gemeinsamen Tangenten. Die gesuchten Schattengrenzen setzen sich (vgl. den zweiten Satz von Nr. 382) zusammen je aus zwei Strecken, die von der Zylinderfläche, und aus zwei Halbkreisen, die von scharfen Kanten herrühren.

Um noch den Schlagschatten des Kreiszylinders in der Aufrißtafel Π_2 zu zeichnen, müßten wir (ähnlich wie in Nr. 91) die Schlagschattengrenzen der Kreiszylinderfläche, soweit sie in Π_2 verlaufen, als scheitelrechte Geraden ziehen und mit dem oberen Kreis so verfahren, wie dies in der ersten Aufgabe von Nr. 381 für den Kreis k von Fig. 126 gezeigt wurde.

385. Aufgabe: *Gegeben* sind in Fig. 127 für ein Stück eines *Gesimses* Grund- und Aufriß und die Lichtrichtung (l_0', l_0''). *Gesucht* sind die Aufrisse der Eigen- und Schlagschattengrenzen.

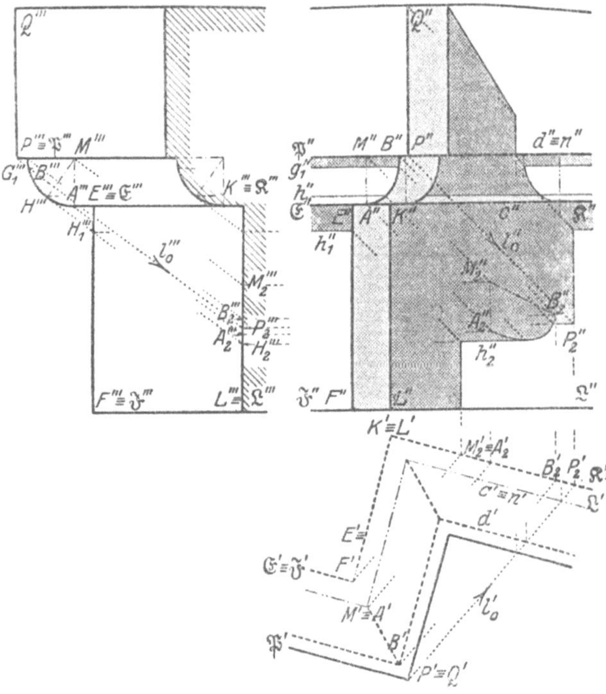

Fig. 127.

Wir nehmen wie in Nr. 99 einen Seitenriß zu Hilfe, dessen Tafel zu den Kanten $\mathfrak{E}E$, $\mathfrak{F}F$ usw. senkrecht steht, legen ihn neben den Aufriß (Nr. 40) und ermitteln in ihm nach dem zweiten Absatz von Nr. 83 die Bildgerade $l_0''' \equiv P'''P_2'''$ des Lichtstrahles l_0. Dann ist die Aufgabe genau so zu lösen wie die von Nr. 99, und wir brauchen nur das Neue zu erörtern, das durch den im Gesims angebrachten *Viertelstab* (vgl. den zweiten Absatz von Nr. 191) hinzutritt. Der Viertelstab wird begrenzt von Teilen gerader Kreiszylinderflächen und zerfällt in drei Stücke, die an der ausspringenden und der einspringenden Kante des Gesimses in zwei Viertelellipsen aneinanderstoßen (vgl. auch Fig. 100, b); die Ellipse an der ersten Kante hat die Halbachsen MA, MB und ihr Aufriß die Halbachsen $M''A''$, $M''B''$. Die Oberfläche des linken Stückes des Viertelstabes bildet sich im Seitenriß in den Viertelkreis $A'''B'''$ ab, dessen Mittelpunkt M''' ist, diejenige des rechten

Stückes in den rechts liegenden Viertelkreis des Seitenrisses und die des mittleren Stückes in den Streifen, den die beiden Viertelkreise begrenzen. Wir können ohne weiteres die folgenden Konstruktionen ausführen:

Für den *Schatten, den die Viertelellipse AB auf die Ebene $\mathfrak{K}KL\mathfrak{L}$ wirft*, ist der Aufriß wie in der zweiten Aufgabe von Nr. 381 mit Hilfe des Grundrisses oder ebensogut mit Hilfe des Seitenrisses (M_2''', A_2''', B_2''') zu bestimmen.

Für die *Eigenschattengrenzen der drei Kreiszylinderflächen* ermitteln wir, soweit die beiden zu der Seitenrißtafel senkrecht stehenden in Betracht kommen, die Aufrisse nach der Aufgabe von Nr. 384, wobei der Seitenriß an die Stelle des Grundrisses tritt. Ist h die Eigenschattengrenze der linken Kreiszylinderfläche, so ist ihr Aufriß h'' wagerecht und wird bestimmt durch den Punkt H''' des Viertelkreises $A'''B'''$, für den $M'''H''' \perp l_0'''$ ist. Die Eigenschattengrenze der rechten Kreiszylinderfläche hat zum Aufriß die Fortsetzung von h''. Die mittlere Kreiszylinderfläche müßte in derselben Weise mit Hilfe einer zu ihr senkrechten Seitenrißtafel untersucht werden; aber wir erkennen aus dem Grundriß ohne weiteres, daß gerade der Streifen von ihr, der im Gesims vorkommt, vollständig vom Licht abgewendet ist.

Die Grenzen der Schlagschatten, die die Zylinderflächen auf die Ebenen $\mathfrak{E}EF\mathfrak{F}$ und $\mathfrak{K}KL\mathfrak{L}$ werfen, sind, da die Ebenen zu den Zylindererzeugenden parallel sind, nach dem letzten Satz von Nr. 79 zu den soeben bestimmten Eigenschattengrenzen, insbesondere zu h parallel. Die Aufrisse der Schatten h_1, h_2, die von h herrühren, laufen also wagerecht und werden bestimmt durch die Punkte H_1''', H_2''', in denen $\mathfrak{E}'''\mathfrak{F}''' \equiv E'''F'''$ und $\mathfrak{K}'''\mathfrak{L}''' \equiv K'''L'''$ von dem durch H''' gelegten Lichtstrahlriß getroffen werden. Der Aufriß der Schlagschattengrenze, die $\mathfrak{K}KL\mathfrak{L}$ von der rechten Zylinderfläche empfängt, ist die Fortsetzung von h_1''.

386. Zur Vollendung der Aufgabe von Nr. 385 müssen wir noch die Risse der Schatten herstellen, die von geradlinigen Kanten auf die Zylinderflächen fallen. Der Schatten einer Geraden g wird durch ihre Schattenebene in die Zylinderfläche eingeschnitten. Ist g zu den Zylindererzeugenden parallel, so gilt dies auch von der Schattenebene, so daß diese die Zylinderfläche in Erzeugenden schneidet. Ist g nicht zu den Zylindererzeugenden parallel, so ist der Schatten, wenn es sich um eine gerade Kreiszylinderfläche handelt, eine Ellipse, die nach Nr. 190 zu bestimmen ist. Fig. 127 führt nun zu zwei Aufgaben.

Aufgabe: *Gegeben* sind die Risse einer geraden Kreiszylinderfläche, die Risse einer Geraden g, die zu den Zylindererzeugenden parallel ist, und die Lichtrichtung (l_0', l_0''). *Gesucht* sind die Risse des Schattens g_1, den g auf die Zylinderfläche wirft.

Wir nehmen zunächst in Fig. 127 die linke Zylinderfläche und $g \equiv \mathfrak{P}P$. Der erste Punkt, in dem der durch $\mathfrak{P}''' \equiv P'''$ laufende Strahl l_0''' den Kreisbogen $A'''B'''$ trifft, ist der Spurpunkt G_1''' der

Zylindererzeugenden, auf die g_1 fällt. g_1'' liegt in der Wagerechten von G_1''' und ebenso der Aufriß des gleichartigen Schattens, den die rechte Zylinderfläche trägt.

Aufgabe: *Gegeben* sind für eine wagerecht liegende, gerade Kreiszylinderfläche die Risse der Mittellinie n und zweier Erzeugenden c, d ($n' \equiv c'$, $n' \parallel d'$; $n'' \equiv d''$, $n'' \parallel c'' \parallel a_{12}$), ferner die Risse einer scheitelrechten Geraden PQ ($P' \equiv Q'$) und die Lichtrichtung (l_0', l_0''). *Gesucht* sind die Risse des Schattens, den PQ auf die Zylinderfläche wirft.

Die Schattenebene von PQ ist scheitelrecht und hat zur Grundrißspur den durch $P' \equiv Q'$ laufenden Strahl l_0'. Sie schneidet nach Nr. 190 die Zylinderfläche in einer Ellipse, deren Hauptachse wagerecht und deren Nebenachse scheitelrecht ist, von der also der Mittelpunkt und zwei Scheitel auf n, c, d liegen. l_0' trägt (vgl. den zweiten Satz von Nr. 84) den Grundriß der Ellipse und trifft $n' \equiv c'$ und d' in Punkten, durch deren Ordnungslinien in n'', c'', d'' der Mittelpunkt und die Endpunkte eines Paares konjugierter Halbmesser der Aufrißellipse eingeschnitten werden. Da das Paar konjugierter Halbmesser rechtwinklig ist, erhalten wir in ihm unmittelbar die Halbachsen der Aufrißellipse und können den von ihr in Betracht kommenden Bogen nach Nr. 170 zeichnen. Wo er der Eigenschattengrenze der Zylinderfläche begegnet, hat er nach dem letzten Satz von Nr. 383 eine zu l_0'' parallele Tangente.

Wie sich aus den einzeln gewonnenen Teilen die gesamte Eigen- und Schlagschattengrenze des Gesimses zusammensetzt, zeigt Fig. 127. Dabei können insbesondere die letzten Sätze von Nr. 97 und Nr. 383 zur Prüfung der Genauigkeit dienen.

387. Im allgemeinen sind die Risse des Schattens, den eine gerade oder krumme Linie auf eine Zylinderfläche wirft, punktweise als die Risse der Durchdringungskurve zwischen der letzteren und dem Schattenzylinder zu konstruieren. Wir benutzen dabei mit Vorteil das Verfahren von Nr. 285 mit der Maßgabe, daß wir von der Durchdringungskurve nur Punkte des Teiles ermitteln, der als sichtbare Schattenkurve in Betracht kommt. Diese Punkte können wir ebensogut auffassen als die Schnittpunkte ausgewählter Erzeugenden des Schattenzylinders mit der schattenempfangenden Zylinderfläche; sie sind die Schatten, die auf die letztere von ausgewählten Punkten der schattenwerfenden Linie fallen. Als Beispiel behandeln wir die

Aufgabe: *Gegeben* sind in Fig. 126 die Risse eines in Grundstellung befindlichen geraden Kreiszylinders und die Risse eines Kreises k, dessen Ebene wagerecht ist, sowie die Lichtrichtung (l_0', l_0''). *Gesucht* ist der Aufriß des Schlagschattens, den k auf die Zylinderfläche wirft.

Als die Ebene Δ, zu der parallel wir nach Nr. 285 die Hilfsebenen legen, nehmen wir diejenige, die längs l_0' auf der Grundrißtafel senkrecht steht. Die Grundrißspur e_1 einer Hilfsebene E ($e_1 \parallel l_0'$) schneidet auf der dem Licht zugekehrten Seite den Kreis k' in dem Grundriß X'

eines Punktes X von k, dessen Aufriß X'' wir auf k'' eintragen, und den Leitkreis der geraden Kreiszylinderfläche in dem Punkt X_3'. Ziehen wir durch X'' die zu l'' parallele und durch X_3' die scheitelrechte Gerade, so erhalten wir die Aufrisse von zwei Erzeugenden der beiden Zylinderflächen, die in E liegen, und in ihrem Schnittpunkt X_3'' einen Punkt des Kurvenbogens, der für den sichtbaren Teil der Schattenkurve der Aufriß ist. In dieser Weise bestimmen wir eine genügende Anzahl von Punkten des Kurvenbogens, darunter an erster Stelle die folgenden drei wichtigen Punkte:

Die Endpunkte Y_3'' *und* Z_3'' *des Kurvenbogens* ergeben sich durch die Hilfsebenen, deren Grundrißspuren $Y'Y_3'$ und $Z'Z_3'$ den Leitkreis der geraden Kreiszylinderfläche in dem linken Endpunkt Y_3' seines wagerechten Durchmessers und in dem Spurpunkt $H_1 \equiv Z_3'$ der Eigenschattengrenze h ($M'H_1 \perp l_0'$; Nr. 384) treffen. Einen *Punkt mit wagerechter Tangente, den höchsten Punkt des Kurvenbogens*, erhalten wir, wenn wir die Ebene Δ selbst als Hilfsebene benutzen; denn Δ ist nach Nr. 259 gemeinsame Symmetrieebene der beiden Zylinderflächen und trägt somit nach dem zweiten Satz von Nr. 276 und nach dem ersten Satz von Nr. 260 die Scheitel der Schattenkurve, in denen die Tangenten zu Δ senkrecht, also wagerecht sind.

Ist X der zu Y in bezug auf Δ symmetrische Punkt von k, so sind auch X_3 und Y_3 in bezug auf Δ symmetrisch, so daß $X_3Y_3 \perp \Delta$. Dann ist $X_3''Y_3''$ wagerecht, und dies ist von Bedeutung, wenn l_0' unter 45° gegen a_{12} geneigt ist und infolgedessen X_3'' auf den Aufriß der Mittellinie der geraden Kreiszylinderfläche fällt.

388. In derselben Weise wie für einen vollen Kreiszylinder sind auch für einen Hohlzylinder die Eigenschattengrenzen (Nr. 384) und die auf ihn fallenden Schlagschattengrenzen (Nr. 386 und Nr. 387) zu ermitteln. Ist insbesondere ein hohler gerader Kreiszylinder auf der dem Licht zugekehrten Seite durch eine zu seinen Erzeugenden senkrechte Ebene in dem Kreis k abgeschnitten, so entsteht in ihm eine Schlagschattengrenze, die als seine Durchdringungskurve mit dem Schattenzylinder von k sich dem Satz von Nr. 300 unterordnet. Denken wir uns in Fig. 102 den engeren geraden Kreiszylinder als Hohlzylinder, der in dem Kreis k abgeschnitten ist, und die Gerade n als den Lichtstrahl l_0, so bilden die beiden Erzeugenden, deren Aufrisse mit m'' vereinigt sind, nach Nr. 384 die Eigenschattengrenze, auf deren linker Seite die Innenfläche vom Licht abgewendet ist. Der schiefe Kreiszylinder ist der Schattenzylinder von k, und als Schlagschattengrenze, oberhalb deren die Innenfläche beleuchtet ist, ergibt sich die Halbellipse, deren Aufriß die Strecke $O''C''$ ist. Die Halbellipse ist der Schlagschatten des Halbkreises von k, dessen Aufriß die Strecke $O''B''$ ist, und hat mit ihm die Endpunkte (Aufriß O'') gemeinsam; diese Punkte, die auf der Eigenschattengrenze des Hohlzylinders liegen, sind die Scheitel der kleinen Achse der Halbellipse. Der ihr angehörige Scheitel C der großen Achse wird in den Hohlzylinder eingeschnitten durch den Lichtstrahl des Punktes B, dessen Grundriß der in der Lichtrichtung erste Schnittpunkt zwischen k' und $l_0' \equiv n'$ ist. Aus dieser Deutung von Fig. 102 ergibt sich sofort die Lösung der

Aufgabe: *Gegeben* sind in Fig. 128 Aufriß und Kreuzriß eines *Balkenkopfes* mit einer kreiszylindrischen Hohlkehle und die Lichtrichtung (l_0', l_0''). *Gesucht* sind die Aufrisse der Schattengrenzen.

Die Hohlkehle hat zur Oberfläche einen Streifen eines geraden Kreiszylinders, der zu der Kreuzrißtafel senkrecht steht; als Leitkreis desselben nehmen wir den Kreis k, in dem er auf der dem Licht zugekehrten Seite abgeschnitten ist, und denken uns durch dessen Mittelpunkt M den Lichtstrahl l_0 gelegt. Die Aufrisse der Eigenschattengrenze a — zu bestimmen nach Nr. 384 durch $M'''A''' \perp l_0'''$ — und des Schlagschattens g_1, den die Kante g wirft — zu bestimmen nach der ersten Aufgabe von Nr. 386 durch $G'''G_1''' \parallel l_0'''$ — sind wagerecht; g_1 beginnt bei dem Schatten G_1 des Anfangspunktes G von g $(G''G_1'' \parallel l_0'')$, und erst von G_1'' an ist g_1'' einzutragen. Von dem Kreis k kommt als schattenwerfend nur der Bogen AG in Betracht; für die Ellipse, der sein Schatten angehört, ist MA die eine Hälfte der kleinen Achse und, wenn der Lichtstrahl des Punktes B, dessen Riß B''' der erste Schnittpunkt von l_0''' und k''' ist, die Hohlkehle in B_1 trifft, MB_1 die eine Hälfte der großen Achse. Im Aufriß erhalten wir M'' und A'' auf k'' und B_1'' dadurch, daß B_1''' der zweite Schnittpunkt von l_0''' mit k''' und $B''B_1'' \parallel l_0''$ ist; $M''A''$ und $M''B_1''$ sind ein Paar konjugierter Halbmesser der Bildellipse im Aufriß und gestatten, den Bogen $A''G_1''$ nach Nr. 147 oder nach Nr. 151 einzutragen.

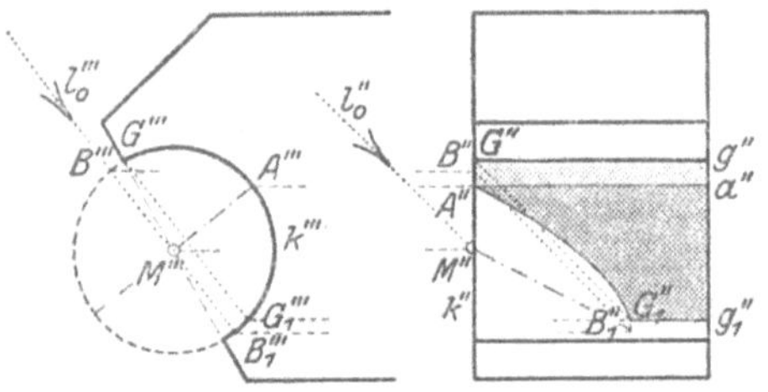

Fig. 128.

Kegel.

389. Ganz ähnlich, wie in Nr. 204 und Nr. 205 die Untersuchung der Umrisse einer Kreiskegelfläche, verläuft diejenige ihrer Eigen- und Schlagschattengrenze; sie führt zu dem Satz:

Um die Eigenschattengrenze einer Kreiskegelfläche zu bestimmen, legt man durch ihren Scheitel S den Lichtstrahl l_0 und schneidet diesen mit der Ebene des Leitkreises k in S_0. Liegt S_0 außerhalb von k, so zieht man die aus S_0 an k gehenden Tangenten und erhält in den Kegelerzeugenden, die nach den Berührungspunkten derselben laufen, die Eigenschattengrenze, worauf die Schlagschattengrenze sich als Schatten der beiden Erzeugenden ergibt. Liegt aber S_0 innerhalb von k_0, so sind Eigen- und Schlagschattengrenze nicht vorhanden[1]).

[1]) Im Fall eines geraden Kreiskegelstumpfes, für dessen Scheitel die Risse nur durch schleifende Schnitte zu erhalten sind oder auf dem Blatt nicht Platz finden, verfährt man wie im letzten Absatz von Nr. 398.

Aufgabe: *Gegeben* sind die Risse eines in Grundstellung befindlichen geraden Kreiskegels (Leitkreis k, Scheitel S) und die Lichtrichtung (l_0', l_0''). *Gesucht* sind die Risse der Eigenschattengrenze und die auf die Tafeln fallenden Schlagschattengrenzen.

Wir untersuchen zuerst die Kreiskegelfläche, der der gekrümmte Teil der Oberfläche des Kegels angehört, nach dem letzten Satz. Da die Ebene von k die Gerade k'' zur Aufrißspur hat, ist für ihren Schnittpunkt mit dem Lichtstrahl l_0 der Aufriß S_0'' der Schnittpunkt von k'' und l_0'', während S_0' durch die Ordnungslinie von S_0'' in l_0' eingezeichnet wird. In Fig. 126 und in Fig. 131 liegt der Punkt S_0' außerhalb von k', so daß wir aus ihm die Tangenten an k' ziehen können. Verbinden wir ihre Berührungspunkte mit S' und die zugehörigen Punkte von k'' mit S'', so erhalten wir die Risse der Eigenschattengrenze der Kreiskegelfläche. Zu dieser tritt auf Grund des ersten Satzes von Nr. 382 noch der eine der beiden Bögen, in die k durch die Berührungspunkte geteilt wird; hierfür maßgebend ist, ob der ebene, von k begrenzte Teil der Oberfläche des Kegels dem Licht zugekehrt (Fig. 131) oder von ihm abgewendet (Fig. 126) ist. — In Fig. 129 dagegen liegt S_0' innerhalb von k', so daß eine Eigenschattengrenze der Kreiskegelfläche fehlt; dann besteht die Eigenschattengrenze des Kreiskegels allein aus k. Da in Fig. 129 die ebene Fläche von k vom Licht abgewendet ist, wird die Kreiskegelfläche selbst voll beleuchtet.

Um die Schlagschattengrenzen auf den beiden Rißtafeln zu finden, konstruieren wir in Fig. 126 (Nr. 81) die Schatten S_1, S_2 von S und (Nr. 381) die Schatten k_1, k_2 von k. Im Fall der Fig. 129 würden die Schlagschattengrenzen nur aus k_1 bzw. k_2 bestehen. In Fig. 126 aber kommen nur Bögen von k_1 und k_2 in Betracht; dafür treten die Schatten der Kegelerzeugenden hinzu, die soeben als Eigenschattengrenze gefunden wurden. Wir bestimmen sie auf Grund des dritten Satzes von Nr. 383 als die Tangenten, die von S_1 an k_1 und von S_2 an k_2 zu legen sind[1]), und achten darauf, wie nach Nr. 91 die Schlagschattengrenzen der beiden Rißtafeln an der Rißachse a_{12} zusammenstoßen.

390. Für die Konstruktion der Risse des Schattens, den eine gerade oder krumme Linie auf eine Kegelfläche wirft, gilt Ähnliches wie das, was in Nr. 386 und Nr. 387 für Zylinderflächen gesagt wurde. Als allgemeines Verfahren bietet sich das von Nr. 281 dar, das ebenso zu verwenden ist wie in Nr. 387 das von 285. Wirft jedoch ein Kreis c seinen Schatten auf eine Kreiskegelfläche, deren Leitkreis k in einer zu der Ebene von c parallelen Ebene liegt, so führt das Verfahren von Nr. 289 schneller zum Ziel. Wir zeigen dies an der

Aufgabe: *Gegeben* sind in Fig. 129 die Risse eines in Grundstellung befindlichen geraden Kreiskegels (Leitkreis k, Scheitel S) und eines Kreises c, dessen Ebene wagerecht ist und dessen Mittelpunkt O auf

---

[1]) Vgl. die Anmerkung zu Nr. 206.

der Mittellinie m des Kegels liegt ($O' \equiv S'$); ferner die Lichtrichtung (l_0', l_0''). *Gesucht* sind die Risse der Grenze des Schlagschattens, den die von c begrenzte ebene Fläche auf die Kreiskegelfläche wirft.

Wir benutzen eine Anzahl wagerechter Hilfsebenen, von denen die Ebene von k die unterste ist. Für die in ihnen liegenden Breitenkreise der Kreiskegelfläche zeichnen wir die Grundrisse mit dem gemeinsamen Mittelpunkt S' nach der ersten Aufgabe von Nr. 207. Die Kreise, in denen die Hilfsebenen den Schattenzylinder durchdringen, sind mit c kongruent und haben ihre Mittelpunkte auf der durch O laufenden Parallelen von l_0; ihre Grundrisse sind also zu c' kongruente Kreise, deren Mittelpunkte auf l_0' durch die Ordnungslinien der Schnittpunkte zwischen den wagerechten Aufrißspuren der Hilfsebenen und der durch O'' laufenden Parallelen von l_0'' bestimmt werden. Wir erhalten so zwei Kreisscharen derart, daß immer je ein Kreis der ersten (Mittelpunkt S') und ein Kreis der zweiten (Mittelpunkt auf l_0') als Grundrisse zweier Kreise zusammengehören, die in derselben Hilfsebene liegen. Die Schnittpunkte[1]) je zweier solchen Kreise sind Punkte des Grundrisses der gesuchten Schlagschattengrenze und werden, soweit sie sichtbar sind,. durch Ordnungslinien in den Aufriß übertragen. Hinzu fügen wir noch die folgenden Punkte, die für die Gestaltung der zu zeichnenden Kurvenbögen wichtig sind:

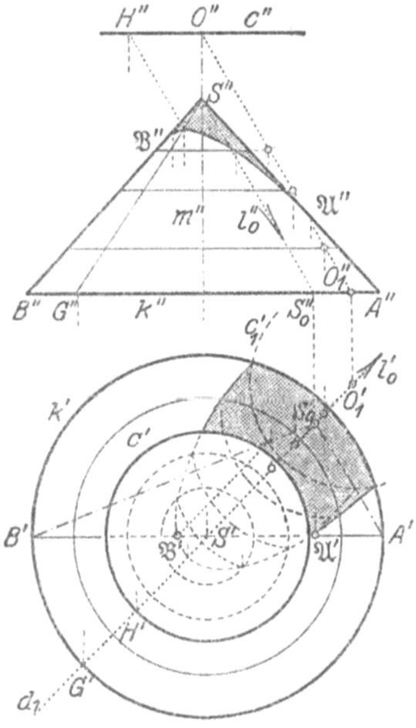

Fig. 129.

Die Endpunkte 𝔄'', 𝔅'' *des Kurvenbogens im Aufriß* liegen, da in Fig. 129 (vgl. den vorletzten Absatz von Nr. 389) eine Eigenschattengrenze[2]) der Kreiskegelfläche nicht vorhanden ist, auf den Umrißlinien $S''A''$, $S''B''$. Wir finden sie am leichtesten als die Aufrisse der Schatten 𝔄, 𝔅, die von c auf SA, SB fallen, und zwar durch *das Verfahren des Zurückschneidens* (siehe den dritten Absatz von Nr. 380): Wir konstruieren, die Ebene von k zur Grundrißtafel nehmend, die auf sie fallenden Schatten $S_0'A'$, $S_0'B'$ und c_1' (vgl. die erste Aufgabe von Nr. 381) von SA, SB und c, ziehen durch die Punkte, in denen c_1' von $S_0'A'$, $S_0'B'$ getroffen wird, die Parallelen zu l_0' und schneiden durch diese in $S'A'$, $S'B'$ die Punkte 𝔄', 𝔅' ein, aus denen 𝔄'', 𝔅'' durch Ordnungslinien folgen. — *Einen Punkt mit wagerechter Tangente, den*

[1]) Sind sie schleifend, so muß das Verfahren von Nr. 403 angewendet werden.
[2]) Wäre sie vorhanden und sichtbar, so träte sie an die Stelle von $S''A''$ und wäre ebenso zu behandeln, jedoch unter Beachtung des letzten Satzes von Nr. 383.

höchsten Punkt des Kurvenbogens im Aufriß, erhalten wir, wenn wir die durch m und l_0 bestimmte Ebene Δ als Hilfsebene nach dem Verfahren von Nr. 281 benutzen; denn sie ist ebenso wie die Ebene Δ im vorletzten Absatz von Nr. 387 Symmetrieebene der Schlagschattengrenze. Wenn also die Grundrißspur $d_1 \equiv l_0'$ von Δ die Kreise k', c' auf der dem Licht zugekehrten Seite in G', H' schneidet und G'', H'' die zugehörigen Punkte von k'', c'' sind, dann ist der Schnittpunkt zwischen $S''G''$ und der durch H'' gezogenen Parallelen von l_0'' der gesuchte Punkt. Der zu ihm gehörige Punkt von $d_1 \equiv l_0'$ ist, da nach dem dritten Satz von Nr. 260 d_1 Symmetrieachse des Grundrisses der Schlagschattengrenze ist, *ein Scheitel dieses Kurvenbogens.*

391. Aufgabe: *Gegeben* sind die Risse eines *Burgturmes*, der sich aus geraden Kreiszylindern und geraden Kreiskegeln bzw. Kreiskegelstümpfen zusammensetzt (siehe den Aufriß in Fig. 130), und die Lichtrichtung (l_0', l_0''). *Gesucht* sind die Risse der Eigen- und Schlagschattengrenzen.

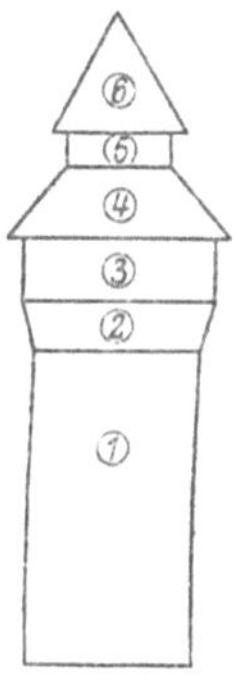

Fig. 130.

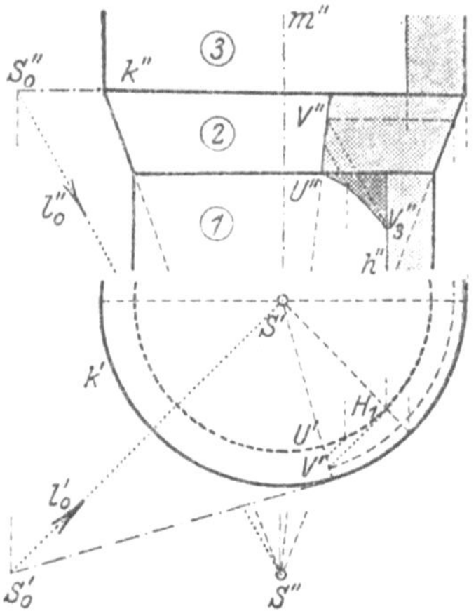

Fig. 131.

Wir bestimmen der Reihe nach und unabhängig voneinander die sichtbaren Teile der Eigenschattengrenzen für die geraden Kreiszylinder (1), (3), (5) nach Nr. 384 und für die geraden Kreiskegel, denen die Stümpfe (2) und (4) angehören, sowie für den Kreiskegel (6) nach Nr. 389; ferner nach Nr. 387 und nach Nr. 390 die Risse der Schlagschatten, die von dem Leitkreis des Kegels (4) auf den Zylinder (3) und von dem Leitkreis des Kegels (6) auf den Zylinder (5) und den Kegel (4) fallen. Da der unterste Kreis des Zylinders (5) zugleich der oberste Kreis des Kegelstumpfes (4) ist, finden wir die auf ihm liegenden Punkte der Schlagschattengrenze nach dem Verfahren der wagerechten Hilfsebenen von Nr. 390. In derselben Weise können wir auch die Risse der Schattenpunkte aufsuchen, die von dem Leitkreis von (4) auf den untersten Kreis von (3) fallen.

Zu beachten sind insbesondere der Kegelstumpf (2) und die anstoßenden Zylinder (1) und (3). Wir erkennen aus Fig. 131, in der sie größer gezeichnet sind, den allgemeinen Satz:

Grenzen zwei gekrümmte Teile der Oberfläche eines Körpers in einer scharfen Kante aneinander, so treffen ihre Eigenschattenkurven nicht in einem Punkt dieser Kante zusammen, sondern werden durch ein Stück derselben zu der Eigenschattengrenze des Körpers ergänzt.

Dabei kann der eine der beiden Flächenteile von dem anderen noch Schlagschatten empfangen, wie in Fig. 131 der Zylinder (1) von der Kegelzone (2). Die Grenze dieses Schlagschattens beginnt in dem Punkt U, in dem die Eigenschattengrenze von (2) die Zylinderfläche (1) trifft, und endet auf der Eigenschattengrenze von (2) in dem Punkt V_3, den wir mit Hilfe des Punktes V so bestimmen, wie in Nr. 387 den Punkt Z_3 der Fig. 126 mit Hilfe des Punktes Z. Da infolge der in Fig. 131 gewählten Maße V ein Punkt der im Aufriß fast scheitelrechten Eigenschattengrenze von (2) ist, gewinnen wir den Punkt V'' am besten nach der zweiten Aufgabe von Nr. 208 als den Aufriß des Schnittpunktes zwischen der Kegelfläche und der scheitelrechten Geraden, deren erster Spurpunkt V' ist. Der Aufriß der Schlagschattengrenze berührt nach dem letzten Satz von Nr. 383 in V_3'' die Gerade $V''V_3''$; weitere Punkte für ihn liefert das — vom Kreis k auf die Strecke UV übertragene — Verfahren von Nr. 383, wobei wir die zusammengehörigen Punkte von $U'V'$ und $U''V''$ am genauesten so wählen, daß sie die beiden Strecken in gleichviel gleiche Teile (Nr. 8) teilen.

Auch die Eigenschattengrenze des Zylinders (5) verursacht, wenn sie nicht durch den Schlagschatten des Kegels (6) völlig überdeckt wird, eine Schlagschattengrenze auf dem Kegel (4); diese wird durch scheitelrechte Schattenebenen eingeschnitten, so daß ihr Aufriß, soweit er sichtbar ist, nach Nr. 255 oder Nr. 271 gezeichnet werden kann.

Die Kugel.

392. Dem ersten Teil des zweiten Satzes von Nr. 193 entspricht der Satz:

Bei Parallelbeleuchtung ist die Eigenschattengrenze einer Kugel der Großkreis, dessen Ebene zu den Lichtstrahlen senkrecht steht.

Aufgabe: *Gegeben* sind die Risse einer Kugel und die Lichtrichtung (l_0', l_0''). *Gesucht* sind die Risse der Eigenschattengrenze.

Wir nehmen die in Fig. 132 dargestellte Kugel und denken uns den Lichtstrahl l_0 durch den Kugelmittelpunkt M gelegt. Dann zeichnen wir auf Grund des letzten Satzes die Risse der Eigenschattengrenze e nach Nr. 199 unter Hinzuziehung eines an den Grundriß anschließenden Seitenrisses. Die beiden Bildellipsen, von deren jeder nur die sichtbare Hälfte einzutragen ist, berühren in den Scheiteln ihrer großen Achsen die scheinbaren Umrisse der Kugel; und in diesen Punkten haben die letzteren im Einklang mit dem ersten Satz von Nr. 383 Tangenten, die zu l_0' bzw. l_0'' parallel sind.

Bilden, wie bei der technischen Beleuchtung (Nr. 80), die Lichtstrahlrisse l_0' *und* l_0'' *gleiche Winkel mit der Rißachse* a_{12}, *so kann für die Eigenschattengrenze einer Kugel die Bildellipse sowohl im Grundriß als auch im Aufriß für sich, ohne den anderen Riß gefunden werden:* Es seien λ_1 und λ_2 die Neigungswinkel von l_0' und l_0'' gegen a_{12} und $M'A'$, $M''C''$ zwei Hälften der großen Achsen der beiden Bildellipsen derart, daß die Ordnungslinien $A'A''$ und $C'C''$ auf derselben Seite der Ordnungslinie $M'M''$ liegen. Dann haben wir

$$M'A' \perp l_0', \qquad M''A'' \parallel a_{12}$$

und

$$M''C'' \perp l_0'', \qquad M'C' \parallel a_{12},$$

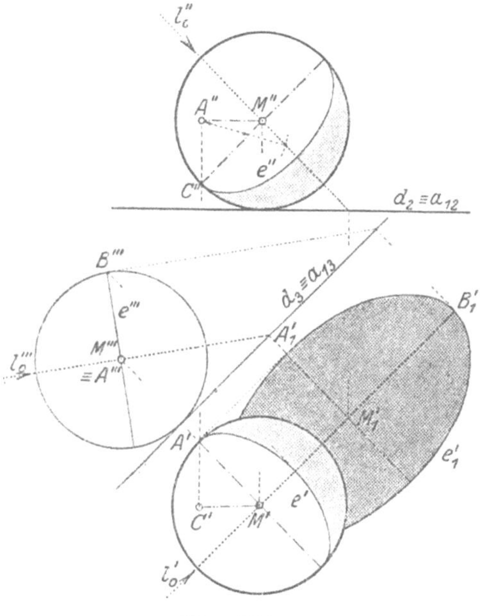

Fig. 132.

so daß $M'A'$ gegen $M''A''$ den Neigungswinkel $90° - \lambda_1$ und $M''C''$ gegen $M'C'$ den Neigungswinkel $90° - \lambda_2$ besitzt; daraus folgt nach Nr. 47

$$M''A'' = M'A' \cdot \sin\lambda_1, \qquad M'C' = M''C'' \cdot \sin\lambda_2$$

und, da ja $M'A' = M''C''$ ist,

$$M''A'' = M'C', \qquad \text{sobald auch} \quad \lambda_1 = \lambda_2 \quad \text{ist.}$$

Deshalb fallen, wenn $\lambda_1 = \lambda_2$ ist, die Ordnungslinien $A'A''$ und $C'C''$ in eine zusammen, so daß wir A'' ohne Benutzung von A' aus C'' und C' ohne Benutzung von C'' aus A' ableiten können; dann brauchen wir, um nach dem Verfahren von Nr. 179 die Aufrißellipse e'' zu zeichnen, nicht den Grundriß und, um in derselben Weise die Grundrißellipse e' herzustellen, nicht den Aufriß.

Aufgabe: *Gegeben* sind in Fig. 132 die Risse einer Kugel, die Aufrißspur d_2 einer wagerechten Ebene Δ, auf der die Kugel liegt, und die Lichtrichtung (l_0', l_0''). *Gesucht* ist der Grundriß der Schlagschattengrenze, die auf Δ von der Kugel herrührt.

Die Schlagschattengrenze ist der Schatten der Eigenschattengrenze, deren Risse e', e'' wir nach der vorigen Aufgabe konstruieren. Ihr

Grundriß ergibt sich dann nach der ersten Aufgabe von Nr. 381, indem wir Δ als Grundrißtafel ($a_{12} \equiv d_2$) benutzen.

393. Die Eigenschattengrenze eines Hohlraumes mit kugelförmiger Oberfläche ist ebenfalls dem Satz von Nr. 392 unterworfen. Soll aber in einen solchen Raum überhaupt Licht fallen, so muß die Hohlkugel eine Öffnung besitzen; dann entsteht in ihr ein Schlagschatten, dessen Grenze ihre Durchdringungskurve mit dem Schattenzylinder des Randes der Öffnung ist. Wenn der Rand ein Kreis k der Hohlkugel ist, unterliegt die Schlagschattengrenze dem ersten Satz von Nr. 303; sie ist demnach der Kreis $\mathfrak{k}$, der in bezug auf die zur Lichtrichtung senkrechte Durchmesserebene der Hohlkugel zu k symmetrisch ist, bzw. ein Bogen desselben.

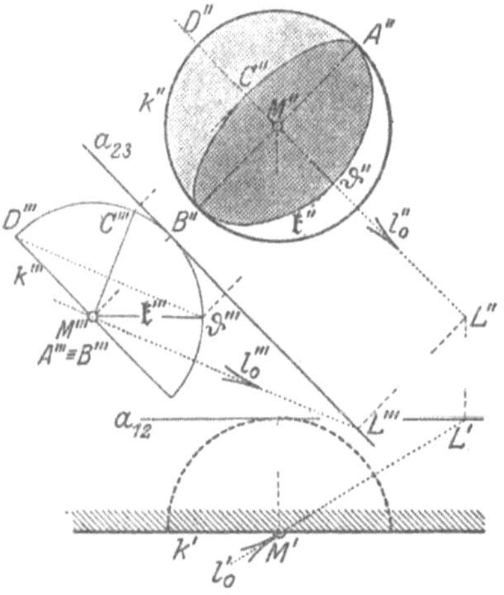

Fig. 133.

Aufgabe: *Gegeben* sind in Fig. 133 Grund- und Aufriß einer *Nische*, deren Oberfläche eine halbe Hohlkugel ist, und die Lichtrichtung (l_0', l_0''). *Gesucht* sind im Aufriß die Bildkurven der Eigen- und der Schlagschattengrenze.

Die zu untersuchenden Flächen sind die zu der Aufrißtafel parallele Ebene der Wand, in die die Nische eingetieft ist, und eine halbe Hohlkugel, deren berandender Großkreis k in der Ebene liegt. Die Ebene ist beleuchtet; in der halben Hohlkugel, die im Aufriß den scheinbaren Umriß k'' hat, finden wir Eigenschatten. Infolgedessen setzt sich die Eigenschattengrenze der Nische zusammen aus einem Teil von k und aus der Eigenschattenkurve der halben Hohlkugel. Weil der Aufriß zu zeichnen ist, fügen wir einen an ihn anschließenden Seitenriß[1]) hinzu, dessen Tafel zu l_0 parallel ist ($a_{23} \parallel l_0''$); in ihm besteht der scheinbare Umriß der halben Hohlkugel aus einem Halbkreis und seinem zu a_{13} parallelen Durchmesser k'''. Den Lichtstrahl l_0 setzen wir als durch M gelegt voraus und bestimmen, wie in Fig. 133 angegeben, seinen Seitenriß $l_0''' \equiv M'''L'''$. Dann können wir nach der Aufgabe von Nr. 392 — mit Aufriß und Seitenriß anstatt mit Grundriß und Seitenriß arbeitend — die Halbellipse mit der großen Achse $A''B''$ ($A''' \equiv B''' \equiv M'''$) und der halben kleinen Achse $M''C''$ ($M'''C''' \perp l_0'''$) eintragen, die zusammen mit dem Halbkreis $A''D''B''$ den Aufriß der Eigenschattengrenze der Nische bildet.

Schlagschatten fällt nur in die halbe Hohlkugel; seine Grenze rührt von dem Bogen ADB des Kreises k her und ist nach den Vorbemerkun-

[1]) In ihm nehmen wir auf die Sichtbarkeitsverhältnisse keine Rücksicht.

gen ein Bogen eines Kreises $\mathfrak{k}$. Die zu l_0 senkrechte Durchmesserebene Σ der Hohlkugel, in bezug auf die k und $\mathfrak{k}$ symmetrisch sind, steht auf der Seitenrißtafel senkrecht und hat in dieser die zu l_0''' senkrechte Gerade $M'''C'''$ zur Spur; deshalb sind nach dem dritten Satz von Nr. 260 die Seitenrisse k''' und $\mathfrak{k}'''$ zueinander in bezug auf $M'''C'''$ symmetrisch. Ist nun $\mathfrak{D}'''$ der zu D''' symmetrische Punkt ($D'''\mathfrak{D}''' \perp M'''C'''$, $D'''\mathfrak{D}''' \parallel l_0'''$), so ist die Strecke $M'''\mathfrak{D}'''$ ein Teil von $\mathfrak{k}'''$, und zwar gerade der Seitenriß des Bogens von $\mathfrak{k}$, der die Schlagschattengrenze bildet. Aus $M'''\mathfrak{D}'''$ leiten wir den Bogen $A''\mathfrak{D}''B''$ der Aufrißellipse $\mathfrak{k}''$ ebenso ab, wie aus $M'''C'''$ die Halbellipse $A''C''B''$, und erhalten in dem Flächenstück, das durch die Halbellipsen $A''C''B''$ und $A''\mathfrak{D}''B''$ begrenzt wird, den Aufriß des im Schlagschatten befindlichen Teiles der Nischenfläche.

Einander berührende Flächen.

394. Berühren zwei krumme Flächen einander längs einer Kurve c und wird c von der Eigenschattenkurve der einen Fläche in einem Punkt P getroffen, so ist nach der Begriffsbestimmung der Eigenschattenkurve (Nr. 382) die Tangentialebene T, die beide Flächen in P gemeinsam haben, den Lichtstrahlen parallel und infolgedessen P auch ein Punkt der Eigenschattenkurve der anderen Fläche. Das heißt:

Die Eigenschattenkurven zweier krummen Flächen, die einander längs einer Kurve berühren, begegnen dieser in den nämlichen Punkten.

Da aber abgesehen von der Berührung die beiden Flächen voneinander ganz unabhängig sind, haben ihre Eigenschattenkurven im Punkt P im allgemeinen verschiedene Tangenten. Diese liegen ebenso wie der Schattenstrahl l von P und die zu P gehörige Tangente von c in T. Mithin haben die Schattenzylinder der beiden Eigenschattenkurven und der Kurve c nicht nur die Erzeugende l, sondern auch längs derselben die Tangentialebene T gemeinsam und durchdringen infolgedessen jede Fläche in drei Kurven, die auf Grund des ersten Satzes von Nr. 276 in dem Durchstoßpunkt von l dieselbe Tangente berühren. Wir erhalten hiernach den eng mit dem zweiten Satz von Nr. 383 zusammenhängenden Satz:

Die Schlagschattenkurven, die zwei einander längs einer Kurve c berührende Flächen auf einer dritten Fläche hervorrufen, berühren einander in den Punkten, in denen sie auf den Schlagschatten von c treffen.

Die beiden Sätze haben mehrere Anwendungen. Sie liefern zunächst für Oberflächenteile eines Körpers, die längs einer Kurve c berührend aneinanderstoßen, den folgenden Satz, der die Sätze von Nr. 383 und von Nr. 391 ergänzt:

Wenn die Oberfläche eines Körpers aus Teilen verschiedener, berührend ineinander übergehender Flächen besteht, so setzt sich ihre Eigenschattengrenze aus Bögen der einzelnen Eigenschattenkurven so zusammen, daß sie im allgemeinen Knickpunkte besitzt, jede von dem Körper herrührende

Schlagschattengrenze dagegen aus Bögen der einzelnen Schlagschattenkurven, die einander berühren. Dies gilt auch für die Risse der Schattengrenzen.

Ferner fließt für Hüllflächen, entsprechend dem ersten Satz von Nr. 359 über ihre Kurve des wahren Umrisses, aus dem ersten Satz ohne weiteres der folgende:

Die Eigenschattenkurve einer Hüllfläche trifft die Berührungskurven der eingehüllten Flächen in den Punkten, in denen ihnen die Eigenschattenkurven der letzteren begegnen. Dasselbe gilt in jeder Rißtafel für die Bildkurven.

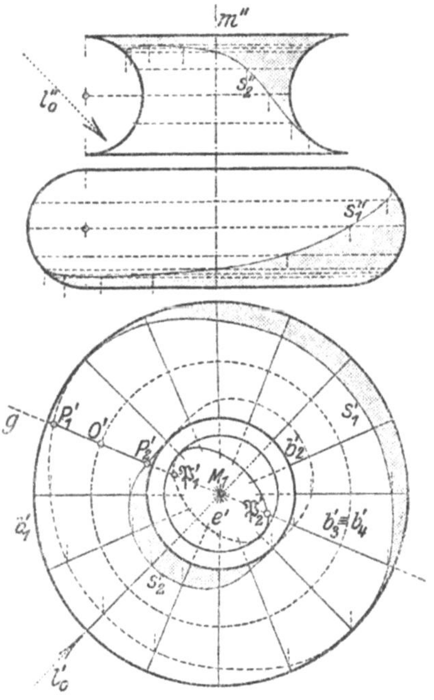

Fig. 134.

395. Sind die von einer Hüllfläche eingehüllten Flächen Kugeln, so sind (Nr. 392) deren Eigenschattengrenzen Kreise, deren Ebenen zu den Lichtstrahlen senkrecht und somit zueinander parallel sind; sie haben also nach dem ersten Satz von Nr. 174 Bildellipsen, die in den Richtungen ihrer Achsen und in dem Werte für das Verhältnis der kleinen zu der großen Achse übereinstimmen. Bei einer Röhrenfläche (Nr. 361) insbesondere sind die eingehüllten Kugeln kongruent, sodaß die Bildellipsen ihrer Eigenschattengrenzen in den Richtungen und in den Größen ihrer Achsen übereinstimmen; wir brauchen dann nur eine dieser Ellipsen zu zeichnen und können den Umstand, daß aus ihr die übrigen nach dem letzten Satz von Nr. 174 durch Schiebungen entstehen, dazu benutzen, die Bildkurve für die Eigenschattenkurve der Röhrenfläche abzuleiten. Auf Grund dieser Bemerkung untersuchen wir *die Eigenschattenkurve s der Kreisringfläche.*

In Fig. 134 sind nach Nr. 273 die Risse einer in Grundstellung befindlichen Kreisringfläche gezeichnet, und zwar so, daß im Aufriß der Wulst und die Hohlkehle getrennt, als die Oberflächen zweier Körper, dargestellt sind. Der Mittelkreis der Kreisringfläche (Nr. 359) hat zum Grundriß den Kreis, dessen Halbmesser gleich seinem Halbmesser d und dessen Mittelpunkt der erste Spurpunkt M_1 der Drehachse m ist, d. h. den gemeinsamen Grundriß der beiden Breitenkreise b_3, b_4, die (Nr. 273) Wulst und Hohlkehle gegeneinander abgrenzen.

Die von der Fläche eingehüllten Kugeln haben denselben Halbmesser r wie die Meridiankreise und sind sämtlich der Kugel K_0 kongruent, deren Mittelpunkt derjenige des Mittelkreises (Grundriß M_1) und deren Halbmesser r ist. Deshalb können wir die Ellipse e', die der Grundriß für die Eigenschattengrenze von K_0 ist und den Mittelpunkt M_1 hat, in der oben angedeuteten Weise benutzen: Ist O der Mittelpunkt der Kugel K, die längs eines Meridiankreises k die Kreisringfläche berührt, so ist im Grundriß $M_1O' = d$ und k' eine Strecke der Geraden $g \equiv M_1O'$. Der Grundriß der Eigenschattengrenze von K schneidet in k' die Punkte P_1', P_2' ein, in denen nach dem letzten Satz von Nr. 394 k' von der Bildkurve s' getroffen wird, und entsteht aus der Ellipse e' dadurch, daß diese ohne Drehung um die Strecke $M_1O' = d$ verschoben wird. Deshalb folgen P_1', P_2' aus den Schnittpunkten $\mathfrak{P}_1'$, $\mathfrak{P}_2'$ zwischen g und e' dadurch, daß wir auf g in der Richtung von M_1 nach O' die Strecken $\mathfrak{P}_1'P_1' = d$, $\mathfrak{P}_2'P_2' = d$ auftragen.

Wenn wir in derselben Weise mit den Grundrissen weiterer Meridiankreise verfahren, so erhalten wir eine beliebige Anzahl von Punkten der Kurve s'. Dabei ist, da auf der Geraden g die Grundrisse zweier Meridiankreise liegen, die Strecke d sowohl von $\mathfrak{P}_1'$ als von $\mathfrak{P}_2'$ aus auch in der entgegengesetzten Richtung wie vorher abzutragen. Deshalb können wir s' entstanden denken als *die Bahnkurve der Endpunkte einer Strecke 2 d, deren Gerade stets durch M_1 geht und deren Mitte auf e' läuft*, d. h. als *Mittelpunktskonchoide* von e'. Von den beiden Endpunkten der bewegten Strecke ist der eine stets um mehr als d und der andere stets um weniger als d von M_1 entfernt; sie beschreiben also zwei getrennte, je in sich geschlossene Kurvenzüge s_1', s_2', von denen der erste außerhalb und der zweite innerhalb des Kreises $b_3' \equiv b_4'$ liegt. Indem wir hieraus die selbstverständlichen Folgerungen für die Eigenschattenkurve s selbst ziehen, erhalten wir den Satz:

Die Eigenschattenkurve der Kreisringfläche besteht aus zwei getrennten, je in sich geschlossenen Zügen, von denen der eine dem Wulst und der andere der Hohlkehle angehört.

396. Aufgabe: *Gegeben* sind die Risse für den Wulst und für die Hohlkehle einer in Grundstellung befindlichen Kreisringfläche, sowie die Lichtrichtung (l_0', l_0'') der technischen Beleuchtung. *Gesucht* sind die Risse der Eigenschattenkurven s_1 des Wulstes und s_2 der Hohlkehle.

Wir benutzen Fig. 134, indem wir uns in ihr die Grundrisse von Wulst und Hohlkehle — entsprechend ihrer Scheidung durch den Kreis $b_3' \equiv b_4'$ — getrennt denken, und konstruieren nach dem dritten Absatz von Nr. 392 allein im Grundriß die Ellipse e', die wir in Nr. 395 eingeführt haben. Dabei müssen wir besonders sorgfältig nach Nr. 170 zu Werke gehen, weil wir die Punkte von e' zur Bestimmung der Punkte von s_1' und s_2' brauchen.

Der Lichtstrahlgrundriß l_0', den wir durch den ersten Spurpunkt M_1 der Drehachse m gezogen voraussetzen, ist die Nebenachse von e'.

Bestimmen wir nun auf zwei Geraden, die durch M_1 laufen und mit l_0' gleiche Winkel bilden, nach Nr. 395 die Punkte von s_1' und s_2', so erkennen wir ohne weiteres, daß die Punkte auf der einen Geraden zu den Punkten auf der anderen Geraden in bezug auf l_0' symmetrisch liegen. Das heißt: Sowohl der Kurvenzug s_1' als auch der Kurvenzug s_2' hat die Symmetrieachse l_0'. Ebenso ist die Gerade, die senkrecht zu l_0' durch M_1 läuft, Symmetrieachse von s_1' und s_2'. Deshalb verteilen wir zwischen diese Symmetrieachsen gleichmäßig eine Anzahl von Geraden, die durch M_1 gehen, und tragen auf ihnen — und, wenn sie nicht darunter ist, außerdem auf der wagerechten Geraden — die Punkte von s_1' und s_2' nach Nr. 395 ein.

Durch die gefundenen Punkte legen wir die Kurvenzüge s_1' und s_2', indem wir die letzten beiden Absätze von Nr. 270 beachten. Sie berühren die Kreise b_1' und b_2', die im Grundriß den scheinbaren Umriß der Kreisringfläche bilden, in ihren Schnittpunkten mit dem zu l_0' senkrechten Durchmesser, wie es nach dem ersten Satz von Nr. 383 der Fall sein muß. Von den Bögen, in die s_1' und s_2' durch diese Umrißpunkte zerfallen, sind als die Grundrisse der sichtbaren Teile von s_1 und s_2 diejenigen auszuziehen, die sich aus der sichtbaren Hälfte von e' ableiten.

Die Punkte von s_1' und s_2', die unterhalb des wagerechten Durchmessers von b_1' liegen, liefern nach der zweiten Aufgabe von Nr. 269 die Punkte der Bögen von s_1'' und s_2'', die wir als die Aufrisse der sichtbaren Teile von s_1 und s_2 einzeichnen. Die Umrißpunkte von s_1'' und s_2'' folgen aus den Punkten von s_1' und s_2', die auf dem wagerechten Durchmesser von b_1' liegen, und gehorchen, wie leicht zu erkennen ist, ebenfalls dem ersten Satz von Nr. 383. Aus den Punkten von s_1' und s_2' endlich, die auf l_0' liegen, ergeben sich die Punkte, in denen s_1'' und s_2'' wagerechte Tangenten haben; dies folgt am schnellsten aus dem Umstand, daß die Kreisringfläche eine Drehfläche ist, auf Grund des Satzes, den wir in Nr. 397 beweisen werden.

In dieser Weise die Gestalten der Kurven s_1'' und s_2'' genau kennenzulernen, ist nützlich, weil Wulst und Hohlkehle oft als Zonen von Drehflächen vorkommen und sich, besonders wenn sie geringe Höhe besitzen, nach den für Drehflächen geeigneten Verfahren nicht mit genügender Genauigkeit behandeln lassen.

Drehflächen.

397. Eine Drehfläche ist nach Nr. 366 die Hüllfläche einer Schar von Kugeln, deren Mittelpunkte auf der Drehachse liegen. Ist K eine solche Kugel, O ihr Mittelpunkt und b der Breitenkreis, längs dessen sie die Drehfläche berührt, so ist die Eigenschattengrenze e von K nach Nr. 392 der Großkreis, dessen Ebene zu den Lichtstrahlen senkrecht steht, und schneidet nach dem letzten Satz von Nr. 394 den Breitenkreis b, wenn überhaupt, in zwei Punkten P, $\mathfrak{P}$ der Eigenschattenkurve s der Drehfläche. Die Ebenen von b und e stehen senkrecht auf der Meridianebene M, die zu den Lichtstrahlen parallel ist.

Dasselbe gilt von ihrer Schnittgeraden, der die gemeinsame Sehne $P\mathfrak{P}$ der beiden Kreise b und e angehört. Infolgedessen sind die Punkte P, $\mathfrak{P}$ zueinander in bezug auf M symmetrisch. Diese Schlüsse können wir für jeden Breitenkreis durchführen und erhalten dadurch, unter Hinzuziehung der Sätze von Nr. 260, den folgenden Satz:

Die Eigenschattenkurve s einer Drehfläche hat die Meridianebene M, *die zu den Lichtstrahlen parallel ist, zur Symmetrieebene und ihre in* M *liegenden Punkte zu Scheiteln. Bei Grundstellung der Drehfläche ist die Grundrißspur von* M *Symmetrieachse der Bildkurve s' und liefern die Scheitel von s die Punkte, in denen die Bildkurve s'' wagerechte Tangenten besitzt.*

Die Risse der Eigenschattenkurve s können wir im Anschluß an den ersten Absatz von Nr. 395 und ähnlich, wie in Nr. 366 die Kurve des scheinbaren Umrisses, herstellen. Wir nehmen dabei eine Seitenrißtafel zu Hilfe, die zu der Ebene M parallel ist; in ihr bilden sich sowohl die Eigenschattengrenzen der Kugeln, die von der Drehfläche eingehüllt werden, als auch die Breitenkreise der Drehfläche, die als Berührungskurven in Betracht kommen, nach dem zweiten Satz von Nr. 173 als gerade Strecken ab; infolgedessen können wir in ihr für die Bildkurve von s, für die überdies der zweite Satz von Nr. 260 gilt, sehr bequem eine Anzahl von Punkten ermitteln und hieraus die anderen Risse ableiten.

In ähnlicher Weise läßt sich jede Drehfläche auch als Hüllfläche der geraden Kreiskegel und -zylinder behandeln, die ihr nach dem zweiten Satz von Nr. 264 umgeschrieben sind; jedoch besitzen dann die Einzelschritte der Konstruktion nicht dieselbe Gleichartigkeit wie bei den eingehüllten Kugeln.

398. Aufgabe: *Gegeben* sind die Risse einer in Grundstellung befindlichen Drehfläche nach Nr. 268 und die Lichtrichtung (l_0', l_0''). *Gesucht* sind die Risse der Eigenschattenkurve s.

Wir behandeln die in Fig. 135 gegebene Drehfläche, die unten durch einen Breitenkreis b_1 begrenzt wird und oben eine auf der Drehachse m liegende Spitze besitzt. Da ihre Meridiankurve sich aus drei Paaren von Kreisbögen zusammensetzt und diese berührend aneinanderstoßen, besteht sie aus drei Zonen, die in den Breitenkreisen b_2 und b_3 berührend ineinander übergehen. Die Eigenschattenkurve s befolgt in jeder Zone deren eigenes Gesetz und besitzt nach dem dritten Satz von Nr. 394 auf b_2 und b_3 Knickpunkte.

Dem vorletzten Absatz von Nr. 397 folgend, konstruieren wir zunächst in einem Seitenriß, der an den Grundriß anschließt und dessen Tafel parallel ist zu der den Lichtstrahlen parallelen Meridianebene M $(a_{13} \parallel l_0')$. In ihm ist der scheinbare Umriß u_3''' der Drehfläche die Bildkurve der in M gelegenen Meridiankurve und nach dem zweiten Satz von Nr. 260 jeder Punkt der Bildkurve s''' der Bildpunkt für zwei

Punkte von s. Nachdem wir mit Hilfe der Punkte L', L'', L''' den Lichtstrahlriß l_0''' eingetragen haben, bestimmen wir nach dem ersten Satz von Nr. 383 die auf u_3''' liegenden Punkte von s''': Einer der sechs Kreisbögen, aus denen u_3''' besteht, enthält einen Punkt mit zu l_0''' senkrechtem Halbmesser, d. h. mit zu l_0''' paralleler Tangente. In diesem Punkt[1]) trifft s''' auf u_3''', und zwar — nach dem Ausnahme-

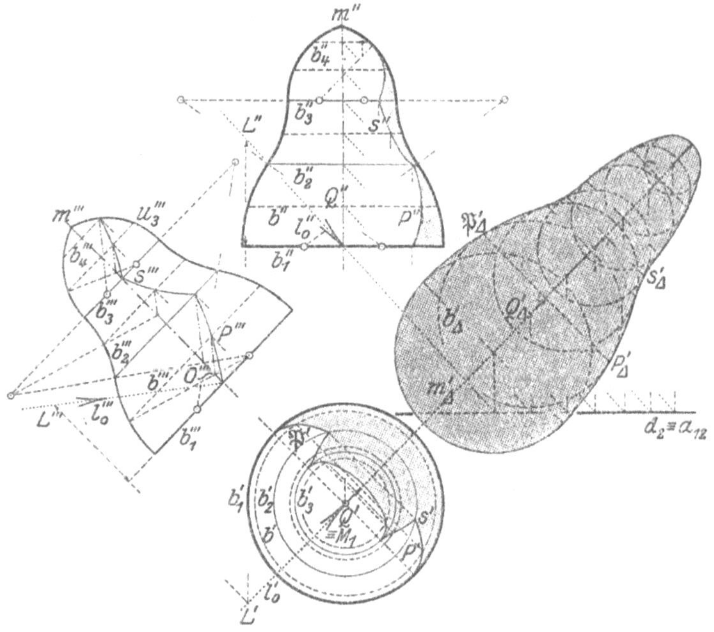

Fig. 135.

fall des zweiten Satzes von Nr. 266 — ohne Berührung; denn der Punkt ist der Bildpunkt des (einzigen) Scheitels von s, und die Scheiteltangente ist zu M senkrecht, zu den Projektionsstrahlen also parallel. Zwischen dem Breitenkreis b_4, auf dem der Scheitel liegt, und dem Breitenkreis b_1 verläuft die Kurve s.

Da wir die Mittelpunkte der Kreisbögen, aus denen u_3''' sich zusammensetzt, kennen, sind wir imstande, für jeden Punkt von u_3''' die Normale zu ziehen. Wir erhalten deshalb auf Grund des Satzes von Nr. 265 für den Mittelpunkt O der Kugel K, die längs eines Breitenkreises b die Drehfläche berührt, den Seitenriß O''' als den Schnittpunkt von m''' mit der Geraden, die den einen Endpunkt der Bildstrecke b''' mit dem Mittelpunkt des in Betracht kommenden Kreis-

[1]) Wäre dieser Punkt nicht vorhanden, so ginge die Kurve s durch die Spitze der Drehfläche und hätte dort einen Ausnahmepunkt, der in allen Rissen und auch in jeder Schlagschattenkurve (Nr. 399) zum Vorschein käme.

bogens verbindet. Dann ziehen wir als den Seitenriß der Eigenschattengrenze von K durch O''' das Lot zu l_0''' (vgl. Nr. 392) und schneiden durch es in b''' den gemeinsamen Riß P''' der auf b liegenden Punkte P und $\mathfrak{P}$ von s ein. In dieser Weise bestimmen wir auf den Seitenrissen von Breitenkreisen, die wir in geeigneter Weise zwischen b_1 und b_4 verteilen und zu denen b_2 und b_3 gehören müssen, die Punkte, durch die wir die Bildkurve s''' legen können; sie hat Knickpunkte auf b_2''' und auf b_3'''.

Die Bildkurven s' und s'' in Grund- und Aufriß finden wir, indem wir auch in diesen Rissen die Bilder der zu Hilfe genommenen Breitenkreise einzeichnen und auf sie die gewonnenen Punkte durch die Ordnungslinien übertragen (siehe P', P''). Auch hier erhalten wir Knickpunkte auf den Rissen von b_2 und b_3. Die Umrißpunkte von s' und s'' sind die Endpunkte der zu l_0' senkrechten Durchmesser der Kreise b_1', b_3', die für den Grundriß, und der Endpunkt des einzigen zu l_0'' senkrechten Halbmessers der Kreisbögen, die für den Aufriß die Kurve des scheinbaren Umrisses bilden; in ihnen finden nach dem zweiten Satz von Nr. 266 Berührungen zwischen s', s'' und den Umrißkurven statt. Im Aufriß zeichnen wir nur den sichtbaren Teil von s'' ein, dem bei den Annahmen von Fig. 135 der Bildpunkt des auf b_4 gelegenen Scheitels von s nicht angehört.

In derselben Weise behandeln wir auch die in Fig. 136 gegebene Drehfläche. Für den Kegelstumpf, der ein Teil von ihr ist, wenden wir nicht das Verfahren von Nr. 389 an, sondern bestimmen auf den Rissen der beiden Breitenkreise, die ihn oben und unten begrenzen, die Punkte der Bildkurven s''', s', s'' ebenso wie auf den übrigen Breitenkreisen der Fläche und verbinden sie geradlinig.

399. *Die Schlagschattenkurve, die von einer Drehfläche auf einer anderen Fläche hervorgerufen wird, kann in geeigneten Fällen einfacher als nach dem ersten Satz von Nr. 380 hergestellt werden als Hüllkurve der Schlagschattengrenzen der Kugeln, die die Drehfläche berühren* (vgl. den letzten Satz von Nr. 359), *oder als Hüllkurve der Schlagschatten der Breitenkreise* (vgl. den zweiten Satz von Nr. 383). Die letzte Möglichkeit liegt stets vor, wenn die schattenempfangende Fläche eine zu der Drehachse senkrechte Ebene ist, und somit auch in der

Aufgabe: *Gegeben* sind in Fig. 135 die Risse eines Körpers, der begrenzt wird durch eine in Grundstellung befindliche Drehfläche und die Fläche eines Breitenkreises b_1, ferner die Aufrißspur d_2 einer wagerechten Ebene Δ und die Lichtrichtung (l_0', l_0''). *Gesucht* ist der Grundriß der Grenze des Schlagschattens, den der Körper auf Δ wirft.

Die gesuchte Schlagschattengrenze setzt sich zusammen aus einem Teil des Schattens von b_1 und aus der Schlagschattenkurve s_Δ der Drehfläche (vgl. den zweiten Satz von Nr. 382). Wir konstruieren, Δ zur Grundrißtafel und d_2 zur Rißachse a_{12} nehmend, nach der ersten Aufgabe von Nr. 381 die Schatten der Breitenkreise, die wir in Nr. 398

für die Bildkurven s' und s'' der Eigenschattenkurve s gebraucht haben; ist b ein solcher Breitenkreis und Q sein Mittelpunkt, so ist sein Schatten ein ihm kongruenter Kreis b'_Δ, dessen Mittelpunkt Q'_Δ der Schatten von Q ist und auf dem Schatten m'_Δ ($\equiv l'_0$) der Drehachse m liegt. Wenn b die Kurve s in P und $\mathfrak{P}$ schneidet, so berührt nach dem zweiten Satz

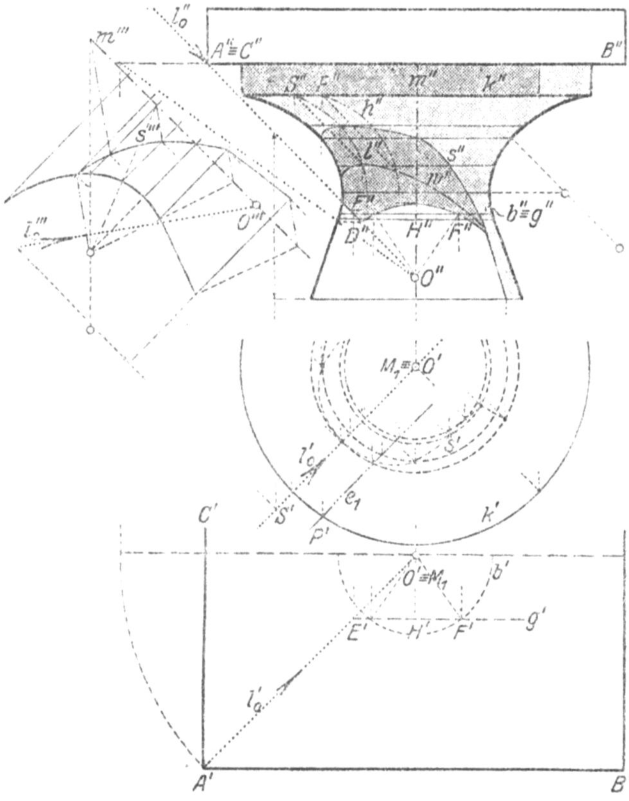

Fig. 136.

von Nr. 383 b'_Δ die Kurve s'_Δ in den Schatten P'_Δ und $\mathfrak{P}'_\Delta$ dieser Punkte; dabei ist (Nr. 10 und Nr. 79) $P'\mathfrak{P}' \parallel P'_\Delta\mathfrak{P}'_\Delta$ und der Abstand zwischen Q'_Δ und $P'_\Delta\mathfrak{P}'_\Delta$ gleich dem zwischen Q' und $P'\mathfrak{P}'$. Wir erhalten also s'_Δ als Hüllkurve der Schattenkreise und können auch die Berührungspunkte aus den in Nr. 398 für s' gefundenen Punkten so bestimmen, wie dies in Fig. 135 bei P'_Δ, $\mathfrak{P}'_\Delta$ geschehen und für die übrigen angedeutet ist. Dabei ergeben sich ohne weiteres die folgenden Tatsachen: m'_Δ ist Symmetrieachse von s'_Δ. Der Schatten des in Nr. 398 gefundenen Breitenkreises b_4 berührt s'_Δ in einem Punkt von m'_Δ, also in einem Scheitel. Im Einklang mit den dritten Sätzen von Nr. 383 und Nr. 394 entstehen Knickpunkte weder an den Übergängen zwischen s'_Δ und dem von dem Breitenkreis b_1 herrührenden Kreisbogen, der mit s'_Δ zusammen die Schlagschattengrenze des gegebenen Körpers bildet, noch an den Stellen von s'_Δ, in denen Kurvenbögen verschiedenen Gesetzes zusammenstoßen.

Aber Doppelpunkte und Spitzen können, wie es am Schluß von Nr. 368 für die Kurve des scheinbaren Umrisses bemerkt wurde, auch bei der Schlagschattenkurve s'_Δ auftreten. Wir würden solche in Fig. 135 erhalten haben, wenn der mittlere Teil der Drehfläche wesentlich enger als die benachbarten Teile wäre; dann würde s'_Δ entweder Doppelpunkte mit je zwei benachbarten Spitzen haben, wie wir sie in Fig. 120a und in Fig. 121 fanden, oder — infolge einer Teilung der Eigenschattenkurve in einen oberen und einen unteren Zug — aus zwei sich überschneidenden Zügen bestehen. In beiden Fällen liegen Bögen von s'_Δ im Innern des Schlagschattens und schneiden infolgedessen die Schatten von Breitenkreisen, die s'_Δ an anderen Stellen berühren; diese Schnittpunkte zeigen, soweit die ihnen entsprechenden Punkte der betreffenden Breitenkreise nicht selbst im Eigenschatten liegen, auf Grund der Erörterungen des dritten Absatzes von Nr. 380, daß von dem oberen Teil der Drehfläche Schlagschatten auf den unteren fällt. Wir haben hier ein Beispiel für das am Ende von Nr. 382 Gesagte und fassen folgendermaßen zusammen:

Wenn auf einer Drehfläche von ihr selbst herrührender Schlagschatten auftritt, so zeigt sich dies an Selbstüberschneidungen ihrer Schlagschattenkurve s_Δ. Seine Grenze bestimmt man entweder nach dem Verfahren des Zurückschneidens mit Hilfe von s_Δ oder nach dem Verfahren von Nr. 403.

400. Sollen für den Schatten, den eine gerade oder krumme Linie auf eine Drehfläche wirft, die Risse hergestellt werden, so sind die einzuschlagenden Wege nicht wesentlich verschieden von denen, die wir bei Zylinder- (Nr. 387) und Kegelflächen (Nr. 390) kennengelernt haben. *Wenn insbesondere ein Kreis k mit wagerechter Ebene auf eine in Grundstellung gegebene Drehfläche Schatten wirft, ist mit einer Ausnahme genau wie in Nr. 390 zu verfahren.* Die Ausnahme bezieht sich auf die Punkte, in denen im Aufriß die Bildkurve des Schattens von k wagerechte Tangenten hat und in denen sie den scheinbaren Umriß und die Bildkurve der Eigenschattengrenze trifft; diese Punkte sind nicht so bequem zu bestimmen wie beim Kegel.

Aufgabe: *Gegeben* sind die Risse einer in Grundstellung befindlichen Drehfläche (*Vase*), die oben in einem Breitenkreis k abgeschnitten ist, und die Lichtrichtung (l'_0, l''_0). *Gesucht* sind die Risse der Schattengrenzen.

Wir nehmen die in Fig. 136 dargestellte Drehfläche, indem wir die zylindrische und die quadratische Platte, die oberhalb des Breitenkreises k liegen, fortlassen; dabei kommt von den beiden Teilen, in die der Übersichtlichkeit wegen der Grundriß geteilt ist, der obere in Betracht. Die Risse der Eigenschattengrenze s zeichnen wir nach

Nr. 398. Die Schlagschattengrenze w ist der Schatten des Kreises k; wir können ihre Risse genau so herstellen, wie in Nr. 390 und in Fig. 129 die Risse des Schattens, den der Kreis c auf der geraden Kreiskegelfläche hervorruft[1]). Für die Bildkurve w'' ermitteln wir links und rechts noch je einen Punkt, der nicht mehr dem sichtbaren und beleuchteten Teil der Drehfläche angehört, um hierdurch unter Beachtung des zweiten Satzes von Nr. 266 und des letzten Satzes von Nr. 383 die Punkte zu ersetzen, in denen w'' den scheinbaren Umriß und die Bildkurve s'' trifft. Der Punkt, in dem w'' eine wagerechte Tangente besitzt, ist wie im letzten Absatz von Nr. 390 der Aufriß des Schnittpunktes zwischen der Drehfläche und dem Schattenstrahl des Punktes S, in dem die zu den Lichtstrahlen parallele Meridianebene (Grundrißspur l_0') dem Kreis k auf der dem Licht zugekehrten Seite begegnet (S' der Schnittpunkt zwischen k' und l_0'); wir bestimmen ihn nach der zweiten Aufgabe von Nr. 271 oder, wie es in Fig. 136 für den Schnittpunkt D von l_0 gezeigt ist, nach der dritten Aufgabe von Nr. 269.

401. Die Schattenkurve einer Geraden ist die Schnittkurve der Drehfläche mit der Schattenebene der Geraden; ihre Risse ergeben sich nach der Vorschrift von Nr. 272, die sich dem allgemeineren, in Nr. 390 verwendeten Verfahren von Nr. 289 unterordnet. Besonders einfache Verhältnisse liegen vor, wenn, wie in Fig. 136[2]), die schattenwerfende Gerade AB zu beiden Rißtafeln parallel ($A'B' \parallel a_{12} \parallel A''B''$), die Drehfläche in Grundstellung und die Beleuchtung die technische (Nr. 80) ist; dabei dürfen wir den Punkt A auf der Geraden stets so verschoben denken, daß der durch ihn gehende Lichtstrahl l_0 die Drehachse m trifft. Eine wagerechte Hilfsebene schneidet die Drehfläche in einem Breitenkreis b (siehe die erste Aufgabe von Nr. 269), den Strahl l_0 in einem Punkt E (E'' der Schnittpunkt zwischen l_0'' und der b'' tragenden Geraden) und die Schattenebene von AB in einer Geraden g, die parallel zu AB (Nr. 79) durch E läuft (g' durch E', $g' \parallel a_{12}$). Die Schnittpunkte zwischen b' und g' sind die Grundrisse der auf b fallenden Punkte der Schattenkurve; F' sei der eine von ihnen und F'' der zugehörige Punkt von b''. Dann haben wir, wenn O der Schnittpunkt zwischen l_0 und m ist ($O' \equiv M_1$, O'' der Schnittpunkt von l_0'' und m'') und die Ordnungslinie $O'O''$ den Geraden $E'F'$ und $E''F''$ in H' und H'' begegnet, der Reihe nach die Beziehungen

$$\sphericalangle O'E'H' = \sphericalangle O''E''H'' = 45°;$$
$$E'E'' \parallel F'F'' \parallel H'H'', \quad O'H' \perp E'F', \quad O''H'' \perp E''F'';$$
$$O'H' = E'H' = E''H'' = O''H'', \quad H'F' = H''F'';$$
$$\triangle O'F'H' \cong \triangle O''F''H''; \qquad O'F' = O''F''.$$

Aus der letzten Gleichung folgt, da $O'F'$ gleich dem Halbmesser von b, also gleich der Hälfte der Strecke b'' ist, die Möglichkeit, den Punkt F''

[1]) Die hierzu nötigen Hilfslinien sind in Fig. 136 nicht eingetragen; auch fehlt im Grundriß die Bildkurve w'. Im Grundriß ist w verdeckt; dafür kommt, wenn die Drehfläche hohl ist, der in ihr Inneres fallende Schatten zum Vorschein, dessen Grenze von s herrührt und nach Nr. 403 zu konstruieren ist.

[2]) Hier kommt der untere Grundriß in Betracht.

ohne Benutzung des Grundrisses zu bestimmen. Hierauf beruht die Vorschrift:

Liegen die Risse einer in Grundstellung befindlichen Drehfläche und einer zu beiden Tafeln parallelen Geraden vor, so ergeben sich bei technischer Beleuchtung die Aufrisse der Punkte, in denen der Schatten der Geraden einen Breitenkreis b trifft, folgendermaßen: Man bestimmt nach Nr. 87 den Aufriß O'' des Punktes der Drehachse, auf den von der schattenwerfenden Geraden Schatten fällt, schlägt um O'' den Kreis, dessen Halbmesser gleich der halben Strecke b'' ist, und schneidet ihn mit b''.

402. Aufgabe: *Gegeben* sind in Fig. 136 die Risse einer in Grundstellung befindlichen Drehfläche, auf der eine quadratische Platte liegt (*Baluster*), und die Lichtrichtung (l_0', l_0'') der technischen Beleuchtung. *Gesucht* sind die Aufrisse der Eigen- und Schlagschattengrenzen.

Die niedrige zylindrische Platte, die unmittelbar unter der quadratischen liegt, behandeln wir nach Nr. 384 und konstruieren für die Eigenschattengrenze der eigentlichen Drehfläche den Aufriß s'' nach Nr. 398[1]). Schlagschatten fällt von der quadratischen Platte über die zylindrische Platte hinweg auf die Drehfläche und hat zur Grenze den Schatten des wagerechten Kantenzuges CAB. Die quadratische Platte liegt so, daß AB zu der Aufrißtafel parallel und AC zu ihr senkrecht ist; auch trifft der durch A laufende Strahl l_0 die Drehachse m in O. Deshalb bestimmen wir den Aufriß D'' des Punktes D, in dem l_0 die Drehfläche durchbohrt, nach der dritten Aufgabe von Nr. 269 und haben links von D'' den Aufriß des von AC, rechts von D'' den Aufriß des von AB herrührenden Schattens. Der erste ist nach dem dritten Satz von Nr. 84 die Strecke von l_0'', die durch D'' und den scheinbaren Umriß der Drehfläche begrenzt wird. Für den zweiten ermitteln wir nach der Vorschrift von Nr. 401 eine Anzahl Punkte; wir erkennen dabei sofort, daß m'' seine Symmetrieachse ist, und erhalten seinen Scheitel durch die wagerechte Hilfsgerade, die durch den Schnittpunkt zwischen l_0'' und dem scheinbaren Umriß der Drehfläche geht; den auf s'' fallenden Punkt bestimmen wir nicht ausdrücklich, beachten aber den letzten Satz von Nr. 383.

Ist die Drehfläche ein gerader Kreiszylinder (*Säule*), so haben die um O'' zu schlagenden Hilfskreise sämtlich denselben Halbmesser und fallen in einen Kreis zusammen; der Schatten von AB, der ein Ellipsenbogen ist, bildet sich also bei technischer Beleuchtung in einen Kreisbogen ab.

Ein allgemeines Verfahren.

403. Das in Nr. 400 angedeutete Verfahren läßt sich auf alle Fälle ausdehnen, in denen der Schattenzylinder der schattenwerfenden Kurve und die schattenempfangende Fläche durch dieselbe Schar paralleler Ebenen in Geraden oder Kreisen geschnitten werden. Allerdings werden dabei die zur Konstruktion nötigen Schnittpunkte mitunter sehr

[1]) Siehe den oberen Grundriß in Fig. 136.

schleifend; dann und in allen Fällen, in denen eine Anwendung jenes Verfahrens überhaupt unzweckmäßig ist, verwendet man, das Verfahren von Nr. 387 weiterbildend, Hilfsebenen, die zu der Grundrißtafel senkrecht und zu den Lichtstrahlen parallel sind. Wir zeigen dies ebenfalls an Fig. 136: Ist E eine solche Ebene und e_1 ihre Grundrißspur ($e_1 \| l_0'$), so zeichnen wir nach der ersten Aufgabe von Nr. 271 den Aufriß h'' der Kurve h, in der E die Drehfläche durchdringt, und legen durch den Aufriß P'' des Punktes P, in dem E den Kreis k auf der dem Licht zugewendeten Seite schneidet, die Parallele l'' zu l_0''. Der Schnittpunkt von h'' und l'' ist nach der zweiten Aufgabe von Nr. 271 der Aufriß des Punktes, in dem der Schattenstrahl l von P die Drehfläche durchbohrt, und somit ein Punkt von w''; seine Ordnungslinie bestimmt auf $h' \equiv e_1$ den entsprechenden Punkt von w'. In dieser Weise können wir die nötige Anzahl von Punkten für w' und w'' ermitteln, darunter auch die Punkte, in denen w'' wagerechte Tangenten hat. So ergibt sich eine Vorschrift, die nicht nur auf Drehflächen anwendbar ist, sondern auf alle Flächen, deren Eigenschaften die Konstruktion der Hilfskurven h'' ermöglichen:

Sollen für den Schatten, den eine Kurve k auf eine Fläche wirft, die Risse gezeichnet werden, so legt man Hilfsebenen, die zu der Grundrißtafel senkrecht und zu den Lichtstrahlen parallel sind. Jede solche Hilfsebene schneidet k in Punkten $P_1, P_2 \ldots$ und die Fläche in einer Kurve h; man zeichnet die Aufrisse $P_1'', P_2'' \ldots$ und, soweit notwendig, den Aufriß h'' ein, zieht durch $P_1'', P_2'' \ldots$ die Lichtstrahlaufrisse, schneidet sie mit h'' und überträgt die Schnittpunkte durch Ordnungslinien nach h'. Hierdurch erhält man in beiden Rissen die Punkte, durch die die gesuchten Bildkurven zu legen sind.

Richten wir unser Augenmerk auf den Schnittpunkt der Kurven h'' und s'' in Fig. 136, so erkennen wir, daß die zu ihm gehörige Tangente von h'' zu l_0'' parallel ist. Das muß auch so sein: Der Punkt ist nämlich der Aufriß des Schnittpunktes zwischen den Kurven h und s; in diesem Punkt ist die Tangentialebene der Fläche nach der Begriffsbestimmung von Nr. 380 zu l_0 parallel — ebenso wie die Ebene E von h; also ist auch die zugehörige Tangente von h als die Schnittgerade der beiden Ebenen zu l_0 und ihr Aufriß zu l_0'' parallel. Mithin ergeben sich Punkte zur Bestimmung der Bildkurve s'' auch dadurch, daß wir auf einer Anzahl von Hilfskurven, wie h'' eine ist, die Punkte aufsuchen, in denen die zugehörigen Tangenten zu l'' parallel sind; das heißt:

Die Hilfskurven h'' der letzten Vorschrift gestatten auch, wenn eine bessere und genauere Ermittlung des Aufrisses s'' der Eigenschattenkurve nicht zur Verfügung steht, die Kurve s'' als den Ort der Punkte zu bestimmen, in denen die Tangenten der Hilfskurven h'' zu den Aufrissen der Lichtstrahlen parallel sind.

Durch diese Hilfskurven gewinnt man also, wenn auch nicht auf die in jedem Fall beste Art, die Aufrisse aller Schattengrenzen, der Eigenschattengrenze sowohl als auch der von ihr oder von scharfen Kanten herrührenden Schlagschattengrenzen.

Sechster Abschnitt.

Projektion auf eine einzige Rißtafel.

I. Axonometrie.

Begriffsbestimmung.

404. Wir haben schon in Nr. 2 auf das Bedürfnis nach anschaulichen Bildern hingewiesen und einerseits durch die Schrägrisse (Nr. 12 u. f., Nr. 31 u. f.), andererseits durch die Seitenrisse (Nr. 35 u. f.) und Drehungen (Nr. 42) Möglichkeiten gewonnen, ihm zu genügen. Aber die dort entwickelte Herstellungsweise der Schrägrisse ist noch zu eng begrenzt und die Benutzung der Seitenrisse und Drehungen erfordert zu viele Hilfslinien, als daß diese Verfahren befriedigende Lösungen der Aufgabe sein könnten, anschauliche Bilder gegebener Körper herzustellen. Eine solche bietet die *Axonometrie* dar, deren Begriff wir in folgender Weise bestimmen:

Die Axonometrie benutzt eine einzige Bildtafel; sie projiziert gleichzeitig mit dem abzubildenden Körper die Achsen eines mit ihm verbundenen räumlichen Koordinatensystems und stellt das Bild des Körpers her mit Hilfe der Koordinaten seiner Punkte.

Dabei empfiehlt sich die Parallelprojektion durch die Einfachheit ihrer Gesetze, und zwar werden wir uns von vornherein nicht auf die rechtwinklige Projektion beschränken. Ein *axonometrisches Bild* unterscheidet sich also nur durch die Art seiner Herstellung von einem Schrägriß oder einem rechtwinkligen Riß und besitzt alle Eigenschaften der Parallelprojektion. Deshalb darf nicht übersehen werden, daß *die Parallelprojektion dem natürlichen Eindruck nahekommende und darum anschauliche Bilder nur von nicht zu großen Körpern liefert*; nur solche nämlich können von einem Beschauer aus einer derartigen Entfernung betrachtet werden, daß die Sehstrahlen durch parallele Projektionsstrahlen ersetzt werden dürfen.

Bildachsen und Veränderungsverhältnisse.

405. In einem räumlichen xyz-Koordinatensystem sind von einem beliebigen Punkt P des Raumes die Lote PP' auf die xy-Ebene, PP'' auf die xz-Ebene, PP''' auf die yz-Ebene zu fällen; sie bestimmen zu je zweien eine Ebene und diese drei Ebenen schneiden die drei Koordinatenachsen in den Punkten P_x, P_y, P_z. Hierdurch entsteht *der Koordinatenquader* von P, in dem der Koordinatenursprung O und der Punkt P gegenüberliegende und die Punkte P', P'', P''', P_x, P_y, P_z die übrigen Eckpunkte sind. Die Koordinaten von P sind, abgesehen von ihren Vorzeichen,

$$x = OP_x = P_y P' = P_z P'' = P''' P,$$
$$y = OP_y = P_x P' = P'' P = P_z P''',$$
$$z = OP_z = P' P = P_x P'' = P_y P''';$$

die Vorzeichen zeigen an, in welchem der acht Raumteile des Koordinatensystems P liegt, brauchen aber nicht benutzt zu werden, sobald derselbe aus anderen Angaben zu entnehmen ist.

Wird nun das Koordinatensystem zugleich mit dem Punkt P durch Parallelstrahlen auf eine Tafel Π projiziert, so folgen (siehe Fig. 138b) aus seinem Ursprung O und seinen Achsen der Punkt $\overline{O}$ und *die drei Bildachsen,* auf denen die Buchstaben $\overline{X}$, $\overline{Y}$, $\overline{Z}$ die positiven Richtungen der Koordinatenachsen andeuten mögen, ferner aus dem Punkt P sein *axonometrisches Bild* $\overline{P}$ und aus den Kanten des Koordinatenquaders (Nr. 7 und Nr. 9) dreimal vier untereinander gleiche und parallele Strecken

$$\overline{O}\,\overline{P_x} = \overline{P_y}\,\overline{P'} = \overline{P_z}\,\overline{P''} = \overline{P'''}\,\overline{P} = \overline{x},$$
$$\overline{O}\,\overline{P_y} = \overline{P_x}\,\overline{P'} = \overline{P''}\,\overline{P} = \overline{P_z}\,\overline{P'''} = \overline{y},$$
$$\overline{O}\,\overline{P_z} = \overline{P'}\,\overline{P} = \overline{P_x}\,\overline{P''} = \overline{P_y}\,\overline{P'''} = \overline{z}.$$

Die *Bildkoordinaten* $\overline{x}$, $\overline{y}$, $\overline{z}$ gestatten, wenn die Bildachsen bekannt sind, den Punkt $\overline{P}$ mit Hilfe eines Streckenzuges wie $\overline{O}\,\overline{P_x}\,\overline{P'}\,\overline{P}$ einzutragen und bestimmen ihn eindeutig, wenn durch ihre Vorzeichen oder in anderer Weise angegeben ist, inwiefern sie mit den positiven Sinnen der Bildachsen übereinstimmen.

Da nach Nr. 9 Strecken, die auf derselben oder auf parallelen Geraden liegen, dasselbe Änderungsverhältnis haben, gehören zu den drei Koordinatenachsen drei *Änderungsverhältnisse* $\lambda:1$, $\mu:1$, $\nu:1$ — oder kurz λ, μ, ν — derart, daß für jeden Punkt P und seinen axonometrischen Bildpunkt $\overline{P}$

$$\overline{O}\,\overline{P_x} = \lambda \cdot O P_x, \quad \overline{O}\,\overline{P_y} = \mu \cdot OP_y, \quad \overline{O}\,\overline{P_z} = \nu \cdot O P_z$$

oder

(1) $$\overline{x} = \lambda x, \quad \overline{y} = \mu y, \quad \overline{z} = \nu z$$

ist. Mithin sind die Bildkoordinaten $\overline{x}$, $\overline{y}$, $\overline{z}$ durch λ, μ, ν bestimmt, und es folgt der Satz:

Für einen Körper, der auf ein räumliches Koordinatensystem bezogen ist, kann ein axonometrisches Bild hergestellt werden, sobald die Bildachsen nebst den zugehörigen Änderungsverhältnissen bekannt sind.

Das Bild bleibt unverändert, wenn wir den Körper einer Schiebung (Nr. 33) in der Richtung der Projektionsstrahlen unterwerfen oder ihn mitsamt den Projektionsstrahlen an der Bildtafel Π spiegeln (Nr. 259). Im letzten Fall ändert sich jedoch die Sichtbarkeit; weil nämlich der

Beschauer (Nr. 15) stets auf derselben Seite von Π zu denken ist, wendet ihm der abgebildete Körper in zwei Lagen, die in bezug auf Π symmetrisch sind, gerade entgegengesetzte Teile seiner Oberfläche zu. Wir haben die Wahl, in welcher der beiden Lagen wir den Körper darstellen wollen, und dürfen deshalb sagen:

Für die Sichtbarkeit bestehen bei einem axonometrischen Bild stets zwei gleichberechtigte Möglichkeiten.

406. Wenn wir zu dem Punkt P, dessen räumliche Koordinaten x, y, z sind, einen Punkt P_1 hinzunehmen, dessen räumliche Koordinaten x_1, y_1, z_1 aus jenen sich durch Multiplikation mit einer Zahl $\varkappa$ ergeben ($x_1 = \varkappa x$, $y_1 = \varkappa y$, $z_1 = \varkappa z$), so liegen die beiden Punkte auf derselben durch O gehenden Geraden g so, daß $OP_1 = \varkappa \cdot OP$ ist. Infolgedessen liegen die Bildpunkte $\overline{P}$, $\overline{P}_1$ so auf der durch $\overline{O}$ laufenden Bildgeraden $\overline{g}$, daß (Nr. 8) $\overline{O}\,\overline{P}_1 = \varkappa \cdot \overline{O}\,\overline{P}$ ist; ferner sind nach (1) ihre Bildkoordinaten $\overline{x} = \lambda x$, $\overline{y} = \mu y$, $\overline{z} = \nu z$ und

$$\overline{x}_1 = \lambda x_1 = \varkappa \lambda x, \qquad \overline{y}_1 = \mu y_1 = \varkappa \mu y, \qquad \overline{z}_1 = \nu z_1 = \varkappa \nu z$$

oder, wenn wir $\lambda_1 = \varkappa \lambda$, $\mu_1 = \varkappa \mu$, $\nu_1 = \varkappa \nu$ setzen,

$$\overline{x}_1 = \lambda_1 x, \qquad \overline{y}_1 = \mu_1 y, \qquad \overline{z}_1 = \nu_1 z. \tag{2}$$

Verfahren wir in dieser Weise unter Benutzung derselben Zahl $\varkappa$ bei allen Punkten eines Körpers $\mathfrak{K}$ und seines axonometrischen Bildes $\overline{\mathfrak{K}}$, so erhalten wir einen Körper $\mathfrak{K}_1$ und sein axonometrisches Bild $\overline{\mathfrak{K}}_1$, und es sind $\mathfrak{K}_1$ zu $\mathfrak{K}$ und $\overline{\mathfrak{K}}_1$ zu $\overline{\mathfrak{K}}$ ähnlich in ähnlicher Lage mit den Ähnlichkeitspunkten O und $\overline{O}$. Wir dürfen (vgl. Nr. 3) $\overline{\mathfrak{K}}_1$ als einen Riß von $\mathfrak{K}$ auffassen, der in verändertem Maßstab gezeichnet ist, und können auch die Bildkoordinaten für die Punkte von $\overline{\mathfrak{K}}_1$ auf Grund der Gleichungen (2) unmittelbar aus den räumlichen Koordinaten von $\mathfrak{K}$ ableiten, indem wir die Zahlen λ_1, μ_1, ν_1 genau so wie auf Grund der Gleichungen (1) die Veränderungsverhältnisse λ, μ, ν benutzen. Deshalb nennen wir λ_1, μ_1, ν_1 *Änderungszahlen* und erweitern die Begriffsbestimmung von Nr. 404 in folgender Weise:

Sind für ein axonometrisches Bild eines Körpers $\overline{O}\,\overline{X}$, $\overline{O}\,\overline{Y}$, $\overline{O}\,\overline{Z}$ die Bildachsen und λ, μ, ν die Änderungsverhältnisse, so bezeichnen wir als ein axonometrisches Bild des Körpers in weiterem Sinn jeden Riß, der in derselben Weise wie jenes mit den Bildachsen $\overline{O}\,\overline{X}$, $\overline{O}\,\overline{Y}$, $\overline{O}\,\overline{Z}$ und den Änderungszahlen $\lambda_1 = \varkappa \lambda$, $\mu_1 = \varkappa \mu$, $\nu_1 = \varkappa \nu$ hergestellt wird.

Weil hierbei die Zahl $\varkappa$ beliebig gewählt werden darf, brauchen die Änderungsverhältnisse λ, μ, ν nicht selbst gegeben zu sein. Es genügt die Kenntnis ihrer Verhältnisse $\lambda : \mu : \nu$, um drei Zahlen λ_1, μ_1, ν_1 so wählen zu können, daß sie sich von λ, μ, ν um denselben Faktor unterscheiden. Hierdurch gewinnen wir für den Satz von Nr. 405 die folgende, allgemeinere Gestalt:

Für einen Körper, der auf ein räumliches Koordinatensystem bezogen ist, kann ein axonometrisches Bild (im weiteren Sinn) hergestellt werden, sobald die Bildachsen und die Verhältnisse $\lambda : \mu : \nu$ der Änderungsverhältnisse bekannt sind.

Der Hauptsatz.

407. Nach dem letzten Satz von Nr. 406 besteht die grundlegende Aufgabe der Axonometrie darin, für ein räumliches Koordinatensystem bei einer beliebigen Projektionsrichtung die Bildachsen $\overline{O}\,\overline{X}$, $\overline{O}\,\overline{Y}$, $\overline{O}\,\overline{Z}$ und die Verhältnisse $\lambda : \mu : \nu$ aufzufinden. Sie wird wesentlich vereinfacht durch den *Hauptsatz*:

Drei von einem Punkt $\overline{O}$ ausgehende Geraden $\overline{O}\,\overline{X}$, $\overline{O}\,\overline{Y}$, $\overline{O}\,\overline{Z}$ derselben Ebene und drei Zahlen λ^*, μ^*, ν^* können stets aufgefaßt werden als die Bildachsen eines axonometrischen Bildes und als Proportionalwerte der zugehörigen Änderungsverhältnisse λ, μ, ν ($\lambda : \mu : \nu = \lambda^* : \mu^* : \nu^*$).

Zu seinem Beweise nehmen wir eine beliebige Länge k^* und tragen auf die drei Geraden die Strecken

$$\overline{O}\,\overline{L} = \lambda^* k^*, \qquad \overline{O}\,\overline{M} = \mu^* k^*, \qquad \overline{O}\,\overline{N} = \nu^* k^*$$

auf. Der Beweis ist erbracht, sobald wir zeigen können, daß diese Strecken durch Parallelprojektion entstandene Risse von drei Strecken OL, OM, ON sind, die in einem Punkt O des Raumes aufeinander senkrecht stehen und dieselbe Länge k besitzen; denn wir dürfen dann die Geraden OL, OM, ON als die Achsen eines räumlichen Koordinatensystems auffassen, deren Risse $\overline{O}\overline{X}$, $\overline{O}\overline{Y}$, $\overline{O}\,\overline{Z}$ sind, und erhalten die zugehörigen Änderungsverhältnisse λ, μ, ν durch die Gleichungen

$$\lambda = \frac{\overline{O}\,\overline{L}}{OL} = \frac{k^*}{k}\lambda^*, \qquad \mu = \frac{\overline{O}\,\overline{M}}{OM} = \frac{k^*}{k}\mu^*, \qquad \nu = \frac{\overline{O}\,\overline{N}}{ON} = \frac{k^*}{k}\nu^*,$$

aus denen $\lambda : \mu : \nu = \lambda^* : \mu^* : \nu^*$ folgt. Wir müssen also den (nach seinem Entdecker benannten) *Pohlkeschen Satz* beweisen:

Irgend drei von einem Punkt $\overline{O}$ ausgehende Strecken $\overline{O}\,\overline{L}$, $\overline{O}\,\overline{M}$, $\overline{O}\,\overline{N}$ einer Ebene Π können stets als ein durch Parallelprojektion entstandener Riß von drei Strecken OL, OM, ON aufgefaßt werden, die in einem Punkt O des Raumes aufeinander senkrecht stehen und gleich lang sind.

Für den Beweis setzen wir voraus, daß von den vier Punkten $\overline{L}$, $\overline{M}$, $\overline{N}$, $\overline{O}$ keine zwei zusammenfallen und keine drei in einer Geraden liegen; aber er läßt sich leicht auch für die hierdurch ausgeschlossenen Fälle umformen mit Ausnahme derer, in denen die Strecken sämtlich in einer Geraden liegen oder mehr als eine von ihnen gleich Null ist. In dem Hauptsatz müssen wir also die Fälle ausschließen, in denen die drei Bildachsen in eine Gerade fallen oder zwei von den Zahlen λ^*, μ^*, ν^* gleich Null sind.

408. Für unseren Beweis schneiden wir in der Ebene Π die Geraden $\overline{O}\,\overline{N}$ und $\overline{L}\,\overline{M}$ in dem mit zwei Buchstaben zu bezeichnenden Punkt $\overline{Q} \equiv \overline{R}$. Ferner denken wir uns, wie es in Fig. 137 durch einen

Schrägriß angedeutet ist, im Raum drei Strecken O_1L_1, O_1M_1, O_1N_1, die in O_1 aufeinander senkrecht stehen und dieselbe, im übrigen beliebige Länge haben. Auf den Geraden O_1N_1 und L_1M_1 seien die Punkte Q_1 und R_1 in derselben Anordnung wie die Punkte $\overline{O}$, $\overline{N}$, $\overline{Q}$ und die Punkte $\overline{L}$, $\overline{M}$, $\overline{R}$ so bestimmt, daß die Verhältnisgleichungen

$$(3) \qquad N_1Q_1 : N_1O_1 = \overline{N}\,\overline{Q} : \overline{N}\,\overline{O}\,, \qquad L_1R_1 : R_1M_1 = \overline{L}\,\overline{R} : \overline{R}\,\overline{M}$$

gelten. Das dreiseitige Prisma, dessen Kanten parallel zu Q_1R_1 durch L_1, M_1, N_1 laufen, wird nach Nr. 138 durch zwei Scharen paralleler Ebenen in Dreiecken geschnitten, die zu $\Delta\,\overline{L}\,\overline{M}\,\overline{N}$ ähnlich sind. Ist nun (Fig. 137) E eine solche Ebene und sind $\overline{L_1}$, $\overline{M_1}$, $\overline{N_1}$, $\overline{O_1}$, $\overline{Q_1} \equiv \overline{R_1}$ ihre Schnittpunkte mit den Geraden, die wir parallel zu Q_1R_1 durch L_1, M_1, N_1, O_1 legen können, und mit Q_1R_1 selbst, so ist

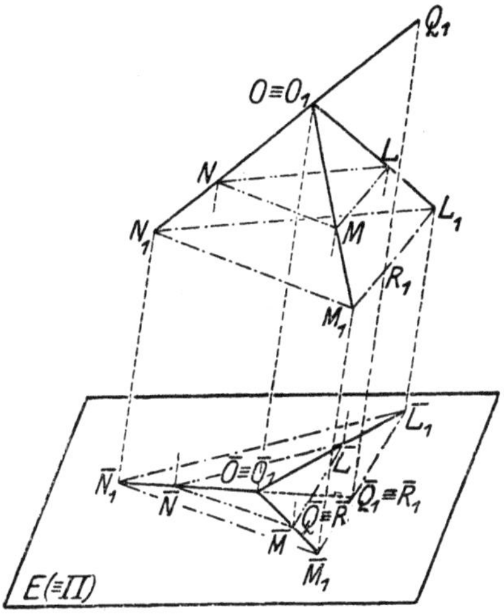

Fig. 137.

$$(4) \qquad \Delta\,\overline{L_1}\,\overline{M_1}\,\overline{N_1} \sim \Delta\,\overline{L}\,\overline{M}\,\overline{N}$$

und, da wir die in E entstandene Figur als einen Schrägriß der durch L_1, M_1, N_1, O_1, Q_1, R_1 gebildeten Figur auffassen dürfen, $\overline{Q_1} \equiv \overline{R_1}$ der Schnittpunkt der Geraden $\overline{O_1}\,\overline{N_1}$ und $\overline{L_1}\,\overline{M_1}$, sowie

$$\overline{N_1}\,\overline{Q_1} : \overline{N_1}\,\overline{O_1} = N_1Q_1 : N_1O_1\,, \qquad \overline{L_1}\,\overline{R_1} : \overline{R_1}\,\overline{M_1} = L_1R_1 : R_1M_1\,.$$

Die letzten Gleichungen ergeben im Verein mit (3) die Gleichungen

$$\overline{N_1}\,\overline{Q_1} : \overline{N_1}\,\overline{O_1} = \overline{N}\,\overline{Q} : \overline{N}\,\overline{O}\,, \qquad \overline{L_1}\,\overline{R_1} : \overline{R_1}\,\overline{M_1} = \overline{L}\,\overline{R} : \overline{R}\,\overline{M}\,,$$

und diese zeigen im Verein mit (4), daß die in E entstandene Figur der in Π gegebenen Figur ähnlich ist.

Wegen der Ähnlichkeit der Figuren $\overline{O}\,\overline{L}\,\overline{M}\,\overline{N}$ und $\overline{O_1}\,\overline{L_1}\,\overline{M_1}\,\overline{N_1}$ dürfen wir uns die Ebene E so verschoben denken, daß sie mit Π zusammenfällt und daß $\overline{O_1}$ auf $\overline{O}$ und $\overline{L_1}$, $\overline{M_1}$, $\overline{N_1}$, $\overline{Q_1}$ auf die Strecken $\overline{O}\,\overline{L}$, $\overline{O}\,\overline{M}$, $\overline{O}\,\overline{N}$, $\overline{O}\,\overline{Q}$ oder auf ihre Verlängerungen über $\overline{L}$, $\overline{M}$, $\overline{N}$, $\overline{Q}$ hinaus zu liegen kommen. Denken wir uns dabei die räumliche Figur $O_1L_1M_1N_1$ mit E fest verbunden und mitgenommen, so entsteht die in Fig. 137 durch einen Schrägriß dargestellte Figur. In ihr erscheinen $\overline{L}$, $\overline{M}$, $\overline{N}$ für die durch Q_1R_1 gegebene Projektionsrichtung als die Risse von drei Punkten L, M, N, die auf den Geraden O_1L_1, O_1M_1, O_1N_1 liegen. Die Ähnlichkeit der in $E \equiv \Pi$ liegenden Figuren und der erste Satz von Nr. 8 liefern, wenn wir den Punkt O_1 auch mit O bezeichnen, die Beziehungen

$$\overline{O}\,\overline{L} : \overline{O_1}\,\overline{L_1} = \overline{O}\,\overline{M} : \overline{O_1}\,\overline{M_1} = \overline{O}\,\overline{N} : \overline{O_1}\,\overline{N_1}\,,$$

$$OL : O_1L_1 = \overline{O}\,\overline{L} : \overline{O_1}\,\overline{L_1}\,,\; OM : O_1M_1 = \overline{O}\,\overline{M} : \overline{O_1}\,\overline{M_1}\,,\; ON : O_1N_1 = \overline{O}\,\overline{N} : \overline{O_1}\,\overline{N_1}\,;$$

aus ihnen folgt:

$$OL : O_1L_1 = OM : O_1M_1 = ON : O_1N_1$$

und, da wir $O_1L_1 = O_1M_1 = O_1N_1$ vorausgesetzt haben,

$$OL = OM = ON.$$

Wir haben also drei Strecken OL, OM, ON gefunden, die aufeinander senkrecht stehen, die einander gleich sind und aus denen die in Π gegebenen Strecken $\overline{O}\,\overline{L}$, $\overline{O}\,\overline{M}$, $\overline{O}\,\overline{N}$ durch Parallelprojektion hervorgehen. Hiermit ist der Pohlkesche Satz und folglich auch der Hauptsatz bewiesen.

Die drei Strecken OL, OM, ON sind jedoch, da wir oben die Ebene E aus zwei Scharen von parallelen Ebenen herausgegriffen haben, nicht die einzigen mit diesen Eigenschaften; vielmehr folgen aus ihnen zwei Scharen von Streckentripeln in der Weise, die im letzten Absatz von Nr. 405 geschildert wurde.

Schiefe Axonometrie.

409. Nach dem Hauptsatz von Nr. 407 dürfen wir für ein axonometrisches Bild eines Körpers, der auf ein räumliches Koordinatensystem bezogen ist, *die Bestimmungsstücke*, d. h. die Bildachsen $\overline{O}\,\overline{X}$, $\overline{O}\,\overline{Y}$, $\overline{O}\,\overline{Z}$ und die Proportionalwerte λ^*, μ^*, ν^* der Änderungsverhältnisse, beliebig wählen. Dann sind — bis auf eine unwesentliche Mehrdeutigkeit (vgl. den letzten Absatz von Nr. 405) — die Stellung des Körpers gegen die Bildtafel, die Richtung der Projektionsstrahlen und die Werte λ, μ, ν der Änderungsverhältnisse bestimmt; aber sie bleiben unbekannt, wenn zu ihrer Ermittlung nicht eigene Konstruktionen ausgeführt werden. Wollen wir diese vermeiden, so können wir nicht auf die in Nr. 405 angegebene Weise ein axonometrisches Bild im engeren Sinn zeichnen, sondern müssen nach Nr. 406 Änderungszahlen λ_1, μ_1, ν_1 einführen, die der Gleichung

$$\lambda_1 : \mu_1 : \nu_1 = \lambda^* : \mu^* : \nu^* \; (= \lambda : \mu : \nu) \tag{5}$$

genügen; dadurch erhalten wir ein axonometrisches Bild im weiteren Sinn, bei dem wir jedoch den Faktor $\varkappa = \frac{\lambda_1}{\lambda} = \frac{\mu_1}{\mu} = \frac{\nu_1}{\nu}$ nicht kennen. *Wir wählen die Zahlen λ_1, μ_1, ν_1 so, daß ein Bild von angemessener Größe entsteht.*

Den Zusammenhang, in dem die Bestimmungsstücke eines axonometrischen Bildes zu der Stellung des abgebildeten Körpers und zu der Projektionsrichtung steht, brauchen wir auch nicht genau zu kennen, wenn wir Fingerzeige für die Erzielung anschaulicher Bilder gewinnen wollen; vielmehr genügen einige, auf Erfahrungstatsachen beruhende Überlegungen. Zunächst muß die Stellung, die der Körper im Bilde einzunehmen scheint, einer ihm natürlichen Stellung nahekommen. ***Wir denken uns deshalb in der Regel die Bildtafel scheitelrecht vor dem Beschauer stehend, nehmen in ihr die Bildachse $\overline{O}\,\overline{Z}$ scheitelrecht nach*** *oben gerichtet und legen auch die Z-Achse des räumlichen Koordinatensystems, auf das wir den abzubildenden Körper beziehen, so, daß sie in einer ihm natürlichen Stellung scheitelrecht sein würde.*

Was ferner die Projektionsrichtung angeht, so sind wir gewöhnt, sowohl einen Körper als auch eine Zeichnung mit gerader Blickrichtung zu betrachten; infolgedessen machen Bilder, bei denen die Projektionsstrahlen nicht steil auf die Bildtafel fallen, einen verzerrten Eindruck. Die Projektionsstrahlen treffen aber die Bildtafel nur dann rechtwinklig, wenn die Bestimmungsstücke des Bildes gewisse Bedingungen erfüllen. Wir unterscheiden nun *die rechtwinklige Axonometrie* von der allgemeinen *schiefen Axonometrie* und dürfen sagen, daß nur die erstere und nur die ihr nahekommenden Fälle der letzteren günstig wirkende Bilder liefern. In diesen Fällen sind die Änderungsverhältnisse λ, μ, ν echte Brüche (vgl. Nr. 9 und Nr. 47); da jedoch die scheitelrechten Erstreckungen der von uns gesehenen Körper immer am wenigsten verkürzt erscheinen, darf ν nicht kleiner als λ und μ sein. *Deshalb nehmen wir ν^* niemals kleiner als λ^* und μ^*.*

Im übrigen wählen wir die Zahlen λ^*, μ^*, ν^* so, daß die Änderungszahlen λ_1, μ_1, ν_1 für die Ermittlung der Bildkoordinaten bequeme Werte erhalten können. Es ist dann möglich (Nr. 419), die Winkel zwischen den zugehörigen Bildachsen für rechtwinklige Axonometrie zu berechnen; ändern wir diese nur wenig ab, so erhalten wir Fälle der schiefen Axonometrie, die der rechtwinkligen nahekommen. Wir geben zwei solche Fälle an, indem wir das Zeichen $\backsim$ für den Begriff *ungefähr gleich* setzen:

Für die schiefe Axonometrie sind geeignete Gruppen von Bestimmungsstücken:

(I) $\lambda^* = 2,\ \mu^* = 1,\ \nu^* = 2;\quad \sphericalangle \overline{X}\overline{O}\overline{Z} \backsim 100°,\ \sphericalangle \overline{Y}\overline{O}\overline{Z} \backsim 130°.$

(II) $\lambda^* = 9,\ \mu^* = 5,\ \nu^* = 10;\quad \sphericalangle \overline{X}\overline{O}\overline{Z} \backsim 95°,\ \sphericalangle \overline{Y}\overline{O}\overline{Z} \backsim 105°.$

410. Ein Körper, von dem ein axonometrisches Bild herzustellen ist, muß so gegeben sein, daß wir ihn auf ein Koordinatensystem beziehen und die Koordinaten seiner Punkte bequem ermitteln können. *Sind für den abzubildenden Körper Grund- und Aufriß in einer Stellung gezeichnet, in der seine Hauptrichtungen zu den beiden Rißtafeln parallel und senkrecht sind, so legen wir die Koordinatenachsen in diese Hauptrichtungen* — und zwar nach dem zweiten Absatz von Nr. 409 die z-Achse in die scheitelrechte, so daß die xy-Ebene zu der Grundrißtafel und entweder die xz- oder die yz-Ebene zu der Aufrißtafel parallel ist; dann können die Koordinaten der einzelnen Punkte in den Rissen unmittelbar in wahrer Größe abgegriffen werden. So wurden in Fig. 138a drei Kanten, die in einer rechtwinkligen Ecke O des dargestellten Körpers zusammenstoßen, als die Koordinatenachsen OX, OY, OZ genommen, und es sind die räumlichen Koordinaten x, y, z eines Punktes P die lotrechten Abstände, die sein Grundriß P' von $O'Y'$ und $O'X'$, sowie sein Aufriß P'' von $O''X''$ besitzt (vgl. Nr. 405).

Die Ableitung der Bildkoordinaten $\bar{x}$, $\bar{y}$, $\bar{z}$ aus den räumlichen Koordinaten x, y, z geschieht nach den gewählten Veränderungszahlen λ_1, μ_1, ν_1 auf Grund der Gleichungen (2) entweder durch Berechnung und Abmessung an einem Millimetermaßstab oder mit Hilfe eines *Proportionalzirkels* oder in der Weise, die in Fig. 138a angegeben ist: Dort sind die Strecken der y-Richtung, um sie mit μ_1 ($= 1/_2$) zu multiplizieren, auf eine Gerade s ($\| O'Y'$) übertragen und von dieser auf eine zu ihr parallele Gerade t aus einem Punkt S projiziert, dessen Abstände von t und s das Verhältnis μ_1 ($= 1/_2$) haben.

Nach der Festlegung der Bildachsen $\bar{O}\bar{X}$, $\bar{O}\bar{Y}$, $\bar{O}\bar{Z}$ müssen wir endlich die Bilder der einzelnen Punkte des gegebenen Körpers nach Nr. 405 mit Hilfe von Streckenzügen — wie $\bar{O}\bar{P}_x$ $\bar{P}'\bar{P}$ in Fig. 138b — eintragen. Doch lassen sich die hierzu nötigen Schritte für eine größere Anzahl von Punkten übersichtlich zusammenfassen: Wir dürfen ja, da die xy-Ebene zu der Grundrißtafel parallel ist, den gegebenen Grundriß als unmittelbar in ihr liegend annehmen. Dann ist er der Inbegriff der in der xy-Ebene enthaltenen Teile der einzelnen Koordinatenquader und folglich sein axonometrisches Bild — der *axonometrische Grundriß* — der Inbegriff der Strecken jener Streckenzüge, die zu den Bildachsen $\bar{O}\bar{X}$ oder $\bar{O}\bar{Y}$ parallel sind. Der axonometrische Grundriß aber, dessen geometrische Eigenschaften aus denen des Grundrisses selbst nach den Gesetzen der Parallelprojektion folgen, kann in der Regel bereits aus einer geringeren Anzahl von Punkten konstruiert werden, so daß nur diese Punkte durch Streckenzüge — wie in Fig. 138b der Punkt $\bar{P}'$ durch $\bar{O}\bar{P}_x = O'P'_x$, $\bar{P}_x\bar{P}' \| \bar{O}\bar{Y}$ und $\bar{P}_x\bar{P}' = 1/_2\, P'_x P'$ — bestimmt werden müssen. *Wir ermitteln deshalb die sämtlichen Punkte des axonometrischen Bildes eines gegebenen Körpers dadurch, daß wir den axonometrischen Grundriß zeichnen und von seinen Punkten aus die zu der Bildachse* $\bar{O}\bar{Z}$ *parallelen Bildkoordinaten* ($\bar{P}'\bar{P}$ für den Punkt $\bar{P}$ in Fig. 138b) *eintragen.* Sollte der axonometrische Grundriß unübersichtlich sein, so können wir in ähnlicher Weise das axonometrische Bild des in die xz- oder in die yz-Ebene gelegten Aufrisses benutzen wie in Fig. 138d.

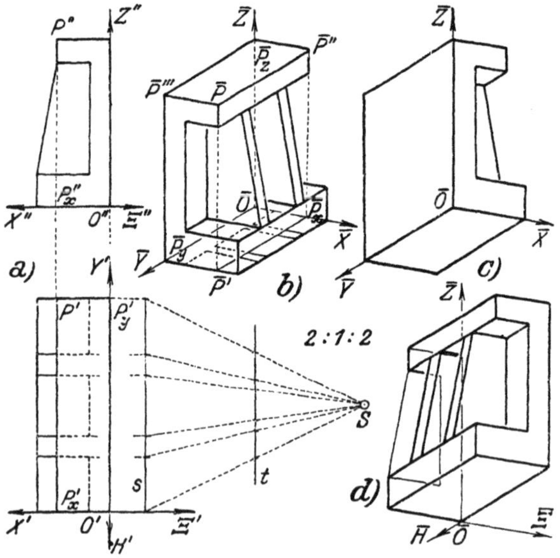

Fig. 138.

411. Nunmehr sind wir ohne weiteres imstande, axonometrische Bilder von ebenflächig begrenzten Körpern zu zeichnen, die durch Grund- und Aufriß gegeben sind. Wir zeigen dies an der

Aufgabe: *Gegeben* sind in Fig. 138a die Risse eines kurzen, versteiften Trägers. *Gefordert* ist die Herstellung eines axonometrischen Bildes.

Die Bestimmungsstücke des axonometrischen Bildes wählen wir für Fig. 138b nach der Angabe (I) von Nr. 409 und nehmen die Änderungszahlen $\lambda_1 = 1$, $\mu_1 = {}^1/_2$, $\nu_1 = 1$. Hierauf legen wir nach dem ersten Absatz von Nr. 410 die Achsen OX, OY, OZ des räumlichen Koordinatensystems fest, indem wir in Fig. 138a ihre Risse bezeichnen, und lassen dabei $O'Y'$ in die größere Erstreckung des Grundrisses fallen, weil die Verkürzung derselben durch $\mu_1 = {}^1/_2$ den Eindruck des entstehenden Bildes günstig beeinflußt. Infolgedessen sind die zu $\overline{O}\overline{X}$ parallelen Bildkoordinaten unmittelbar im Grundriß von Fig. 138a als lotrechte Abstände von $O'Y'$ abzugreifen, während wir für die zu $\overline{O}\overline{Y}$ parallelen Bildkoordinaten einen Verjüngungsmaßstab nach dem zweiten Absatz von Nr. 410 herstellen müssen. Nunmehr zeichnen wir in Fig. 138b nach dem dritten Absatz von Nr. 410 den axonometrischen Grundriß, indem wir auf $\overline{O}\overline{X}$ und $\overline{O}\overline{Y}$ die zugehörigen Bildkoordinaten von $\overline{O}$ aus auftragen und durch die Endpunkte dieser Strecken die Parallelen zu $\overline{O}\overline{Y}$ und $\overline{O}\overline{X}$ ziehen. Von den Punkten des axonometrischen Grundrisses aus legen wir die zu $\overline{O}\overline{Z}$ parallelen Bildkoordinaten, deren Längen wir unmittelbar im Aufriß von Fig. 138a als lotrechte Abstände von $O''X''$ abgreifen. Ihre Endpunkte sind der Gestalt des gegebenen Körpers entsprechend geradlinig zu verbinden; dabei bestimmen wir nach Nr. 15 usw. den scheinbaren Umriß und die Sichtbarkeit, für die nach dem letzten Satz von Nr. 405 zwei Möglichkeiten bestehen.

Selbstverständlich ist bei einem axonometrischen Bild Wert darauf zu legen, daß es gerade die wesentlichen Teile des dargestellten Körpers zeigt; Fig. 138b genügt dieser Anforderung, weniger dagegen Fig. 138c, in der dasselbe axonometrische Bild in der entgegengesetzten Sichtbarkeit ausgeführt ist. Aber es kommt noch ein zweiter Gesichtspunkt hinzu: In Fig. 138b haben wir eine *Obersicht*, in Fig. 138c eine *Untersicht* erhalten; ist eine Untersicht erwünscht, die den Körper zugleich von derselben Seite wie Fig. 138b zeigt, so müssen wir in Fig. 138a die Koordinatenachsen anders richten und erhalten z. B. mit den Achsen $O\Xi$ und OH das Bild von Fig. 138d.

Konstruktionen in schiefer Axonometrie.

412. Auch für krummflächig begrenzte Körper können wir in der Weise von Nr. 411 axonometrische Bilder herstellen und dabei die Bildkurven von Kreisen und Kegelschnitten dadurch gewinnen, daß wir die zu ihrer Konstruktion nach Nr. 171, Nr. 236, Nr. 253 nötigen Stücke, diejenigen anderer Kurven aber dadurch, daß wir eine hinreichende Anzahl von Punkten aus den gegebenen Rissen in das axonometrische Bild übertragen. Für die Untersuchung der Umrißkurven einer krummen Fläche ist stets die Kenntnis der Projektionsrichtung erforderlich; ohne sie kann man sich dadurch helfen, daß man die axonometrischen Bilder von mehreren, auf der Fläche liegenden Kurven herstellt und als ihre Hüllkurve auf Grund des zweiten Satzes von Nr. 266 die Kurve des scheinbaren Umrisses einzeichnet.

In einfachen Fällen brauchen wir die gegebenen Risse nicht dauernd zu Hilfe zu ziehen, sondern können unmittelbar in dem axonometrischen Bild konstruieren, auch wenn es sich nicht nur um Kegelschnittsbögen handelt. Ein Beispiel solcher *Konstruktionen in schiefer Axonometrie* gibt die

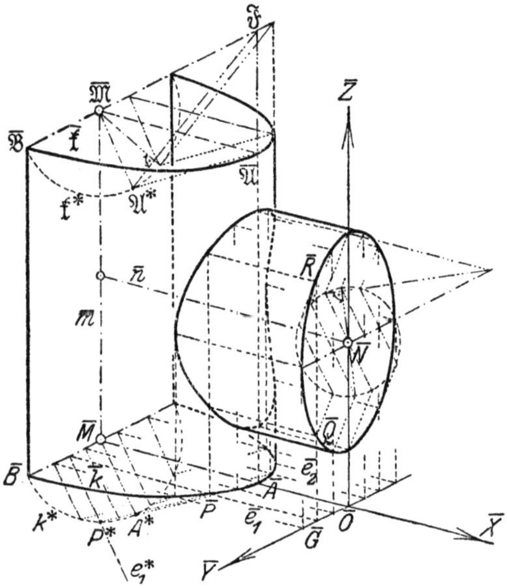

Fig. 139.

Aufgabe: *Gegeben* sind für das axonometrische Bild eines geraden Kreiszylinders, dessen Leitkreis in der xy-Ebene liegt, die Bildachsen $\overline{O}\,\overline{X}$, $\overline{O}\,\overline{Y}$, $\overline{O}\,\overline{Z}$, die Änderungszahlen λ_1, μ_1, ν_1, die Bildgerade der Mittellinie m ($\overline{m} \parallel \overline{O}\,\overline{Z}$) nebst den Bildpunkten der Mittelpunkte $\overline{M}$, $\overline{\mathfrak{M}}$ des Leitkreises k und des oberen begrenzenden Kreises $\mathfrak{k}$, sowie der Halbmesser r der beiden Kreise. *Gefordert* ist das axonometrische Bild des geraden Kreiszylinders.

Wir legen in Fig. 139, in der nur eine Hälfte des Kreiszylinders gezeichnet ist, durch $\overline{M}$ und $\overline{\mathfrak{M}}$ die Parallelen zu $\overline{O}\,\overline{X}$, $\overline{O}\,\overline{Y}$ und tragen auf ihnen die Strecken $\overline{M}\,\overline{A} = \overline{\mathfrak{M}}\,\overline{\mathfrak{A}} = \lambda_1 r$, $\overline{M}\,\overline{B} = \overline{\mathfrak{M}}\,\overline{\mathfrak{B}} = \mu_1 r$ ab; diese sind die Bilder von je zwei Halbmessern von k und $\mathfrak{k}$, die zu OX, OY parallel sind, und somit je zwei konjugierte Halbmesser der Bildellipsen $\overline{k}$ und $\overline{\mathfrak{k}}$, die wir nach Nr. 170 zeichnen. Die beiden Ellipsen entstehen nach dem letzten Satz von Nr. 174 auseinander durch Schiebung in der Richtung von $\overline{m}$ und besitzen infolgedessen zwei zu $\overline{m}$ parallele gemeinsame Tangenten, die nach dem letzten Satz von Nr. 187 den scheinbaren Umriß der Kreiszylinderfläche bilden. Diese Tangenten können wir durch Anlegen des Lineales an die sorgfältig gezeichneten Ellipsen ermitteln, solange wir sie selbst und insbesondere ihre Berührungspunkte nicht zu weiteren Konstruktionen brauchen.

Zur genauen Ermittlung der beiden Tangenten und ihrer Berührungspunkte suchen wir etwa für die Ellipse $\overline{\mathfrak{k}}$ die zu $\overline{m}$ parallelen Tangenten auf und benutzen dazu die Bemerkung von Nr. 151, daß $\overline{\mathfrak{k}}$ das affine Bild des Kreises $\mathfrak{k}^*$ ist, den wir um $\overline{\mathfrak{M}}$ mit dem Halbmesser $\overline{\mathfrak{M}}\,\overline{\mathfrak{B}}$ schlagen. Diese Affinität ist bestimmt durch die Affinitätsachse $\overline{\mathfrak{M}}\,\overline{\mathfrak{B}}$ und dadurch, daß der Punkt $\overline{\mathfrak{A}}$ dem Endpunkt $\mathfrak{A}^*$ des einen zu $\overline{\mathfrak{M}}\,\overline{\mathfrak{B}}$ senkrechten Halbmessers von $\mathfrak{k}^*$ entspricht. Legen wir nun durch $\overline{\mathfrak{A}}$ die Parallele zu $\overline{m}$ und schneiden sie mit $\overline{\mathfrak{M}}\,\overline{\mathfrak{B}}$ in $\mathfrak{F}$, so entspricht sie der Geraden $\mathfrak{F}\mathfrak{A}^*$ und folglich jede zu $\overline{m}$ parallele Tangente von $\overline{\mathfrak{k}}$ einer zu $\mathfrak{F}\mathfrak{A}^*$ parallelen Tangente von $\mathfrak{k}^*$. Diese beiden Tangenten von $\mathfrak{k}^*$ nebst ihren Berührungspunkten finden wir durch den zu $\mathfrak{F}\mathfrak{A}^*$ senkrechten Durchmesser von $\mathfrak{k}^*$ und leiten aus ihnen nach Nr. 151 die gesuchten Tangenten von $\overline{\mathfrak{k}}$ und ihre Berührungspunkte ab; von den letzteren liegen die Punkte, in denen die Tangenten die untere Bildellipse $\overline{k}$ berühren, um Strecken von der Länge $\overline{\mathfrak{M}}\,\overline{M}$ entfernt.

413. Ein weiteres Beispiel liefert die

Aufgabe: *Gegeben* sind für das axonometrische Bild zweier geraden Kreiszylinder, deren Leitkreise in der xy- und der yz-Ebene liegen, die Bildachsen $\overline{O}\,\overline{X}$, $\overline{O}\,\overline{Y}$, $\overline{O}\,\overline{Z}$, die Änderungszahlen λ_1, μ_1, ν_1, die Bildgeraden der Mittellinien m, n ($\overline{m} \parallel \overline{O}\,\overline{Z}$, $\overline{n} \parallel \overline{O}\,\overline{X}$), die Bildpunkte der Mittelpunkte M, N der Leitkreise und die Halbmesser derselben. *Gefordert* ist die Herstellung des axonometrischen Bildes der Rohrverbindung, die aus den beiden in einer Verschneidungslinie zusammenstoßenden Kreiszylindern besteht.

Zunächst zeichnen wir in Fig. 139 wie in Nr. 412 die axonometrischen Bilder der beiden Kreiszylinder unter genauer Ermittlung ihrer Umrißerzeugenden. Darauf konstruieren wir die Bildkurve der Verschneidungslinie nach dem Verfahren von Nr. 285 durch Hilfsebenen, die zu der xz-Ebene parallel sind. Ist E eine solche Hilfsebene und trifft sie die y-Achse in G, so laufen die Spuren e_1 und e_2, die sie in der xy- und der yz-Ebene besitzt, durch G parallel zu der x- und der z-Achse; sie schneiden die Leitkreise der beiden Kreiszylinder in den Fußpunkten P und Q, R der in E liegenden Erzeugenden[1]). Wir wählen also in Fig. 139 auf $\overline{O}\,\overline{Y}$ einen Punkt $\overline{G}$, ziehen durch ihn die Geraden $\overline{e_1} \parallel \overline{O}\,\overline{X}$, $\overline{e_2} \parallel \overline{O}\,\overline{Z}$ und schneiden sie mit den Bildellipsen der Leitkreise in $\overline{P}$ und $\overline{Q}$, $\overline{R}$; wenn wir dann durch $\overline{P}$ parallel zu $\overline{m}$ und durch $\overline{Q}$, $\overline{R}$ parallel zu $\overline{n}$ die Bildgeraden der in E liegenden Zylindererzeugenden eintragen, so sind ihre Schnittpunkte zwei Punkte der gesuchten Bildkurve.

Um die Punkte $\overline{P}$, $\overline{Q}$, $\overline{R}$ genau zu ermitteln, verfahren wir im Anschluß an Nr. 151 folgendermaßen: Die Bildellipse $\overline{k}$ des einen Leitkreises ist ein affines Bild des Kreises k^*, dessen Mittelpunkt $\overline{M}$ und

[1]) Da in Fig. 139 nur eine Hälfte des stehenden Kreiszylinders gezeichnet ist, kommt für ihn nur eine Erzeugende nebst ihrem Fußpunkt in Betracht.

dessen Halbmesser $\overline{M}\,\overline{B}$ ist; die Affinität ist bestimmt durch ihre Achse $\overline{M}\,\overline{B}$ und dadurch, daß dem einen Endpunkt A^* des zu $\overline{M}\,\overline{B}$ senkrechten Durchmessers von k^* der Punkt $\overline{A}$ entspricht. Die zu $\overline{M}\,\overline{A}$ parallele Gerade $\overline{e}_1$ entspricht der Geraden e_1^*, die parallel zu $\overline{M}A^*$ durch den Schnittpunkt zwischen $\overline{M}\overline{B}$ und $\overline{e}_1$ läuft, und folglich der in Betracht kommende Schnittpunkt $\overline{P}$ zwischen $\overline{e}_1$ und $\overline{k}$ dem einen Schnittpunkt P^* zwischen e_1^* und k^*. Deshalb finden wir $\overline{P}$ dadurch, daß $P^*\overline{P} \parallel A^*\overline{A}$, und können in derselben Weise $\overline{Q}$, $\overline{R}$ bestimmen.

Wir verteilen die Hilfsebenen so, daß wir für die Bildkurve der Verschneidungslinie eine genügende Anzahl von Punkten erhalten — unter ihnen zwei Punkte mit zu $\overline{m}$ parallelen Tangenten (Nr. 278) und die Punkte auf den scheinbaren Umrissen der beiden Kreiszylinder. Ferner liefert die xz-Ebene selbst, da sie m und n enthält und somit Symmetrieebene der Verschneidungslinie ist (Nr. 276) zwei auf $\overline{A}\,\overline{Q}$ liegende Punkte, deren Tangenten zu $\overline{O}\,\overline{Y}$ parallel sind (Nr. 260). Die Sichtbarkeit des axonometrischen Bildes wählen wir so, daß eine Obersicht entsteht, und erkennen dann aus der Anordnung der Punkte auf $\overline{O}\,\overline{Y}$, daß die Hilfsebene, in der die Umrißerzeugende des stehenden Kreiszylinders liegt, hinter den beiden Hilfsebenen steht, die durch die Umrißerzeugenden des anderen Kreiszylinders gehen; wir müssen also die letzten beiden Umrißerzeugenden als vor der ersten liegend ausziehen und finden zugleich, welches der sichtbare Teil der Bildkurve der Verschneidungslinie ist.

Kavalierperspektive.

414. In einem Fall der schiefen Axonometrie sind die Stellung des räumlichen Koordinatensystems und des Körpers, die Richtung der Projektionsstrahlen und die Werte λ, μ, ν der Änderungsverhältnisse ohne weiteres bekannt. Wählen wir nämlich bei den Bestimmungsstücken des axonometrischen Bildes

$$\overline{O}\,\overline{X} \perp \overline{O}\,\overline{Z}\,, \qquad \lambda = \nu = 1\,, \tag{6}$$

so folgt nach dem ersten Satz von Nr. 10 und nach dem Hauptsatz von Nr. 407, daß in dem räumlichen Koordinatensystem die xz-Ebene zu der Bildtafel parallel sein muß. Dann sind die Bilder aller ebenen Figuren, die in der xz-Ebene oder in ihr parallelen Ebenen liegen, den Figuren selbst kongruent; dagegen stehen die y-Achse und die zu ihr parallelen Strecken auf der Bildtafel senkrecht und bilden sich ab in die Bildachse $\overline{O}\,\overline{Y}$ und in Strecken, die zu dieser parallel sind und deren Längen sich aus dem Änderungsverhältnis μ ergeben. Wir haben also genau das Abbildungsverfahren, das wir in Nr. 12 zur Herstellung einfacher Schrägrisse einführten; wie dort ist durch die Bildstrecke einer Strecke, die mit bekannter Länge auf der y-Achse liegt, das zugehörige Änderungsverhältnis μ und die Projektionsrichtung bestimmt. Auf diesen Fall der schiefen Axonometrie ist von einem ihm untergeordneten Verfahren der alten Festungsbaukunst der Name *Kavalierperspektive* übertragen worden.

Für ein Bild in Kavalierperspektive steht außer den durch (6) festgelegten Bestimmungsstücken die Wahl der Bildachse $\overline{O}\overline{Y}$ *und des zugehörigen Änderungsverhältnisses* μ *frei.* Denken wir uns die positive y-Achse des räumlichen Koordinatensystems stets nach der Seite des Beschauers zeigend, so erhalten wir — wiederum $\overline{O}\overline{Z}$ scheitelrecht nach oben richtend — eine *Obersicht*, wenn $\sphericalangle \overline{Y}\overline{O}\overline{Z} > 90°$, und eine *Untersicht*, wenn $\sphericalangle \overline{Y}\overline{O}\overline{Z} < 90°$. Die Proportionalwerte λ^*, μ^*, ν^* brauchen wir nicht erst einzuführen; wir nehmen, um durch einen möglichst steilen Einfall der Projektionsstrahlen die Anschaulichkeit des Bildes zu erhöhen, $\mu \leqq {}^1/_2$ und haben dann noch die Änderungszahlen λ_1, μ_1, ν_1 ($\lambda_1 : \mu_1 : \nu_1 = 1 : \mu : 1$) entsprechend der gewünschten Größe des Bildes zu bestimmen.

Von einem durch Grund- und Aufriß gegebenen Körper stellt man ein Bild in Kavalierperspektive nach den Anweisungen von Nr. 410 her, jedoch unter Hinzuziehung der folgenden Umstände: Die Figuren, in denen der Körper durch die Parallelebenen der xz-Ebene geschnitten wird, bilden sich in wahrer Gestalt ab. Die Figuren, in denen der Körper durch die Parallelebenen der xy- und der yz-Ebene geschnitten wird, können in die xz-Ebene umgelegt werden; die Umlegung einer solchen Figur ist in wahrer Gestalt zu zeichnen (Nr. 107) und gestattet auf Grund des ersten Satzes von Nr. 127, das Bild der Figur nach den Gesetzen der Affinität abzuleiten.

Da hierdurch manche Konstruktion sich im Verhältnis zu der allgemeinen schiefen Axonometrie einfacher gestaltet, wird die Kavalierperspektive gern angewendet; aber es muß bemerkt werden, daß in ihren Bildern die unverzerrt bleibenden Linienzüge der zur Bildtafel parallelen Ebenen meist stärker hervortreten und dadurch die unvermeidliche Verzerrung des Ganzen merklicher machen.

415. Ein besonderer Vorzug, den die Kavalierperspektive vor der allgemeinen schiefen Axonometrie besitzt, ist die — ohne umständliche Hilfskonstruktionen vorhandene — *Kenntnis der Projektionsrichtung.* Wir nehmen des bequemeren Ausdruckes wegen die Änderungszahlen $\lambda_1 = 1$, $\mu_1 = \mu$, $\nu_1 = 1$ und verstehen im räumlichen Koordinatensystem die Buchstaben X, Y, Z als die Bezeichnungen von Punkten, die auf seinen positiven Achsen um dieselbe Strecke r vom Ursprung O entfernt sind ($OX = OY = OZ = r$); dann sind auf den Bildachsen die Buchstaben $\overline{X}$, $\overline{Y}$, $\overline{Z}$ die Bezeichnungen der zugehörigen Bildpunkte und

$$\overline{O}\overline{X} = \overline{O}\overline{Z} = r\,, \quad \overline{O}\overline{Y} = \mu r\,.$$

Ferner denken wir uns die Bildtafel mit der xz-Ebene vereinigt, so daß $O \equiv \overline{O}$, $X \equiv \overline{X}$, $Z \equiv \overline{Z}$; dann ist Y der Endpunkt der Strecke von der Länge r, die wir auf den Beschauer zeigend in O senkrecht auf der Bildtafel errichten können, und die Gerade $p \equiv Y\overline{Y}$ der Projektionsstrahl des Punktes Y. p gibt die Projektionsrichtung der Kavalierperspektive an und muß insbesondere bei der Untersuchung von Umrißkurven zu Hilfe gezogen werden.

Aufgabe: *Gegeben* ist der Halbmesser r einer Kugel. *Gefordert* wird, die Kugel nebst drei sich rechtwinklig schneidenden Großkreisen in Kavalierperspektive darzustellen.

Wir nehmen an, daß die Größe von r die Änderungszahlen $\lambda_1 = 1$, $\mu_1 = \mu$, $\nu_1 = 1$ gestattet, und wählen in Fig. 140 $\mu = 1/_2$. Den Koordinatenursprung O legen wir in den Kugelmittelpunkt, die Koordinatenachsen in die Schnittlinien der drei Großkreisebenen und die Punkte X, Y, Z auf die Kugel, so daß $OX = OY = OZ = r$; dann liegen auf den Bildachsen die Strecken

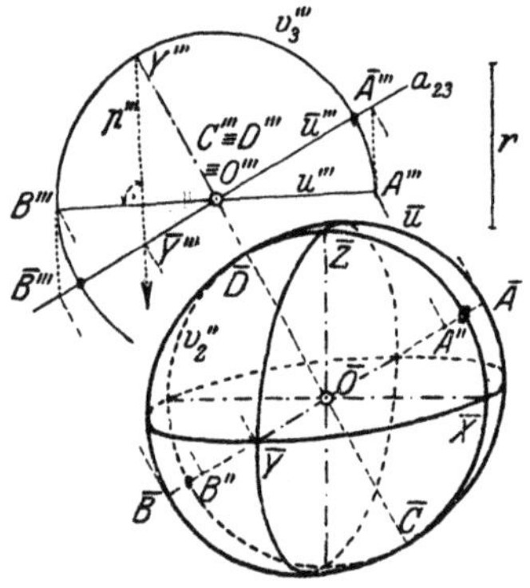

Fig. 140.

$$\overline{O}\,\overline{X} = \overline{O}\,\overline{Z} = r\,, \qquad \overline{O}\,\overline{Y} = 1/_2\, r\,.$$

Das Bild des in der xz-Ebene liegenden Großkreises ist der ihm kongruente Kreis um $\overline{O}$; die Bildellipsen der anderen beiden Großkreise sind aus den Paaren konjugierter Halbmesser $\overline{O}\,\overline{X}$, $\overline{O}\,\overline{Y}$, und $\overline{O}\,\overline{Y}$, $\overline{O}\,\overline{Z}$ nach Nr. 170 herzustellen¹).

Um den scheinbaren Umriß der Kugel zu gewinnen, fassen wir die mit der xz-Ebene vereinigte Bildtafel als Aufrißtafel auf und benutzen eine Ebene, die auf ihr längs einer zu $\overline{O}\,\overline{Y}$ parallelen Geraden a_{23} senkrecht steht, zur Aufnahme eines durch rechtwinklige Projektion entstehenden Seitenrisses. Wir haben dann im Aufriß $X'' \equiv \overline{X}'' \equiv \overline{X}$, $Z'' \equiv \overline{Z}'' \equiv \overline{Z}$, $Y'' \equiv O'' \equiv \overline{O}'' \equiv \overline{O}$, $\overline{Y}'' \equiv \overline{Y}$ und als scheinbaren Umriß $\overline{v}_2''$ der Kugel den Bildkreis des in der xz-Ebene liegenden Großkreises; im Seitenriß erhalten wir nach Nr. 37 die Punkte $O''' \equiv \overline{O}'''$ und $\overline{Y}'''$ auf a_{23}, ferner den Punkt Y''' so, daß $O'''Y''' = OY = r$ ist, endlich als den scheinbaren Umriß v_3''' der Kugel den um O''' mit r geschlagenen Kreis. Der Projektionsstrahl $p \equiv Y\overline{Y}$ hat den Aufriß $p'' \equiv Y''\overline{Y}'' \equiv \overline{O}\,\overline{Y}$ und den Seitenriß $p''' \equiv Y'''\,\overline{Y}'''$; er ist, da $p'' \parallel a_{23}$, zu der Seitenrißtafel parallel. Deshalb ist auf Grund des zweiten Satzes von Nr. 193 für die Kavalierperspektive der wahre Umriß der Kugel der Großkreis u, dessen Seitenriß u''' der zu p''' senkrechte Durchmesser $A'''B'''$ von v_3''' ist, und der scheinbare Umriß die Ellipse $\overline{u}$, die sich als Bild von u bei der Projektion in der Richtung von p oder, was dasselbe ist, als Schatten von u bei zu p parallelen Lichtstrahlen ergibt. Wir können also $\overline{u}$ nach der ersten Aufgabe von Nr. 381 konstruieren und erhalten die Achsen $\overline{A}\,\overline{B}$, $\overline{C}\,\overline{D}$ von $\overline{u}$ aus den rechtwinkligen Durchmessersehnen AB, CD von u, für die $A''B''$ auf der Bildachse $\overline{O}\,\overline{Y}$ liegt, $C''D'' \equiv CD$ der dazu senkrechte Durchmesser des Kreises v_2'' ist und C''', D''' mit O''' zusammenfallen; dabei

¹) Ist nur das Kugelachtel $\overline{O}\,\overline{X}\,\overline{Y}\,\overline{Z}$ zu zeichnen, so benutzt man für die Ellipsenbögen $\overline{X}\,\overline{Y}$ und $\overline{Y}\,\overline{Z}$ die Achteckskonstruktion (Nr. 147) oder das Verfahren von Nr. 151; dabei ist stets darauf zu achten, daß die Tangenten in $\overline{X}$, $\overline{Y}$, $\overline{Z}$ den Bildcahsen parallel sind.

liegt $\overline{A}\overline{B}$ auf $\overline{O}\overline{Y}$ und ist $\overline{C}\overline{D} \equiv C''D''$. $\overline{u}$ berührt den Kreis v_2'' in $\overline{C}$, $\overline{D}$ und die Bildellipsen der beiden Großkreise, die in der xy- und der yz-Ebene liegen (Nr. 194), in Punkten, auf deren genaue Ermittlung wir verzichten.

Rechtwinklige Axonometrie.

416. Die rechtwinklige Axonometrie ist von den Verzerrungen der schiefen Axonometrie frei und gestattet die Anwendung vieler Sätze und Konstruktionen, die sich für das rechtwinklige Zweitafelsystem ergeben haben; sie bietet deshalb besondere Vorteile dar. Um die Bedingungen aufzusuchen, die bei ihr die Bestimmungsstücke erfüllen müssen, setzen wir ein fest mit der Bildtafel verbundenes räumliches Koordinatensystem voraus, dessen Achsen die Bildtafel in A, B, C schneiden. Das *Spurendreieck* ABC hat zu Eckpunkten die Spurpunkte der x-Achse (OA), der y-Achse (OB), der z-Achse (OC) und zu Seiten die Spurlinien der xy-Ebene (ABO), der xz-Ebene (ACO), der yz-Ebene (BCO). Da die Koordinatenachsen Lote der Koordinatenebenen sind und rechtwinklige Projektion vorliegt, tritt der zweite Satz von Nr. 62 in Kraft; das heißt:

Die Bildachsen der rechtwinkligen Axonometrie sind die Höhen des Spurendreiecks. Der Bildpunkt $\overline{O}$ des Koordinatenursprungs O ist der Höhenschnittpunkt.

Die projizierende Ebene Γ der z-Achse steht senkrecht auf der xy-Ebene und auf ihrer Spur AB. Ist F der Schnittpunkt zwischen Γ und AB, so sind CF und OF die Schnittlinien von Γ mit der Bildtafel und mit der xy-Ebene. Deshalb ist

$$\overline{O}\overline{Z} \equiv CF, \qquad O\overline{O} \perp CF, \qquad \sphericalangle COF = 90^\circ$$

und $\overline{O}$ als Fußpunkt der aus O kommenden Höhe des rechtwinkligen Dreiecks COF ein zwischen C und F liegender Punkt der Hypotenuse. In derselben Weise folgt für die anderen beiden Bildachsen, daß die Strecken AD, BE, die auf ihnen durch die Seiten BC, AC des Spurendreiecks abgegrenzt werden, den Punkt $\overline{O}$ enthalten. Deshalb muß der Höhenschnittpunkt $\overline{O}$ des Spurendreiecks ABC im Innern desselben liegen, und das heißt:

Das Spurendreieck der rechtwinkligen Axonometrie ist spitzwinklig.

In einem spitzwinkligen Dreieck bilden von den drei Höhen je zwei zusammen mit der Seite, auf der sie nicht senkrecht stehen, ein stumpfwinkliges Dreieck; für dieses ist die dritte Höhe zugleich die Höhe, die aus dem Scheitel des stumpfen Winkels kommt und somit in diesem verläuft. Also folgt:

Bei rechtwinkliger Axonometrie liegt jede der drei Bildachsen in dem stumpfen Scheitelwinkelpaar der beiden anderen.

417. Wir nehmen in Fig. 141 ein beliebiges spitzwinkliges Dreieck ABC mit den Höhen AD, BE, CF und dem Höhenschnittpunkt H.

Da F der Strecke AB und H der Strecke CF angehören muß, können wir mit Hilfe von Halbkreisen über den Durchmessersehnen AB und CF die rechtwinkligen Dreiecke ABO_0 und CFO_3 konstruieren, in denen $O_0F \perp AB$, $O_3H \perp CF$ ist. Dann ist

$$\Delta\, AFH \sim \Delta\, ADB \sim \Delta\, CFB$$

und folglich

$$AF : FH = CF : FB \quad \text{oder} \quad AF \cdot FB = CF \cdot FH.$$

Von diesen beiden gleichen Streckenprodukten ist aber, wie aus den rechtwinkligen Dreiecken ABO_0 und CFO_3 folgt, das linksstehende gleich dem Quadrat von FO_0 und das rechtsstehende gleich dem Quadrat von FO_3 (abgesehen von den Vorzeichen); also ist

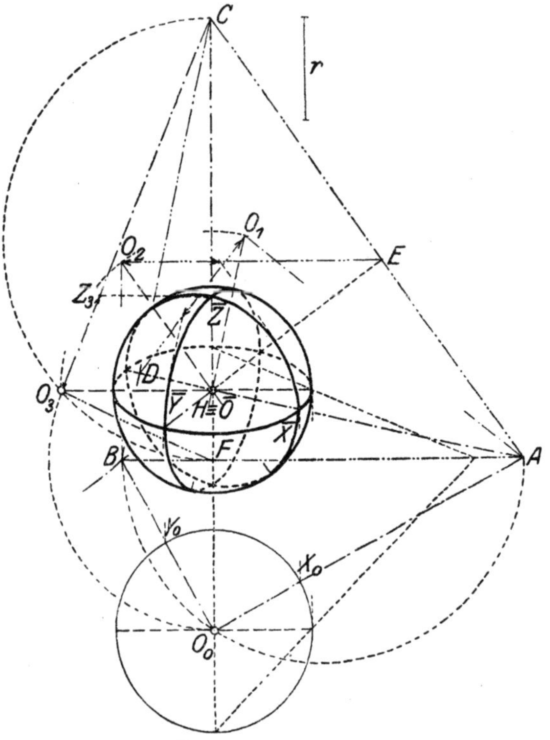

Fig. 141.

(7) $$FO_0 = FO_3.$$

Wir bezeichnen nun mit Π die Ebene ABC und mit Γ die Ebene, die auf Π längs CF senkrecht steht, und drehen das Dreieck CFO_3 um CF, bis es in die Ebene Γ fällt. Drehen wir ferner das Dreieck ABO_0 um AB, so bewegt sich, da $CF \perp AB$ und folglich $\Gamma \perp AB$ ist, O_0 in Γ (Nr. 108). Wir können also wegen der Gleichung (7) die Punkte O_0 und O_3 durch Drehungen der Dreiecke ABC_0 und CFO_3 in einem Punkt O von Γ vereinigen und haben dann

$$OA \perp OB, \quad OH \perp \Pi, \quad OC \perp AB, \quad OC \perp OF.$$

Hieraus folgt, daß OC auf der durch AB und OF bestimmten Ebene ABO senkrecht steht, und somit, daß auch

$$OC \perp OA, \quad OC \perp OB$$

ist. Demnach dürfen wir die Geraden OA, OB, OC als die Achsen eines rechtwinkligen Koordinatensystems auffassen und erhalten, wenn wir es rechtwinklig auf Π projizieren, als Bildpunkt $\overline{O}$ seines Ursprunges O

den Höhenschnittpunkt H, als Bildachsen $\overline{O}\overline{X}$, $\overline{O}\overline{Y}$, $\overline{O}\overline{Z}$ die Höhen HA, HB, HC des Dreiecks ABC und als Spurendreieck dieses selbst. Ein zweites Koordinatensystem mit derselben Eigenschaft folgt hieraus durch Spiegelung an Π. Das heißt:

Jedes spitzwinklige Dreieck kann als Spurendreieck für rechtwinklige Axonometrie genommen werden.

Sind in einer Ebene drei Geraden a, b, c so gegeben, daß jede in dem stumpfen Scheitelwinkelpaar der anderen beiden liegt, so wählen wir auf a beliebig den Punkt A und ziehen durch ihn die Senkrechte zu b, die c in C, sowie die Senkrechte zu c, die b in B trifft. Dann ist $\overline{O}$ der Höhenschnittpunkt, a die dritte Höhe des Dreiecks ABC und dieses spitzwinklig. Also folgt:

Drei Geraden einer Ebene, die so durch einen Punkt laufen, daß jede in dem stumpfen Scheitelwinkelpaar der beiden anderen enthalten ist, können stets als Bildachsen für rechtwinklige Axonometrie genommen werden.

Nehmen wir statt A einen anderen Punkt A_1 von a, so treten an die Stellen von B und C der Punkt B_1 von b und der Punkt C_1 von c in der Weise, daß $A_1B_1 \perp c$, $A_1C_1 \perp b$, $B_1C_1 \perp a$ oder $A_1B_1 \parallel AB$, $A_1C_1 \parallel AC$, $B_1C_1 \parallel BC$; die Dreiecke ABC und $A_1B_1C_1$ sind also ähnlich in ähnlicher Lage mit dem Ähnlichkeitspunkt $\overline{O}$. Unterwerfen wir andererseits das räumliche Koordinatensystem OA, OB, OC, das wir über dem Dreieck ABC konstruieren können, einer Schiebung in der zur Bildtafel senkrechten Richtung, so bleiben $\overline{O}$ und die Bildachsen a, b, c ungeändert, während die Spurpunkte A, B, C auf a, b, c wandern; kommt dabei A nach A_1, so müssen B und C mit B_1 und C_1 zusammenfallen, weil die Spurlinien AB, AC, BC stets auf den Bildachsen a, b, c senkrecht stehen. Da eine derartige Schiebung des Koordinatensystems und des mit ihm verbundenen Körpers das axonometrische Bild nicht ändert, erhalten wir den Satz:

Bei rechtwinkliger Axonometrie sind zwei Spurendreiecke als nicht wesentlich verschieden anzusehen, wenn sie ähnlich und ähnlich gelegen sind und den Bildpunkt $\overline{O}$ des Koordinatenursprungs zum Ähnlichkeitspunkt haben.

418. Da die Projektionsstrahlen zur Bildtafel senkrecht vorausgesetzt werden, folgen die Änderungsverhältnisse der rechtwinkligen Axonometrie aus den Neigungswinkeln α, β, γ der Koordinatenachsen gegen die Bildtafel durch die Gleichungen (Nr. 47)

$$(8) \qquad \lambda = \cos\alpha, \qquad \mu = \cos\beta, \qquad \nu = \cos\gamma;$$

sie sind echte Brüche und heißen deshalb *Verkürzungsverhältnisse*. Das Dreieck CFO_3 in Fig. 141 ist die Umlegung des Dreiecks CFO, in dem der Neigungswinkel γ der z-Achse liegt; wir haben also $\sphericalangle FCO_3 = \sphericalangle FCO = \gamma$ und $\nu = \frac{C\overline{O}}{CO_3}$. Ebenso gilt für die x-Achse und die y-Achse nach Umlegung der Dreiecke ADO und BEO $\sphericalangle DAO_1 = \alpha$ und $\lambda = \frac{A\bar{O}}{AO_1}$, $\sphericalangle EBO_2 = \beta$ und $\mu = \frac{B\bar{O}}{BO_2}$. Also folgt der Satz:

Bei rechtwinkliger Axonometrie sind die Verkürzungsverhältnisse durch das Spurendreieck oder durch die Bildachsen vollständig bestimmt.

In den Umlegungen der Dreiecke ADO, BEO, CFO gehen die Strecken $\bar{O}O_1$, $\bar{O}O_2$, $\bar{O}O_3$ aus derselben Strecke $\bar{O}O$ hervor; deshalb ist

$$(9)\qquad \sphericalangle A\bar{O}O_1 = \sphericalangle B\bar{O}O_2 = \sphericalangle C\bar{O}O_3 = 90^\circ,\quad \bar{O}O_1 = \bar{O}O_2 = \bar{O}O_3 = \bar{O}O.$$

Hieraus folgt

$$A\bar{O} = \bar{O}O\cdot\operatorname{ctg}\alpha,\qquad B\bar{O} = \bar{O}O\cdot\operatorname{ctg}\beta,\qquad C\bar{O} = \bar{O}O\cdot\operatorname{ctg}\gamma$$

und, da auch (Fig. 141)

$$\sphericalangle \bar{O}O_1D = \alpha,\qquad \sphericalangle \bar{O}O_2E = \beta,\qquad \sphericalangle \bar{O}O_3F = \gamma$$

ist,

$$D\bar{O} = \bar{O}O\cdot\operatorname{tg}\alpha,\qquad E\bar{O} = \bar{O}O\cdot\operatorname{tg}\beta,\qquad F\bar{O} = \bar{O}O\cdot\operatorname{tg}\gamma.$$

Nun ist $\sphericalangle ACB = \sphericalangle E\bar{O}A$, $\sphericalangle A\bar{O}B = 180^\circ - \sphericalangle E\bar{O}A$ und folglich

$$\cos ACB = \cos E\bar{O}A = \frac{E\bar{O}}{A\bar{O}} = \frac{\operatorname{tg}\beta}{\operatorname{ctg}\alpha} = \operatorname{tg}\alpha\cdot\operatorname{tg}\beta,$$

$$\cos A\bar{O}B = -\cos E\bar{O}A = -\operatorname{tg}\alpha\cdot\operatorname{tg}\beta.$$

Wir erhalten also, wenn wir die anderen beiden Winkel des Dreiecks ABC und die anderen beiden stumpfen Winkel zwischen seinen Höhen ebenso behandeln, die Gleichungen

$$(10\text{a})\qquad \left\{\begin{array}{l}\cos ACB = \operatorname{tg}\alpha\cdot\operatorname{tg}\beta,\quad \cos BAC = \operatorname{tg}\beta\cdot\operatorname{tg}\gamma,\\ \cos CBA = \operatorname{tg}\gamma\cdot\operatorname{tg}\alpha;\end{array}\right.$$

$$(10\text{b})\qquad \left\{\begin{array}{l}\cos A\bar{O}B = -\operatorname{tg}\alpha\cdot\operatorname{tg}\beta,\quad \cos B\bar{O}C = -\operatorname{tg}\beta\cdot\operatorname{tg}\gamma,\\ \cos C\bar{O}A = -\operatorname{tg}\gamma\cdot\operatorname{tg}\alpha.\end{array}\right.$$

Da wir auf Grund der Gleichungen (8) die Werte von $\operatorname{tg}\alpha$, $\operatorname{tg}\beta$, $\operatorname{tg}\gamma$ aus λ, μ, ν berechnen können, finden wir den Satz:

Bei rechtwinkliger Axonometrie sind durch die Verkürzungsverhältnisse die Winkel zwischen den Bildachsen und die Gestalt des Spurendreiecks bestimmt.

Nehmen wir nun an, daß $\mu \leqq \lambda \leqq \nu$, so folgt aus (8), daß $\beta \geqq \alpha \geqq \gamma$ ist; dann ist aber auch $\operatorname{tg}\beta \geqq \operatorname{tg}\alpha \geqq \operatorname{tg}\gamma$ und somit

$$\operatorname{tg}\alpha\cdot\operatorname{tg}\beta \geqq \operatorname{tg}\beta\cdot\operatorname{tg}\gamma \geqq \operatorname{tg}\gamma\cdot\operatorname{tg}\alpha,$$

sowie wegen der Gleichungen (10a)

$$\sphericalangle ACB \leqq \sphericalangle BAC \leqq \sphericalangle CBA.$$

Hieraus fließt der Satz:

Im Spurendreieck ABC der rechtwinkligen Axonometrie ordnen sich die Seiten ihrer Größe nach in der Reihenfolge $AB \leqq BC \leqq CA$, wenn für die Verkürzungsverhältnisse, die in derselben Reihenfolge zu den auf den Seiten senkrechten Bildachsen gehören, $\nu \geqq \lambda \geqq \mu$ ist.

419. Ebenso wie das Spurendreieck und die Bildachsen der rechtwinkligen Axonometrie den in Nr. 417 gefundenen Bedingungen, so unterliegen auch ihre Verkürzungsverhältnisse einer Bedingung. Aus den rechtwinkligen Dreiecken CFO_3 und $O_3F\bar{O}$, in denen (Fig. 141) $\sphericalangle FCO_3 = \sphericalangle FO_3\bar{O} = \gamma$ ist, folgen die Gleichungen

$$\sin\gamma = \frac{FO_3}{FC}, \qquad \sin\gamma = \frac{F\bar{O}}{FO_3}$$

und aus diesen die Gleichung

$$\sin^2\gamma = \frac{F\bar{O}}{FC}.$$

Wenn wir mit $\Delta\, ABC$ und $\Delta\, AB\bar{O}$ die Flächeninhalte dieser Dreiecke bezeichnen und die Gleichungen

$$\Delta\, ABC = {}^1/_2\, AB \cdot FC\,, \qquad \Delta\, AB\bar{O} = {}^1/_2\, AB \cdot F\bar{O}$$

hinzunehmen, so erhalten wir

$$\sin^2\gamma = \frac{\Delta\, AB\bar{O}}{\Delta\, ABC}$$

und in derselben Weise

$$\sin^2\alpha = \frac{\Delta\, BC\bar{O}}{\Delta\, ABC}, \qquad \sin^2\beta = \frac{\Delta\, CA\bar{O}}{\Delta\, ABC}.$$

Da aber $\bar{O}$ im Innern von $\Delta\, ABC$ liegt, haben wir

$$\Delta\, ABC = \Delta\, AB\bar{O} + \Delta\, BC\bar{O} + \Delta\, CA\bar{O}$$

und folglich

$$\sin^2\alpha + \sin^2\beta + \sin^2\gamma = 1$$ [1])

oder

$$\cos^2\alpha + \cos^2\beta + \cos^2\gamma = 2\,.$$

Nach den Gleichungen (8) fließt hieraus der Satz:

Die Verkürzungsverhältnisse der rechtwinkligen Axonometrie erfüllen die Bedingung

(11) $$\lambda^2 + \mu^2 + \nu^2 = 2\,.$$

Haben wir für die Verkürzungsverhältnisse Proportionalwerte λ^*, μ^*, ν^* gewählt, so können wir aus (11) λ, μ, ν bestimmen: Wir setzen $\lambda^* = \varkappa\lambda$, $\mu^* = \varkappa\mu$, $\nu^* = \varkappa\nu$ und berechnen aus (11)

$$2\varkappa^2 = \lambda^{*2} + \mu^{*2} + \nu^{*2}, \qquad \lambda = \frac{\lambda^*}{\varkappa}, \qquad \mu = \frac{\mu^*}{\varkappa}, \qquad \gamma = \frac{\nu^*}{\varkappa}.$$

Dabei müssen sich aber λ, μ, ν als echte Brüche ergeben, und dies ist,

---

[1]) Die Winkel $90° - \alpha$, $90° - \beta$, $90° - \gamma$ sind die Neigungswinkel, die das Lot $O\bar{O}$ der Ebene des Dreiecks ABC gegen die Koordinatenachsen besitzt, ihre Kosinus, d. h. $\sin\alpha$, $\sin\beta$, $\sin\gamma$, also die Stellungskosinus der Ebene in diesem Koordinatensystem; die Gleichung ist die aus der analytischen Geometrie des Raumes bekannte Beziehung zwischen denselben.

wenn wir nach Nr. 409 $\nu^* \geqq \lambda^*$, $\nu^* \geqq \mu^*$ voraussetzen, der Fall, sobald $\nu^* < \varkappa$ ist; es muß also

$$2\nu^{*2} < 2\varkappa^2 = \lambda^{*2} + \mu^{*2} + \nu^{*2} \qquad \text{oder} \qquad \nu^{*2} < \lambda^{*2} + \mu^{*2}$$

sein. Ist diese Bedingung erfüllt, so können wir aus λ, μ, ν die Größen von α, β, γ nach (8) und aus ihnen die stumpfen Winkel zwischen den Bildachsen nach (10b) bestimmen. Dann ist mit den Bildachsen und den Verkürzungsverhältnissen bzw. den Änderungszahlen genau so zu konstruieren, wie es in Nr. 410 angegeben wurde.

Konstruktionen in rechtwinkliger Axonometrie.

420. Auch ohne zahlenmäßige Bestimmung der Verkürzungsverhältnisse, also ohne Benutzung der Änderungszahlen, können Bilder in rechtwinkliger Axonometrie hergestellt werden. Dieses Verfahren eröffnet weitere Möglichkeiten als die Konstruktionen in der allgemeinen schiefen Axonometrie (Nr. 412 und Nr. 413) und in der Kavalierperspektive (Nr. 415) und eignet sich insbesondere dazu, *für die Erläuterung räumlicher Gestaltungen und geometrischer Entwicklungen Abbildungen zu konstruieren, die körperliche Modelle zu ersetzen imstande sind.* Um dabei den Bemerkungen von Nr. 409 gerecht zu werden, legen wir *das spitzwinklige Spurendreieck ABC stets so, daß seine kleinste Seite AB wagerecht ist*; dann ist nämlich die Bildachse $\overline{O}\overline{Z}$ scheitelrecht und wegen des letzten Satzes von Nr. 418 das zu ihr gehörige Verkürzungsverhältnis ν größer als die beiden anderen Verkürzungsverhältnisse. Wir setzen ferner stets voraus, daß die Höhen AD, BE, CF nebst dem Höhenschnittpunkt $\overline{O}$ eingetragen und die rechtwinkligen Dreiecke ABO_0 und CFO_3 nach dem ersten Absatz von Nr. 417 — unter Beachtung der Gleichung (7) — gezeichnet sind.

Die Dreiecke ABO_0 und CFO_3 sind Umlegungen (Nr. 107) der Dreiecke ABO und CFO. $\Delta\, ABO$ gehört zu dem in der xy-Ebene liegenden Grundriß des abzubildenden Körpers und des mit diesem verbundenen Koordinatensystems; $\Delta\, ABO_0$ ist ein Teil der Figur, die durch Umlegung der xy-Ebene aus jenem Grundriß in der Bildtafel entsteht, und $\Delta\, AB\overline{O}$ ein Teil des axonometrischen Grundrisses (Nr. 410). *Wir zeichnen also den Grundriß des abzubildenden Körpers im Zusammenhang mit dem Dreieck ABO_0 auf die Bildtafel als „umgelegten Grundriß" und leiten aus ihm auf Grund der Sätze von Nr. 127 den axonometrischen Grundriß mit Hilfe der Affinität ab, deren Achse AB ist und in der die Punkte O_0, $\overline{O}$ einander entsprechen.*

$\Delta\, CFO_3$ zeigt, wie bereits am Anfang von Nr. 418 bemerkt wurde, in $\sphericalangle FCO_3 = \gamma$ den Neigungswinkel der z-Achse und gestattet infolgedessen den letzten Satz von Nr. 47 auf die zur z-Achse parallelen Koordinaten der einzelnen Punkte anzuwenden; ist z. B. in Fig. 141 $O_3Z_3 = z$ und $Z_3\overline{Z} \perp \overline{O}C$, so ist $\overline{O}\overline{Z} = z \cdot \cos\gamma = \nu z = \overline{z}$. *Wir tragen also auf O_3C_3 von O_3 aus die Höhen ab, die die Punkte des abzubildenden Körpers über der xy-Ebene besitzen, und fällen aus ihren Endpunkten* *die Lote auf $\overline{O}C$; dann sind die Strecken, die von $\overline{O}$ bis zu den Fußpunkten jener Lote reichen, die zur Bildachse $\overline{O}\,\overline{Z}$ parallelen Bildkoordinaten der Punkte.*

Aus dem axonometrischen Grundriß und den zu $\overline{O}\,\overline{Z}$ parallelen Bildkoordinaten stellen wir, wie am Ende von Nr. 410 auseinandergesetzt wurde, das axonometrische Bild des Körpers her. Aber von diesem brauchen hier Grund- und Aufriß nicht gezeichnet vorzuliegen; denn wir können den umgelegten Grundriß unmittelbar auf Grund von Eigenschaften eintragen, die wir ebenso wie die Höhen der einzelnen Punkte des Körpers aus anderen Angaben entnehmen. Ferner dürfen wir in derselben Weise die xz-Ebene (ACO) und die y-Achse (OB) oder die yz-Ebene (BCO) und die x-Achse (OA) benutzen. Ebenso kann jede andere Ebene, die durch eine Koordinatenachse läuft, ähnlich wie die Koordinatenebenen herangezogen werden, da auch in ihr ein rechtwinkliges Dreieck durch ihre Schnittlinien mit der Bildtafel und mit der einen Koordinatenebene, sowie durch die Koordinatenachse selbst gebildet wird. Die Kenntnis dieser rechtwinkligen Dreiecke ersetzt in vielen Beziehungen die Kenntnis der zur Bildtafel senkrechten Abstände, die im Zweitafelsystem durch eine zweite Rißtafel gegeben werden, und gewährt zahlreiche Konstruktionsmöglichkeiten. Im folgenden sollen einige Beispiele behandelt werden.

421. Aufgabe: *Gegeben* sind ein Spurendreieck ABC für rechtwinklige Axonometrie und eine Strecke r. *Gesucht* sind die Bildellipsen der Kreise, die in den Koordinatenebenen mit dem Halbmesser r um den Koordinatenursprung O geschlagen sind.

Wir behandeln zunächst in Fig. 141 den Kreis in der xy-Ebene: Seine Umlegung ist der Kreis, den wir mit dem Halbmesser r um O_0 schlagen, und seine Bildellipse die zu diesem Kreis affine Ellipse, die sich nach Nr. 176 ergibt. Ebenso können wir für die anderen beiden Kreise die Umlegungen der Dreiecke ACO und BCO benutzen. — Aber wir dürfen für alle drei Kreise auch das Verfahren von Nr. 177 anwenden. Dazu brauchen wir z. B. von der xy-Ebene die Richtung der Hauptlinien und den Neigungswinkel. Die erste ist durch die Spur AB bekannt; der zweite ist, da die Ebene Γ des Dreiecks CFO (Nr. 417) auf AB senkrecht steht, der Winkel $\sphericalangle CFO\,(= 90^\circ - \gamma)$ und wird durch den Winkel $\sphericalangle \overline{O}FO_3$ des Neigungsdreiecks $\overline{O}FO_3$ der xy-Ebene (Nr. 101) gegeben. Ebenso sind für die xz-Ebene und für die yz-Ebene die Geraden AC und BC die Spuren und die Winkel $\sphericalangle \overline{O}EO_2$ und $\sphericalangle \overline{O}DO_1$ die Neigungswinkel, zu deren Bestimmung wir auf Grund der Beziehungen (9) die Neigungsdreiecke $\overline{O}EO_2$ und $\overline{O}DO_1$ konstruieren. Die Bildellipsen der Kreise, die in diesen beiden Ebenen liegen, sind in Fig. 141 nach Nr. 177 eingetragen.

Aufgabe: *Gegeben* ist ein Spurendreieck ABC für rechtwinklige Axonometrie und eine Strecke r. *Gesucht* ist das axonometrische Bild der Kugel, die mit dem Halbmesser r um den Koordinatenursprung O

gelegt ist, mitsamt den Bildern der drei in den Koordinatenebenen befindlichen Großkreise.

Wir zeichnen in Fig. 141 die Bildellipsen der drei Großkreise nach der vorigen Aufgabe. Je zwei von ihnen begegnen sich in zwei Punkten einer Bildachse, und diese sind die Bildpunkte der Punkte, in denen die Koordinatenachsen die Kugel durchbohren. Auf jeder Koordinatenachse bezeichnen wir einen dieser Punkte bzw. mit X, Y, Z und erhalten die Punkte $\overline{X}$, $\overline{Y}$ auf $\overline{O}A$ und $\overline{O}B$ als die affinen Bilder der Punkte X_0, Y_0, die auf O_0A, O_0B um r von O_0 entfernt sind, dagegen

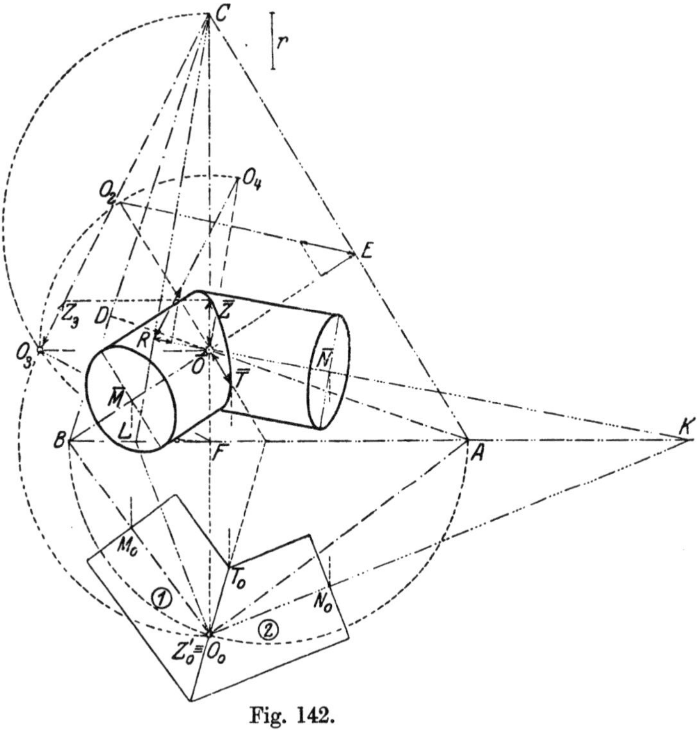

Fig. 142.

den Punkt $\overline{Z}$ als den Fußpunkt des Lotes, das wir aus dem Endpunkt Z_3 der auf O_3C liegenden Strecke $O_3Z_3 = r$ auf $\overline{O}C$ fällen. Die Strecken $\overline{O}\,\overline{X}$, $\overline{O}\,\overline{Y}$, $\overline{O}\,\overline{Z}$ sind zu je zweien konjugierte Halbmesser der drei Ellipsen. — Der scheinbare Umriß der Kugel ist nach dem letzten Satz von Nr. 193 der Kreis, den wir mit dem Halbmesser r um $\overline{O}$ schlagen, und berührt die drei Ellipsen (vgl. den letzten Absatz von Nr. 199) in den Scheiteln ihrer großen Achsen. Infolgedessen ist von jeder Ellipse die eine der beiden Hälften, in die sie durch ihre Hauptachse zerfällt, zur Andeutung der Sichtbarkeit auszuziehen, und zwar, wenn wir den Punkt O hinter der Bildtafel und die Punkte X, Y, Z auf den Strecken OA, OB, OC liegend annehmen, diejenige, die zwei der Punkte $\overline{X}$, $\overline{Y}$, $\overline{Z}$ trägt.

Ein Vergleich der letzten Aufgabe und der Fig. 141 mit der Aufgabe von Nr. 415 und der Fig. 140 zeigt besonders deutlich die Unterschiede zwischen rechtwinkliger Axonometrie und Kavalierperspektive.

422. Aufgabe: *Gegeben* sind ein Spurendreieck ABC für rechtwinklige Axonometrie, die Koordinaten eines Punktes P der xy-Ebene ($z = 0$) und eine Strecke r. *Gesucht* ist die Bildellipse des Kreises, dessen Mittelpunkt P, dessen Halbmesser r ist und dessen Ebene auf der Geraden OP senkrecht steht.

Wir nehmen in Fig. 142 zuerst an, daß P der Punkt M der y-Achse ist, dessen Bildpunkt $\overline{M}$ aus der Umlegung M_0 durch den Affinitätsstrahl $M_0\overline{M}$ folgt. Dann ist die Ebene des Kreises zu der xz-Ebene parallel, und die Bildellipse entsteht nach dem letzten Satz von Nr. 174 durch Schiebung aus der Bildellipse des Kreises, der in der xz-Ebene mit dem Halbmesser r um O zu schlagen ist. Indem wir das, was für diese Ellipse aus der ersten Aufgabe von Nr. 421 folgt, auf die jetzt gesuchte Ellipse übertragen, ziehen wir ihre große Achse, die gleich $2r$ ist, zu AC parallel durch $\overline{M}$, bestimmen die halbe kleine Achse durch r und den Neigungswinkel $\sphericalangle \overline{O}EO_2$ und stellen die Ellipse nach Nr. 170 her.

Nehmen wir für P den auf keiner Koordinatenachse gelegenen Punkt N, so können wir ähnlich verfahren. Die Gerade ON nämlich bildet, weil sie in der xy-Ebene liegt, mit der Geraden, die wir zu ihr senkrecht in der xy-Ebene durch O ziehen, und mit der z-Achse ein neues räumliches Koordinatensystem, das mit dem alten den Ursprung O und die z-Achse gemeinsam hat. Wir tragen deshalb in Fig. 142 den Umlegungspunkt N_0 auf Grund der gegebenen Koordinaten ein, errichten in O_0 auf O_0N_0 das Lot und schneiden beide Geraden mit AB in K und L; dann ist das Dreieck KLC das Spurendreieck des neuen Koordinatensystems und hat als solches ebenfalls den Höhenschnittpunkt $\overline{O}$. Die gesuchte Bildellipse ist also wie die vorher behandelte zu konstruieren, indem an die Stelle des Mittelpunktes $\overline{M}$, der Spur AC und des Neigungswinkels $\sphericalangle \overline{O}EO_2$ jetzt der Punkt $\overline{N}$, die Gerade LC und der Winkel $\sphericalangle \overline{O}RO_4$ ($\overline{O}R \perp LC$, $\overline{O}O_4 \perp \overline{O}R$, $\overline{O}O_4 = \overline{O}O = \overline{O}O_3$) treten.

Aufgabe: *Gegeben* sind ein Spurendreieck ABC für rechtwinklige Axonometrie, die Koordinaten eines Punktes P und eine Strecke r. *Gesucht* ist die Bildellipse des Kreises, der mit dem Mittelpunkt P und dem Halbmesser r in der durch P und die z-Achse bestimmten Ebene liegt.

Wir tragen nach Nr. 420 den Bildpunkt $\overline{P}$ mit Hilfe des umgelegten Grundrisses P_0' und des axonometrischen Grundrisses $\overline{P'}$ ein, ziehen die Gerade O_0P_0' und errichten auf ihr in O_0 das Lot; begegnen diese beiden Geraden der Spur AB in K und L, so dürfen wir wie in der vorigen Aufgabe $\Delta\, KLC$ als das Spurendreieck des räumlichen Koordinatensystems auffassen, dessen Achsen die drei aufeinander senkrechten

Geraden OK, OL, OC sind. Wir bestimmen dann zunächst nach der ersten Aufgabe von Nr. 421 die Achsen für die Bildellipse des Kreises, der in der Ebene KOC um O mit dem Halbmesser r zu schlagen ist, und verschieben sie auf Grund des letzten Satzes von Nr. 174 nach dem Punkt $\overline{P}$, um dort die gesuchte Bildellipse herzustellen.

423. Aufgabe: *Gegeben* sind ein Spurendreieck ABC für rechtwinklige Axonometrie und die Maße eines Rohrknies (siehe Nr. 191 und Nr. 296). *Gesucht* ist das axonometrische Bild desselben.

Wir nehmen an, daß das Rohrknie nicht rechtwinklig ist, und legen es so in das räumliche Koordinatensystem, daß die Mittellinien der beiden geraden Kreiszylinder, aus denen es besteht, der xy-Ebene angehören; und zwar soll der Schnittpunkt der beiden Mittellinien auf den Koordinatenursprung O, die Mittellinie des Zylinders (1) auf die y-Achse und die Mittellinie des Zylinders (2) auf eine Gerade fallen, die der Spur AB in K begegnet. Dann ist der Grundriß des Rohrknies zugleich seine Schnittfigur mit der xy-Ebene, und die Mittelpunkte M, N der Leitkreise seiner beiden Zylinder liegen auf OB und auf OK. Dementsprechend tragen wir in Fig. 142 den umgelegten Grundriß ein und konstruieren nach der ersten Aufgabe von Nr. 422 die Bildellipsen der beiden Leitkreise. Die Tangenten der Scheitel ihrer großen Achsen bilden nach Nr. 188 die scheinbaren Umrisse der beiden Zylinder.

Die Ellipse, in der die Zylinder des Rohrknies zusammenstoßen, hat den Mittelpunkt O und liegt in einer zur xy-Ebene senkrechten Ebene; infolgedessen ist ihr Grundriß zugleich ihre große Achse (Nr. 190), während ihre kleine Achse in der z-Achse liegt und die Länge $2r$ hat. Bezeichnen wir mit T den einen Scheitel der großen und mit Z den einen Scheitel der kleinen Achse, so sind die Bildstrecken $\overline{O}\overline{T}$ und $\overline{O}\overline{Z}$ konjugierte Halbmesser der Bildellipse; dabei ergibt sich $\overline{T}$ als affines Bild des im umgelegten Grundriß befindlichen Punktes T_0 und $\overline{Z}$ dadurch, daß wir auf O_3C die Strecke $O_3Z_3 = r$ auftragen und aus Z_3 das Lot $Z_3\overline{Z}$ auf $\overline{O}C$ fällen. Stellen wir dann die Bildellipse aus $\overline{O}\overline{T}$ und $\overline{O}\overline{Z}$ (am besten nach Nr. 170) her, so müssen wir darauf achten, daß sie nach dem ersten Satz von Nr. 187 jede der vier Geraden berührt, die die scheinbaren Umrisse der beiden Zylinder bilden; die Berührungspunkte selbst brauchen wir jedoch nicht zu bestimmen.

Für die Entscheidung über die Sichtbarkeit denken wir uns den Punkt O hinter der Tafel liegend und erhalten dadurch eine Obersicht, bei der der Beschauer in den Winkel des Rohrknies hineinsieht. Die Punkte $\overline{T}$ und $\overline{Z}$ sind sichtbar, folglich auch der Ellipsenbogen $\overline{T}\overline{Z}$ nebst den unmittelbar benachbarten Bögen. Von diesen trägt oberhalb von $\overline{Z}$ das Stück, das zwischen den Berührungspunkten der Ellipse mit den oberen Umrißlinien der Zylinder (1) und (2) liegt, zu dem scheinbaren Umriß des Rohrknies bei. Verfolgen wir die Ellipse von $\overline{T}$ aus nach unten, so stoßen wir zuerst auf ihren Berührungspunkt mit der unteren Umrißlinie des Zylinders (1); deshalb ist ihr Berührungspunkt mit der unteren Umrißlinie des Zylinders (2) verdeckt und die letztere nur außerhalb des scheinbaren Umrisses des Zylinders (1) sichtbar. Die unsichtbaren Linien lassen wir zur Erhöhung des körperlichen Eindruckes fort.

II. Die Gesetze der Zentralprojektion.

Hauptpunkt und Augabstand.

424. Das Abbildungsverfahren, dessen Bilder in ihrem Eindruck auf den Beschauer der wirklichen Erscheinung der körperlichen Gegenstände am nächsten kommen, ist das der *Zentralprojektion* (vgl. Nr. 2 und Nr. 404) oder *Perspektive*[1]). Es unterscheidet sich von allen Verfahren der Parallelprojektion dadurch, daß bei ihm die geradlinigen Projektionsstrahlen durch einen Punkt O, das *Zentrum*, hindurchgehen, erzeugt aber im übrigen in gleicher Weise wie jene (Nr. 1) seine Bilder. Es ist offenbar, daß diese Entstehungsweise der *perspektiven Bilder* dem Vorgang des Sehens mit einem einzigen Auge sehr nahe kommt; in der Tat kann ein perspektives Bild, mit nur einem Auge durch eine enge, an der Stelle des Zentrums angebrachte Öffnung betrachtet, die Erscheinungsformen der Außenwelt vortäuschen. *Die Perspektive trägt infolgedessen zur Erklärung der uns durch den Gesichtssinn vermittelten Anschauungsform der Außenwelt bei* und gewinnt eine Bedeutung über ihre ursprünglichen Aufgaben hinaus. Um dieses Zusammenhanges willen bezeichnen wir das Zentrum O als *das Auge* und die Projektionsstrahlen als *Sehstrahlen*; auch sprechen wir gelegentlich von einem *Beschauer* des Bildes, dessen einziges Auge wir uns an der Stelle O denken.

Ein perspektives Bild kann auf jede Fläche entworfen werden, also insbesondere auf ebene oder gekrümmte Wand- oder Deckenflächen. Jedoch setzen wir — in Übereinstimmung mit den weitaus zahlreichsten Fällen der Anwendung — hier stets voraus, daß *die Bildtafel* Π *der Perspektive eine scheitelrecht vor dem Beschauer stehende Ebene* ist. Dann ist das Lot OH, das wir aus O auf Π fällen, wagerecht und in der *Horizontebene* enthalten, die wagerecht durch O läuft; sein Fußpunkt H, der *Hauptpunkt*, liegt in der ebenfalls wagerechten Geraden, in der die Horizontebene die Tafel Π durchsetzt, im *Horizont* h. Die Länge d des Lotes OH, die *Distanz* oder der *Augabstand*, bestimmt mit H zusammen die Lage des Auges O gegen die Tafel Π. Also gilt der Satz:

Ist für ein perspektives Bild der Hauptpunkt H, der Horizont h als durch H laufende Gerade und die Länge d des Augabstandes gegeben, so ist die Bildtafel Π scheitelrecht und zwar so gestellt zu denken, daß h wagerecht liegt, und das Auge O als der Endpunkt der einen in H auf Π senkrechten Strecke von der Länge d anzunehmen.

[1]) Genauer *Linienperspektive* zum Unterschiede von der *Luftperspektive*, d. i. der Lehre von der Veränderung, die die scheinbare Färbung von Körpern je nach ihrer Entfernung vom Beschauer durch die dazwischen befindliche Luft erfährt.

H und d sind wesentlich für die Eigenschaften des perspektiven Bildes und werden als seine *inneren Bestimmungsstücke* (vgl. Nr. 448) bezeichnet; da aber insbesondere bei scheitelrechter Bildtafel auch h für die Stellung des Bildes von Bedeutung ist, fassen wir H, d und h unter dem Namen der *eigenen Bestimmungsstücke* des perspektiven Bildes zusammen.

Die Verschwindungsebene.

425. Das perspektive Bild eines Punktes P des Raumes ist der Schnittpunkt $\overline{P}$ der Tafel Π mit dem Sehstrahl OP; insbesondere ist, wenn P in Π selbst liegt, $\overline{P} \equiv P$. Jedoch fehlt ein solcher Schnittpunkt, wenn $OP \parallel \Pi$, wenn also P in der Ebene Φ liegt, die durch O parallel zu Π läuft; da in diesem Fall der Punkt P im perspektiven Bild verschwindet, heißt Φ die *Verschwindungsebene.* Umgekehrt ist jeder Punkt von Π Bildpunkt aller Punkte der Geraden, die ihn mit dem Auge O verbindet. Deshalb gilt der Satz:

In der Perspektive hat jeder Punkt P des Raumes, der nicht in der Verschwindungsebene Φ liegt, einen Bildpunkt $\overline{P}$ und ist jeder Punkt der Bildtafel Π Bildpunkt von unendlich vielen Punkten des Raumes.

Die Verschwindungsebene Φ teilt den Raum in zwei Teile. Von ihnen kommt für die Anwendungen nur der eine in Betracht; denn es brauchen nur Gegenstände oder Teile von solchen abgebildet werden, die ein Beschauer mit einem Male übersehen kann, die also *vor dem Auge,* d. h. in demselben Raumteil wie Π liegen. Diesen Raumteil bezeichnen wir als den *Hauptteil des Raumes.* Aber wir können ebensogut auch Punkte, Gegenstände oder Teile von solchen nach den Gesetzen der Zentralprojektion abbilden, wenn sie *hinter dem Auge* liegen. Dann wird insbesondere das perspektive Bild eines Gegenstandes, der sich durch die beiden Raumteile erstreckt, in zwei Teile zerfallen, da ja die Bilder derjenigen seiner Punkte, die in Φ liegen, verschwinden; dieser Umstand ist für das Verständnis mancher Ergebnisse von wesentlicher Bedeutung.

Im Hauptteil des Raumes unterscheiden wir noch die der Ebene Φ näheren Gegenstände als den *Vordergrund* und die entfernteren als den *Hintergrund.*

Die Gerade.

426. Das perspektive Bild einer Geraden l ist der Inbegriff der perspektiven Bilder ihrer sämtlichen Punkte und somit die Schnittgerade $\overline{l}$ zwischen der Tafel Π und der durch O und l bestimmten *„projizierenden" Ebene von l,* in der die Sehstrahlen der Punkte von l enthalten sind. Hierbei sind jedoch zwei Ausnahmen festzustellen: *Erstens* stimmt, wenn l in der Verschwindungsebene Φ liegt, die projizierende Ebene mit Φ überein, so daß $\overline{l}$ nicht vorhanden ist. *Zweitens* gibt es, wenn l durch das Auge O geht, keine projizierende Ebene und keine Bildgerade $\overline{l}$, sondern nur einen gemeinsamen Bildpunkt aller Punkte von l (vgl. Nr. 425). Also gilt der Satz:

Das perspektive Bild einer Geraden l, die weder in der Verschwindungsebene liegt noch durch das Auge geht, ist stets eine Gerade $\overline{l}$.

Ist l zu Π parallel, ohne in Φ zu liegen, so ist $\overline{l} \parallel l$. Hieraus ergibt sich sofort der — bei einer scheitelrechten Bildtafel insbesondere für die scheitelrechten Geraden geltende — Satz:

Alle zueinander und zu der Tafel der Perspektive parallelen Geraden haben, soweit sie nicht der Verschwindungsebene angehören, Bildgeraden, die ihnen und somit untereinander parallel sind.

Ferner folgt, daß zwei Strecken von l zu Bildern zwei Strecken von $\overline{l}$ haben, deren Verhältnis dem der Strecken selbst gleich ist. Das heißt:

Ist eine Gerade zu der Tafel der Perspektive parallel, so stimmt das Verhältnis je zweier auf ihr liegenden Strecken überein mit dem Verhältnis ihrer Bildstrecken. Insbesondere bildet sich der Mittelpunkt einer zur Tafel parallelen Strecke ab in den Mittelpunkt der Bildstrecke.

Wir erkennen, daß wenigstens *hinsichtlich der zu der Bildtafel Π parallelen Geraden die Zentralprojektion Eigenschaften hat, die den allgemeinen Eigenschaften der Parallelprojektion sehr ähnlich sind.* Ihre Besonderheiten kommen erst bei den nicht zu Π parallelen Geraden zur Geltung.

Gleichviel ferner, ob die Gerade l zu Π parallel ist oder nicht, ist $\overline{l}$ das perspektive Bild nicht nur von ihr, sondern auch von jeder anderen geraden oder krummen Linie der Ebene, die durch O und $\overline{l}$ zu legen ist. Punkte und Geraden des Raumes sind durch ihre perspektiven Bilder allein noch nicht eindeutig bestimmt; infolgedessen genügt es, um das Bild eines Gegenstandes herstellen zu können, nicht, allein die perspektiven Bilder von einer Anzahl ihn bestimmender Punkte und Geraden zu besitzen, vielmehr müssen, da wir mit einer einzigen Bildtafel auskommen wollen (vgl. Nr. 23), weitere Bestimmungsstücke hinzukommen. Solche liefern die Geraden, die nicht zu Π parallel sind; dagegen muß für jeden Punkt eine derartige Gerade, die ihn trägt, gegeben und für jede zu Π parallel Gerade einer ihrer Punkte in dieser Weise festgelegt sein.

427. Eine Gerade l, die weder durch das Auge O läuft noch zu den Ebenen Π und Φ parallel ist, besitzt *drei kennzeichnende Punkte,* nämlich den *Spurpunkt S* und den *Verschwindungspunkt V,* in denen sie Π und Φ schneidet, sowie den *Fluchtpunkt $\overline{F}$*, den Spurpunkt des Strahles, der zu ihr parallel durch O läuft (vgl. Fig. 144, in der Π, O, Φ und eine Gerade l in schiefer Axonometrie dargestellt sind). Setzen wir die eigenen Bestimmungsstücke der Perspektive und mit ihnen Φ als bekannt voraus, so ist l ohne weiteres als Verbindungsgerade von S und V bestimmt oder, wenn nur einer dieser Punkte neben dem Fluchtpunkt gegeben ist, durch ihn nach dem folgenden Satz zu legen, der unmittelbar aus der Begriffsbestimmung des Fluchtpunktes fließt:

Eine (der Tafel nicht parallele) Gerade ist parallel zu der Geraden, die ihren Fluchtpunkt mit dem Auge verbindet.

Wir sagen deshalb:

Eine Gerade, die weder durch das Auge geht, noch zu der Tafel parallel ist, wird durch zwei von ihren kennzeichnenden Punkten vollständig bestimmt.

In der projizierenden Ebene einer Geraden l liegt außer l auch der zu l parallele Strahl $O\overline{F}$ und folglich in der Bildgeraden $\overline{l}$ sowohl der Spurpunkt S als auch der Fluchtpunkt $\overline{F}$; das heißt:

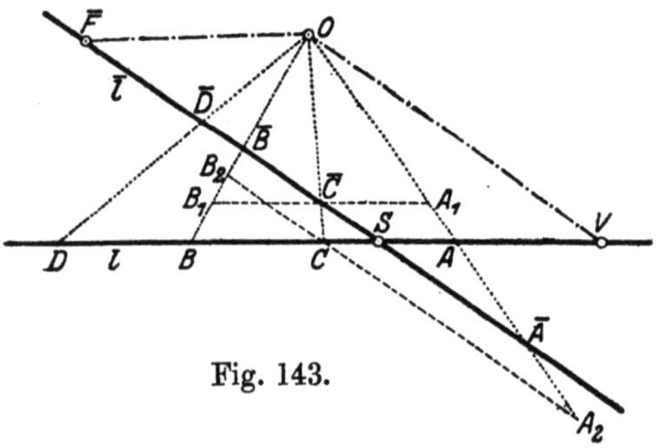

Fig. 143.

Das perspektive Bild einer Geraden, die weder durch das Auge läuft noch zu der Tafel parallel ist, verbindet den Spurpunkt und den Fluchtpunkt.

Da ferner für alle Geraden, die zu l parallel sind, nur eine einzige durch O gehende Parallele und somit nur ein einziger Fluchtpunkt $\overline{F}$ vorhanden ist, folgt der Satz:

Alle untereinander parallelen Geraden des Raumes, die nicht zugleich der Tafel parallel sind, haben einen gemeinsamen Fluchtpunkt, in dem ihre Bildgeraden zusammenlaufen.

Ist die Gerade l wagerecht, so ist der zu ihr parallele Strahl $O\overline{F}$ ebenfalls wagerecht und folglich in der Horizontebene enthalten, so daß $\overline{F}$ auf dem Horizont h liegt. Wenn dagegen l nach dem Hintergrund zu ansteigt oder sich senkt, so verläuft dementsprechend die Strecke $O\overline{F}$ oberhalb oder unterhalb der Horizontebene. Das heißt:

Je nachdem eine Gerade wagerecht ist oder nach dem Hintergrund ansteigt oder sich senkt, liegt ihr Fluchtpunkt auf oder über oder unter dem Horizont.

Endlich folgen noch daraus, daß die Bildgerade $\overline{l}$ und die Verbindungsgerade OV einerseits beide der projizierenden Ebene von l und andererseits den beiden parallelen Ebenen Π und Φ angehören, die Sätze:

Das perspektive Bild einer Geraden, die weder zu der Tafel parallel ist noch durch das Auge läuft, ist parallel zu der Geraden, die ihren Verschwindungspunkt mit dem Auge verbindet.

Alle Geraden mit gemeinsamem Verschwindungspunkt haben parallele Bildgeraden.

428. Die projizierende Ebene einer Geraden l, die keine der beiden besonderen Lagen einnimmt, ist in Fig. 143 aus ihrem räumlichen Zusammenhang gelöst hingezeichnet. In ihr bilden das Auge O und die kennzeichnenden Punkte V, S, $\overline{F}$ von l die Ecken eines Parallelogrammes. Die Gerade l und ihr perspektives Bild $\overline{l}$ zerfallen durch V und $\overline{F}$ in je zwei Teile; der im Hauptteil des Raumes liegende Teil von l

trägt S und möge der *Hauptteil der Geraden* l heißen; er bildet sich, da der Spurpunkt S sein eigener Bildpunkt ist, ab in den Teil von $\bar{l}$, der ebenfalls S trägt und als *Hauptteil der Bildgeraden* $\bar{l}$ bezeichnet sei.

Ist nun X ein Punkt von l — etwa einer der Punkte A, B, C, D in Fig. 143 — und $\bar{X}$ sein Bildpunkt auf $\bar{l}$, so sind die Dreiecke XVO und $O\bar{F}\bar{X}$ ähnlich, da ihre Seiten XO und $O\bar{X}$ in derselben Geraden liegen und $VX \parallel \bar{F}O$, $VO \parallel \bar{F}\bar{X}$ ist. Hieraus folgt die Gleichung

$$VX : VO = \bar{F}O : \bar{F}\bar{X}$$

oder

$$VX \cdot \bar{F}\bar{X} = VO \cdot \bar{F}O\,. \tag{1}$$

Die Strecken VO, $\bar{F}O$ und mit ihnen auch das Rechteck, dessen Flächeninhalt $VO \cdot \bar{F}O$ ist, bleiben unverändert, wenn wir X auf l verschieben. Deshalb muß, wenn VX zunimmt, infolge der Gleichung (1) $\bar{X}$ sich so auf $\bar{l}$ bewegen, daß $\bar{F}\bar{X}$ kleiner wird. Hiernach ergibt sich, wenn wir uns auf die Hauptteile von l und $\bar{l}$ beschränken, der Satz:

Wenn ein Punkt auf dem Hauptteil einer Geraden von ihrem Verschwindungspunkt ausgehend sich nach dem Hintergrund zu entfernt, so läuft sein Bildpunkt auf dem Hauptteil der Bildgeraden so, daß er sich dem Fluchtpunkt stetig nähert, ohne ihn zu erreichen.

Entsprechendes zeigt sich, wenn wir einen Punkt auf l von V aus in der entgegengesetzten Richtung laufen lassen. Da nun jeder Punkt von $\bar{l}$ — außer $\bar{F}$ — der Bildpunkt gerade eines Punktes von l ist, so kommen wir zu der folgenden Ausdrucksweise:

Eine Gerade l besitzt einen „unendlich fernen" Punkt F, dessen Bildpunkt der Fluchtpunkt $\bar{F}$ ist. Ein die Gerade l durchlaufender Punkt strebt, gleichviel in welchem der beiden möglichen Richtungssinne er sich entfernt, stets demselben unendlich fernen Punkt F zu.

Durch sie gewinnt der vierte Satz von Nr. 427 die Gestalt:

Alle untereinander parallelen Geraden haben einen gemeinsamen unendlich fernen Punkt, dessen Bildpunkt ihr gemeinsamer Fluchtpunkt ist.

In derselben Weise *dürfen wir den Verschwindungspunkt V als den Punkt von l auffassen, dessen Bildpunkt $\bar{V}$ der unendlich ferne Punkt der Bildgeraden $\bar{l}$ ist*; dann lautet der letzte Satz von Nr. 427:

Die Bildgeraden solcher Geraden, die denselben Verschwindungspunkt besitzen, haben einen gemeinsamen unendlich fernen Punkt.

Diese Ausdrucksweise überbrückt also den Unterschied zwischen parallelen und sich schneidenden Geraden.

Teil- und Doppelverhältnisse.

429. Wir lassen in Fig. 143 auf dem Hauptteil der Geraden l von V aus den Punkt X laufen. Nimmt er dabei der Reihe nach die Stellen A, C, B, D ein, so muß sein Bildpunkt $\bar{X}$ nach dem ersten Satz von Nr. 428 sich so auf dem Hauptteil der Bildgeraden $\bar{l}$ bewegen, daß die gleichzeitig von ihm berührten Punkte $\overline{A}$, $\overline{C}$, $\overline{B}$, $\overline{D}$ ebenfalls die Reihenfolge $\overline{A}\,\overline{C}\,\overline{B}\,\overline{D}$ besitzen. Daraus also, daß z. B. die Strecken AC und BD gleichsinnig, die Strecken AD und BC aber ungleichsinnig (Nr. 6) sind, folgt, daß die Strecken $\overline{A}\,\overline{C}$ und $\overline{B}\,\overline{D}$ ebenfalls gleichsinnig und die Strecken $\overline{A}\,\overline{D}$ und $\overline{B}\,\overline{C}$ ebenfalls ungleichsinnig sind. Das heißt:

Je nachdem zwei Strecken des Hauptteiles einer Geraden gleichsinnig oder ungleichsinnig sind, haben auch ihre Bildstrecken gleichen oder ungleichen Sinn.

Sind M, N, P drei Punkte einer Geraden, so bezeichnen wir das Streckenverhältnis $\frac{MP}{NP}$ als *das Teilverhältnis des Punktes P in bezug auf die Strecke MN* und geben seinem Zahlenwert das positive oder negative Vorzeichen, je nachdem MP und NP entsprechend der Reihenfolge ihrer Endpunkte gleichsinnig oder ungleichsinnig (Nr. 6) sind, d. h. je nachdem P einer der Verlängerungen der Strecke MN oder ihr selbst angehört. Dann folgt aus dem letzten Satz:

Sind A, B, C drei Punkte des Hauptteiles einer Geraden und $\overline{A}$, $\overline{B}$, $\overline{C}$ ihre Bildpunkte, so besitzen die beiden Teilverhältnisse $\frac{AC}{BC}$ und $\frac{\overline{A}\,\overline{C}}{\overline{B}\,\overline{C}}$ gleiche Vorzeichen.

Um auch über die Zahlenwerte der beiden Teilverhältnisse Auskunft zu erhalten, legen wir in Fig. 143 durch $\overline{C}$ die Parallele zu l und $O\overline{F}$ und schneiden sie mit OA und OB in A_1 und B_1. Dann haben wir

$$\frac{AC}{BC}=\frac{A_1\overline{C}}{B_1\overline{C}},\quad \frac{A_1\overline{C}}{O\overline{F}}=\frac{\overline{A}\,\overline{C}}{\overline{A}\,\overline{F}},\quad \frac{B_1\overline{C}}{O\overline{F}}=\frac{\overline{B}\,\overline{C}}{\overline{B}\,\overline{F}}$$

und folglich

$$\frac{AC}{BC}=\frac{\dfrac{A_1\overline{C}}{O\overline{F}}}{\dfrac{B_1\overline{C}}{O\overline{F}}}=\frac{\dfrac{\overline{A}\,\overline{C}}{\overline{A}\,\overline{F}}}{\dfrac{\overline{B}\,\overline{C}}{\overline{B}\,\overline{F}}}$$

oder nach leichter Umformung des letzten Doppelbruches

$$\frac{AC}{BC}=\frac{\dfrac{\overline{A}\,\overline{C}}{\overline{B}\,\overline{C}}}{\dfrac{\overline{A}\,\overline{F}}{\overline{B}\,\overline{F}}}\,. \tag{2}$$

Nach dem letzten Satz haben $\frac{AC}{BC}$ und $\frac{\overline{A}\,\overline{C}}{\overline{B}\,\overline{C}}$ dasselbe Vorzeichen, während $\frac{\overline{A}\,\overline{F}}{\overline{B}\,\overline{F}}$, da $\overline{A}$ und $\overline{B}$ dem Hauptteil von $\overline{l}$ angehören, positiv ist. Also gilt die Gleichung (2) auch einschließlich der Vorzeichen. Dasselbe würden wir finden, auch wenn die Punkte A, B, C nicht sämtlich auf dem Hauptteil von l lägen, und sprechen deshalb ohne Einschränkung den Satz aus:

Haben drei Punkte A, B, C einer Geraden l, die weder durch das Auge läuft noch der Tafel parallel ist, die perspektiven Bilder $\overline{A}$, $\overline{B}$, $\overline{C}$, so ist das Teilverhältnis von C in bezug auf AB einschließlich des Vorzeichens gleich dem Verhältnis der beiden Teilverhältnisse, die der Punkt $\overline{C}$ und der Fluchtpunkt $\overline{F}$ in bezug auf $\overline{A}\,\overline{B}$ besitzen.

430. Sind M, N, P, Q vier Punkte einer Geraden, so nennen wir das Verhältnis, das die Teilverhältnisse der Punkte P und Q in bezug auf die Strecke MN besitzen, ein *Doppelverhältnis* und bezeichnen es durch das Zeichen $(MNPQ)$. Hierbei ist die Reihenfolge der vier Punkte gemäß der begriffsbestimmenden Gleichung

$$(3) \qquad (MNPQ) = \frac{\dfrac{MP}{NP}}{\dfrac{MQ}{NQ}} = \frac{MP \cdot NQ}{NP \cdot MQ}$$

von wesentlicher Bedeutung; wir geben deshalb dem Inbegriff der vier Punkte M, N, P, Q mit dieser Reihenfolge einen besonderen Namen, nämlich „*Punktwurf*". Nunmehr können wir den Ausdruck des letzten Satzes von Nr. 429 folgendermaßen gestalten:

Haben drei Punkte A, B, C einer Geraden l, deren Fluchtpunkt $\overline{F}$ ist, die perspektiven Bilder $\overline{A}$, $\overline{B}$, $\overline{C}$, so ist das Teilverhältnis von C in bezug auf AB gleich dem Doppelverhältnis des Punktwurfes $\overline{A}$, $\overline{B}$, $\overline{C}$, $\overline{F}$, also

$$(2a) \qquad \frac{AC}{BC} = (\overline{A}\,\overline{B}\,\overline{C}\,\overline{F}).$$

Ziehen wir in Fig. 143 durch C die Parallele zu $\overline{l}$ und schneiden sie mit OA und OB in A_2 und B_2, so finden wir genau wie in Nr. 429 die Gleichung

$$(4) \qquad \frac{\overline{A}\,\overline{C}}{\overline{B}\,\overline{C}} = \frac{\dfrac{AC}{BC}}{\dfrac{AV}{BV}} = (ABCV).$$

und kommen so zu dem Satz:

Haben drei Punkte A, B, C einer Geraden l, deren Verschwindungspunkt V ist, die perspektiven Bilder $\overline{A}$, $\overline{B}$, $\overline{C}$, so ist das Teilverhältnis von $\overline{C}$ in bezug auf $\overline{A}\,\overline{B}$ gleich dem Doppelverhältnis des Punktwurfes A, B, C, V.

Wenn wir in Fig. 143 noch einen vierten Punkt D von l und seinen Bildpunkt $\overline{D}$ auf $\overline{l}$ hinzunehmen, so haben wir nach (2) auch

$$\frac{AD}{BD} = \frac{\dfrac{\overline{A}\,\overline{D}}{\overline{B}\,\overline{D}}}{\dfrac{\overline{A}\,\overline{F}}{\overline{B}\,\overline{F}}}$$

und erhalten aus (2) und aus dieser Gleichung

$$\frac{\dfrac{AC}{BC}}{\dfrac{AD}{BD}} = \frac{\dfrac{\overline{A}\,\overline{C}}{\overline{B}\,\overline{C}}}{\dfrac{\overline{A}\,\overline{D}}{\overline{B}\,\overline{D}}}$$

oder nach (3)

(5) $$(A\,B\,C\,D) = (\overline{A}\,\overline{B}\,\overline{C}\,\overline{D})\,.$$

Das heißt:

Zwei geradlinige Punktwürfe, von denen der eine das perspektive Bild des anderen ist, besitzen dasselbe Doppelverhältnis.

Daß dieser Satz eine Ausnahme erleidet, wenn zu einem der Würfe der Flucht- oder der Verschwindungspunkt gehört, zeigten die beiden vorangegangenen Sätze.

Gleiche Strecken.

431. Wenn wir in Fig. 143 dem Punkt C die besondere Lage geben, daß er die Strecke AB hälftet, so haben wir einschließlich der Vorzeichen $\dfrac{AC}{BC} = -1$ und somit nach (2) und nach (2a)

$$\frac{\overline{A}\,\overline{C}}{\overline{B}\,\overline{C}} = -\frac{\overline{A}\,\overline{F}}{\overline{B}\,\overline{F}} \text{ und } (\overline{A}\,\overline{B}\,\overline{C}\,\overline{F}) = -1\,.$$

Jetzt teilen $\overline{C}$ und $\overline{F}$ die Strecke $\overline{A}\,\overline{B}$ in demselben Verhältnis, aber der eine innerlich und der andere äußerlich; das heißt:

Der perspektive Bildpunkt $\overline{C}$ der Mitte C einer Strecke $A\,B$, die nicht zu der Bildtafel parallel liegt, ist dem Fluchtpunkt $\overline{F}$ der Geraden $A\,B$ als vierter harmonischer Punkt in bezug auf die Bildstrecke $\overline{A}\,\overline{B}$ zugeordnet. Die Punkte $\overline{A}$, $\overline{B}$, $\overline{C}$, $\overline{F}$ bilden einen harmonischen Punktwurf, dessen Doppelverhältnis den Wert -1 hat.

Liegen, wie in Fig. 143, A, B auf dem Hauptteil der Geraden l und A näher an V als B, so haben wir (Nr. 428) auf der Bildgeraden $\overline{l}$ die Reihenfolge $\overline{A}$, $\overline{B}$, $\overline{F}$ und erkennen aus den Gesetzen der harmonischen Teilung, daß $\overline{A}\,\overline{C} > \overline{C}\,\overline{B}$. Infolgedessen gilt der Satz:

Von zwei aneinanderstoßenden gleichen Strecken des Hauptteiles einer Geraden hat diejenige die größere perspektive Bildstrecke, die dem Verschwindungspunkt näher liegt.

Ein Maßstab besteht aus aneinandergereihten gleichen Strecken $P_0P_1 = P_1P_2 = P_2P_3 = \ldots.$; liegt ein solcher auf dem Hauptteil von l und ist von seinen Teilpunkten P_0 dem Verschwindungspunkt V am nächsten, so bildet er sich in einen auf $\overline{l}$ liegenden *perspektiven Maßstab* (vgl. Nr. 461 u. Nr. 464) ab, dessen Teilstrecken nach dem Fluchtpunkt $\overline{F}$ zu immer kleiner werden:

$$\overline{P}_0\overline{P}_1 > \overline{P}_1\overline{P}_2 > \overline{P}_2\overline{P}_3 > \ldots$$

Hieraus folgt, daß der letzte Satz auch für zwei gleiche, aber nicht aneinanderstoßende Strecken AB, CD des Hauptteiles von l gilt, wenn ihre Endpunkte zu Teilpunkten eines Maßstabes genommen werden können, d. h. wenn die Strecken AB und AC kommensurabel sind. Er gilt aber auch unabhängig von dieser Bedingung, wie wir folgendermaßen zeigen: Es sei $AB = CD$ und zur Feststellung der gegenseitigen Lage der beiden Strecken

$$VA < VB\,, \quad VA < VC\,, \quad VC < VD \tag{6}$$

vorausgesetzt. Dann ist

$$VB < VD, \tag{7}$$

und es folgt aus dem ersten Satz von Nr. 428

$$\overline{F}\overline{A} > \overline{F}\overline{B}, \qquad \overline{F}\overline{A} > \overline{F}\overline{C}, \qquad \overline{F}\overline{C} > \overline{F}\overline{D}. \tag{8}$$

Wenn wir in der Gleichung (1) an Stelle von X, $\overline{X}$ einmal A, $\overline{A}$ und das andere Mal B, $\overline{B}$ einsetzen, so ergibt sich aus ihr

$$VA \cdot \overline{F}\overline{A} = VB \cdot \overline{F}\overline{B}$$

oder

$$(VB - VA)\,\overline{F}\overline{A} = VB\,(\overline{F}\overline{A} - \overline{F}\overline{B})$$

oder, da nach (6) und (8) $VB - VA = AB$, $\overline{F}\overline{A} - \overline{F}\overline{B} = \overline{A}\overline{B}$ ist,

$$AB \cdot \overline{F}\overline{A} = VB \cdot \overline{A}\overline{B}$$

oder

$$\frac{\overline{A}\overline{B}}{AB} = \frac{\overline{F}\overline{A}}{VB}.$$

Ganz ebenso finden wir die Beziehung

$$\frac{CD}{\overline{C}\overline{D}} = \frac{VD}{\overline{F}\overline{C}}.$$

Mit ihr folgt

$$\frac{\overline{A}\overline{B}}{\overline{C}\overline{D}} = \frac{\overline{A}\overline{B}}{AB} \cdot \frac{CD}{\overline{C}\overline{D}} = \frac{\overline{F}\overline{A} \cdot VD}{\overline{F}\overline{C} \cdot VB}$$

und, da nach (7) und (8)

$$\overline{F}\overline{A} \cdot VD > \overline{F}\overline{C} \cdot VB$$

ist,

$$\overline{A}\overline{B} > \overline{C}\overline{D}\,.$$

Hiermit ist unser Satz erwiesen. Wir können ihn folgendermaßen aussprechen:

Wird eine Strecke von gleichbleibender Länge auf dem Hauptteil ihrer Geraden nach dem Hintergrund geschoben, so verkleinert sich ihre perspektive Bildstrecke.

432. Über die perspektiven Bilder zweier gleichen Strecken können wir auch dann eine einfache Aussage machen, wenn sie nicht derselben Geraden angehören, aber einander und zugleich der Bildtafel parallel sind. Zwei Strecken MN, PQ dieser Art sind das eine Gegenseitenpaar eines Parallelogrammes, dessen zweites Gegenseitenpaar MP, NQ bilden mögen. Nach dem zweiten Satz von Nr. 426 sind die Bildstrecken $\overline{M}\,\overline{N}$, $\overline{P}\,\overline{Q}$ einander stets parallel; hinsichtlich der Bildstrecken $\overline{M}\,\overline{P}$, $\overline{N}\,\overline{Q}$ aber sind zwei Fälle möglich. Im ersten Fall sind die Geraden MP, NQ ebenfalls der Tafel parallel, so daß auch $\overline{M}\,\overline{P} \parallel \overline{N}\,\overline{Q}$ und folglich $\overline{M}\,\overline{N} = \overline{P}\,\overline{Q}$ ist. Weil hierbei die Ebene $MNQP$ zu der Tafel und zu der Verschwindungsebene parallel ist, besitzen die Strecken MN, PQ von jeder dieser beiden Ebenen gleiche Abstände. Also gilt der Satz:

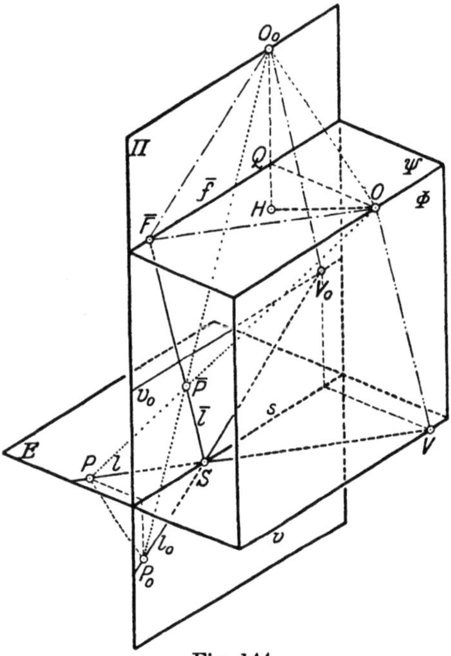

Fig. 144.

Wenn zwei gleiche und einander parallele Strecken auch zu der Verschwindungsebene parallel sind und von ihr gleichen Abstand besitzen, so sind ihre Bildstrecken gleich lang.

Oder:

Wird eine Strecke, die zu der Tafel parallel ist, ohne Änderung ihrer Größe und ihrer Richtung und ohne Änderung ihres Abstandes von der Tafel verschoben, so ändert ihre perspektive Bildstrecke ihre Länge nicht.

Im zweiten Fall sind die Geraden MP und NQ nicht zu der Tafel parallel und besitzen einen gemeinsamen Fluchtpunkt $\overline{F}$, in dem ihre Bildgeraden $\overline{M}\,\overline{P}$ und $\overline{N}\,\overline{Q}$ sich treffen. Dann liegen die beiden untereinander parallelen Strecken $\overline{M}\,\overline{N}$, $\overline{P}\,\overline{Q}$ in demselben, von jenen Geraden bei $\overline{F}$ gebildeten Winkel, sofern MN und PQ dem Hauptteil des Raumes angehören. Die von ihnen, deren Endpunkte dem Fluchtpunkt $\overline{F}$ näher sind, ist erstens die kleinere und zweitens nach dem ersten Satz von Nr. 428 das perspektive Bild derjenigen der beiden Strecken MN und PQ, deren Endpunkte von den Verschwindungspunkten der Geraden MP und NQ weiter entfernt sind. Hieraus fließt der Satz:

Von zwei gleichen und einander parallelen Strecken, die im Hauptteil des Raumes liegen und der Bildtafel parallel sind, besitzt diejenige die kleinere perspektive Bildstrecke, die von der Verschwindungsebene weiter entfernt ist.

Oder:

Wird eine zu der Bildtafel parallele Strecke ohne Längen- und Richtungsänderung nach dem Hintergrund geschoben, so verkleinert sich ihre perspektive Bildstrecke.

Die Ebene.

433. *Läuft eine Ebene durch das Auge O, so fallen die perspektiven Bilder aller in ihr enthaltenen Punkte und Linien auf ihre Schnittlinie mit der Bildtafel;* denn die Ebene enthält die Sehstrahlen ihrer sämtlichen Punkte. Eine Ebene E dagegen, die weder durch O läuft, noch zu der Tafel Π und der Verschwindungsebene Φ parallel ist, besitzt *drei kennzeichnende Geraden*, nämlich die *Spurgerade* s und die *Verschwindungsgerade* v, in denen sie von Π und Φ, sowie die *Fluchtgerade* $\overline{f}$, in der die zu ihr parallel durch O gelegte Ebene Ψ von Π geschnitten wird. Da die vier Ebenen Π, Φ, E, Ψ zu zwei Paaren parallel sind (Fig. 144[1]), gilt der Satz:

Die Spurgerade, die Fluchtgerade und die Verschwindungsgerade einer Ebene sind einander parallel.

Wie in Nr. 427 für eine Gerade, so folgt auch hier, daß die Ebene E durch zwei ihrer kennzeichnenden Geraden bestimmt ist; wir merken uns insbesondere den Satz:

Sind zwei einander parallele Geraden s und $\overline{f}$ in der Bildtafel gezeichnet, so gibt es stets eine Ebene E, für die s Spurgerade und $\overline{f}$ Fluchtgerade ist; E geht durch s parallel zu der Ebene, die $\overline{f}$ mit dem Auge O verbindet.

Für alle zu E parallelen Ebenen ergibt sich dieselbe Ebene Ψ und demnach dieselbe Fluchtgerade $\overline{f}$. Also folgt:

Jede Schar untereinander paralleler Ebenen hat eine gemeinsame Fluchtgerade.

Für alle wagerechten Ebenen fällt Ψ mit der Horizontebene und $\overline{f}$ mit dem Horizont h zusammen; je nachdem die Spurgerade einer solchen Ebene unter oder über h liegt, befindet sich die Ebene unter oder über dem Auge O. Also folgt der Satz:

Der Horizont ist die Fluchtgerade aller wagerechten Ebenen. Eine solche Ebene kehrt dem Beschauer ihre obere oder ihre untere Seite zu, je nachdem ihre Spurgerade unter oder über dem Horizont verläuft.

Die Ebenen, die zu Π parallel sind, haben keine kennzeichnenden Geraden. Bei einer Ebene, die durch O geht, ist die Spurgerade zugleich Fluchtgerade und trägt die Bilder aller Punkte und Linien der Ebene.

434. *Die Spurgerade s fällt mit ihrer Bildgeraden $\overline{s}$ zusammen*; deshalb hat eine in E liegende Gerade l, die zu Π und somit zu s parallel ist, nach dem zweiten Satz von Nr. 426 eine zu s parallele Bildgerade $\overline{l}$. Ist aber die Gerade l nicht zu Π parallel, so liegt (Fig. 144) ihr Spurpunkt S auf s, ihr Verschwindungspunkt V auf v und ihr Fluchtpunkt $\overline{F}$, da die zu l parallele Gerade $O\overline{F}$ in Ψ enthalten ist, auf $\overline{f}$. Das heißt:

[1] In Fig. 144 sind in schiefer Axonometrie Rechtecke dargestellt, die aus E, Π, Φ, Ψ herausgeschnitten sind. Π und Φ sind stets als scheitelrechte Ebenen zu denken; dagegen brauchen weder E und Ψ noch s, v, $\overline{f}$ als wagerecht vorgestellt zu werden.

Die Spurgerade einer Ebene trägt die Spurpunkte, die Verschwindungsgerade die Verschwindungspunkte und die Fluchtgerade die Fluchtpunkte aller in der Ebene liegenden Geraden mit Ausnahme der Geraden, die zu der Bildtafel parallel sind und somit zu der Spurgeraden parallele Bildgeraden besitzen.

Im Anschluß an den zweiten Satz von Nr. 428 dürfen wir hiernach sagen: Die Fluchtgerade $\overline{f}$ trägt die Bildpunkte der unendlich fernen Punkte, welche die einzelnen Geraden von E besitzen; sie ist also die Bildgerade des Inbegriffs aller unendlich fernen Punkte von E. Da nun jede Gerade von Π außer $\overline{f}$ die Bildgerade einer Geraden von E ist, so kommen wir folgerichtig zu der Ausdrucksweise:

Eine Ebene E besitzt als den Ort der unendlich fernen Punkte ihrer einzelnen Geraden eine „unendlich ferne Gerade“ f. Die Fluchtgerade $\overline{f}$ und ihre Punkte sind die Bilder der unendlich fernen Geraden f und ihrer Punkte. Jede Schar untereinander paralleler Ebenen hat eine gemeinsame unendlich ferne Gerade.

Ebenso sind *die Verschwindungsgerade v und ihre Punkte aufzufassen als die Gerade und die Punkte von E, deren Bilder die unendlich ferne Gerade $\overline{v}$ von E und ihre Punkte sind.*

Die Einführung der unendlich fernen Punkte und Geraden vereinfacht viele Sätze dadurch, daß sie verschiedene Fälle zusammenzufassen gestattet. Sie behindert nicht die Anwendung der Sätze, insbesondere nicht die Ableitung von Konstruktionen aus ihnen; man muß nur stets das Folgende vor Augen behalten: Ein unendlich ferner Punkt ist stets durch eine Gerade gegeben, der er angehört. Ihn mit einem endlichen Punkt verbinden, heißt, durch diesen die Parallele zu der Geraden ziehen. Der Schnittpunkt der unendlich fernen Geraden einer Ebene mit einer endlichen Geraden der Ebene ist der unendlich ferne Punkt der endlichen Geraden.

Die Umlegung einer Ebene.

435. *Ist eine Ebene E zu der Bildtafel Π parallel, so ist das perspektive Bild jeder in ihr liegenden Figur dieser ähnlich.* Denn die Sehstrahlen, die eine solche Figur projizieren, bilden eine Pyramide oder einen Kegel, die in die beiden parallelen Ebenen E und Π zwei ähnliche Figuren — die gegebene Figur und ihr Bild — einzeichnen.

Ist die Ebene E nicht zu der Tafel Π parallel, so legen wir sie, um das perspektive Bild einer in ihr befindlichen Figur zu untersuchen, in Π um. Dabei denken wir uns die vier Ebenen E, Π, Φ, Ψ in ihren Schnittgeraden gelenkig miteinander verbunden, so daß zugleich mit E auch Ψ in Π hineingedreht wird; dadurch fällt das Auge O auf einen Punkt O_0 von Π, den wir *das umgelegte Auge* nennen. Wir haben nun (Nr. 108), wenn Q der Fußpunkt des aus O auf $\overline{f}$ gefällten Lotes ist (Fig. 144),

$$QO_0 \perp \overline{f}, \qquad QO_0 = QO$$

und, da der Augabstand $OH = d$ auf Π senkrecht steht, auch

$$HQ \perp HO, \qquad HQ \perp \bar{f}.$$

Hieraus folgt der — mit den Sätzen von Nr. 110 zu vergleichende — Satz:

Wird eine Ebene Ε *um ihre Spur s in die Bildtafel umgelegt, so gehört dazu als umgelegtes Auge ein Punkt O_0 der Geraden, die durch den Hauptpunkt H senkrecht zu der Fluchtgeraden $\bar{f}$ von* Ε *läuft. Von dem Schnittpunkt Q dieser beiden Geraden ist O_0 um die Hypotenuse eines rechtwinkligen Dreiecks entfernt, dessen Katheten gleich dem Augabstand d und gleich der Strecke HQ sind.*

Für die Drehung der Ebenen Ε und Ψ um ihre Schnittlinien mit Π bestehen zwei Möglichkeiten. Wir wählen, wenn, wie es meist der Fall ist, die abzubildende Figur von O aus gerechnet jenseits von Π liegt, die Drehung, bei der O_0 durch $\bar{f}$ von s getrennt wird; denn dann liegt die Umlegung der Figur nicht in dem Streifen zwischen s und $\bar{f}$, der ihr perspektives Bild enthält. *Wir setzen also in der Regel die Reihenfolge „O_0, $\bar{f}$, perspektives Bild der ebenen Figur, s, Umlegung der Figur“ voraus.*

Bei der Umlegung von Ε fällt (Nr. 108) die Verschwindungsgerade v auf eine zu s und $\bar{f}$ parallele Gerade v_0, die wir *die umgelegte Verschwindungsgerade* nennen. v und O liegen in der zu Π parallelen Ebene Φ, also auf derselben Seite von Π und in gleichen Abständen von s und $\bar{f}$; infolgedessen sind nach der Umlegung von Ε und Ψ die senkrechten Abstände, die wir in der Richtung von s nach v_0 und von $\bar{f}$ nach O_0 messen, einander nach Richtungssinn und Größe gleich. Wir drücken dies folgendermaßen aus:

Bei der Umlegung einer Ebene geht die umgelegte Verschwindungsgerade aus der Spurgeraden durch dieselbe Schiebung innerhalb der Bildtafel hervor, durch die die Fluchtgerade in eine, das umgelegte Auge tragende Gerade übergeführt wird.

Aufgabe: *Gegeben* sind der Hauptpunkt H und der Augabstand d für ein perspektives Bild, sowie die Spurgerade s und die Fluchtgerade $\bar{f}$ einer Ebene Ε. *Gesucht* sind für die Umlegung von Ε das umgelegte Auge O_0 und die umgelegte Verschwindungsgerade v_0.

Wir fällen (Fig. 145) das Lot HQ auf $\bar{f}$, konstruieren das Dreieck QHO^*, in dem $\sphericalangle QHO^* = 90°$, $HO^* = d$ ist, und tragen auf der Geraden QH von Q aus nach der von s abgewendeten Seite die Strecke $QO_0 = QO^*$ ab. Darauf ziehen wir in demselben Abstand und auf der aus dem letzten Satz folgenden Seite von s die Parallele v_0 zu s. — Geht $\bar{f}$ durch H, so ist $Q \equiv H$ und $QO_0 \equiv HO_0 = d$; dies ist insbesondere der Fall, wenn Ε eine wagerechte Ebene und somit $\bar{f} \equiv h$ ist (siehe z. B. Fig. 150).

436. Nachdem wir in Nr. 435 die Art festgestellt haben, in der wir eine Ebene Ε umlegen, gehört zu jedem Punkt von Ε eindeutig ein Punkt von Π, der sein Umlegungspunkt ist, und umgekehrt. Ebenso gehört zu jedem Punkt von E ein einziger Punkt von Π, der sein Bildpunkt ist, und zu jedem Punkt von Π ein einziger Punkt von E, dessen Bildpunkt jener ist. Hierdurch wird eine umkehrbar eindeutige Beziehung zwischen den Punkten von Π hervorgerufen, die Umlegungs- und Bildpunkt je desselben Punktes von E sind. Sie erfährt in den Punkten der umgelegten Verschwindungsgeraden v_0 und der Fluchtgeraden $\bar{f}$ Ausnahmen, da den Punkten der ersten keine Bildpunkte und den Punkten der zweiten keine Umlegungspunkte zugeordnet sind; doch verschwinden diese Ausnahmen durch die Einführung der unendlich fernen Punkte und Geraden (Nr. 428 und Nr. 434). Eine Besonderheit zeigt sich ferner bei den Punkten der Spurgeraden s, da jeder von ihnen zugleich sein eigener Umlegungspunkt und sein eigener Bildpunkt ist. Deshalb sagen wir:

Zwischen der Umlegung einer ebenen Figur und ihrem perspektiven Bild besteht eine umkehrbar eindeutige Zuordnung der Punkte, in der jeder Punkt der Spurgeraden sich selbst entspricht.

Nach dem ersten Absatz von Nr. 126 sind die Gerade OO_0 und, wenn P ein Punkt von E und P_0 seine Umlegung in Π ist, die Gerade PP_0 senkrecht zu den Halbierungsebenen der Winkel, die von den Ebenen Ψ und E bei der sie mit Π vereinigenden Drehung überstrichen werden. Wir erkennen (Fig. 144) sofort, daß diese Halbierungsebenen parallel sind; folglich sind auch die Geraden OO_0 und PP_0 parallel und demnach in einer Ebene enthalten. In dieser Ebene liegen auch die Geraden OP und O_0P_0; sie schneiden sich also, und ihr Schnittpunkt ist, da OP der Sehstrahl des Punktes P und O_0P_0 auch eine Gerade der Tafel Π ist, der Punkt, in dem Π von OP durchbohrt wird, d. h. der Bildpunkt $\bar{P}$ von P: O_0, $\bar{P}$, P_0 liegen in gerader Linie. Hiermit haben wir den Satz:

Bei der Umlegung und dem perspektiven Bild einer ebenen Figur geht die Verbindungsgerade zweier einander zugeordneten Punkte stets durch das umgelegte Auge.

437. Aus dem ersten Satz von Nr. 426 und aus dem ersten Satz von Nr. 434 im Verein mit den Sätzen von Nr. 108 ergibt sich ohne weiteres der folgende:

Zwischen der Umlegung einer ebenen Figur und ihrem perspektiven Bild besteht eine umkehrbar eindeutige Zuordnung ihrer Geraden derart, daß von je zwei entsprechenden Geraden jede die Punkte trägt, die denen der anderen entsprechen. Je zwei einander zugeordnete Geraden schneiden sich in einem Punkt der Spurgeraden oder sind ihr parallel.

In Fig. 144 seien l eine Gerade der Ebene E und S, V, $\bar{F}$ ihre kennzeichnenden Punkte. Dann folgt aus den Sätzen von Nr. 427, daß $SV \parallel \bar{F}O$, $S\bar{F} \parallel VO$; also ist auch $SV = \bar{F}O$, $S\bar{F} = VO$. Legen wir nun E in die Bildtafel Π um, so bleiben S und $\bar{F}$ fest, während O auf das umgelegte Auge O_0 und V auf einen Punkt V_0 der umgelegten Verschwindungsgeraden v_0 fällt. V_0 ist *der umgelegte Verschwindungspunkt* von l und bestimmt mit S zusammen die Umlegung l_0. Bei der Umlegung von E klappen wir nach Nr. 435 das Prisma, das durch Streifen der Ebenen Π, E, Φ, Ψ gebildet wird, in die Ebene Π hinein; dabei ändern sich die Längen der in den Ebenen E, Φ, Ψ befindlichen Strecken nicht, so daß $SV_0 = SV$, $\bar{F}O_0 = \bar{F}O$, $V_0O_0 = VO$ ist. Also ist auch

$$SV_0 = \bar{F}O_0,\ S\bar{F} = V_0O_0 \text{ und somit } SV_0 \parallel \bar{F}O_0,\ S\bar{F} \parallel V_0O_0.$$

Bedenken wir endlich, daß nach Nr. 427 die Bildgerade $\bar{l}$ die Punkte S und $\bar{F}$ verbindet, so erhalten wir den Satz:

Wird eine Gerade l mit einer Ebene E umgelegt, so ist der Schnittpunkt zwischen ihrer Umlegung l_0 und der umgelegten Verschwindungsgeraden v_0 der umgelegte Verschwindungspunkt V_0. Von den Geraden, die das umgelegte Auge O_0 mit V_0 und mit dem Fluchtpunkt $\bar{F}$ von l verbinden, ist die erste zu der Bildgeraden $\bar{l}$ und die zweite zu der Umlegungsgeraden l_0 parallel.

Dieser Satz ist, wie sofort zu erkennen, vereinbar mit der Anordnung von s, v_0, $\bar{f}$, O_0, die durch den letzten Satz von Nr. 435 bestimmt wird. Er ist zugleich ein anderer Ausdruck des zweiten Satzes von Nr. 436, sofern dieser auf die Punkte von v_0 und $\bar{f}$ angewendet wird; denn wenn wir wie in Nr. 428 mit F und $\bar{V}$ die unendlich fernen Punkte von l und $\bar{l}$ bezeichnen, so müssen wir den unendlich fernen Punkt von l_0 als den Umlegungspunkt F_0 von F auffassen und erkennen dann, daß die zu l_0 und $\bar{l}$ parallelen Geraden $\bar{F}F_0$ und $V_0\bar{V}$ mit den Geraden $\bar{F}O_0$ und V_0O_0 übereinstimmen und, wie es jener Satz verlangt, durch O_0 laufen.

Die Zentralkollineation.

438. Sind in der Tafel Π der Perspektive der Hauptpunkt H und der Augabstand d, sowie zwei parallele Geraden s und $\bar{f}$ als die Spurgerade s und die Fluchtgerade $\bar{f}$ einer Ebene E gegeben, so ist nach dem letzten Satz von Nr. 424 die Lage des Auges O und nach dem zweiten Satz von Nr. 433 die Ebene E bestimmt. Wir dürfen stets eine beliebige in Π gegebene Figur $\mathfrak{F}_1$ als Umlegung oder als perspektives Bild einer in E liegenden Figur $\mathfrak{F}$ auffassen; im ersten Fall entsteht $\mathfrak{F}$ aus $\mathfrak{F}_1$ durch eine Drehung um s, im zweiten Fall als Schnittfigur zwischen E und der durch O und $\mathfrak{F}_1$ bestimmten Pyramide. Suchen wir dann in Π die Figur $\mathfrak{F}_2$ auf, die im ersten Fall das perspektive Bild, im zweiten Fall die Umlegung von $\mathfrak{F}$ ist, so sind die Figuren $\mathfrak{F}_1$ und $\mathfrak{F}_2$ einander durchaus eindeutig so zugeordnet, daß für sie die Sätze von Nr. 436 und Nr. 437 gelten; sie stehen in einer geometrischen Verwandtschaft (Nr. 117), die den Namen *Zentralkollineation* führt, und sind in ihr gleichberechtigt, so daß sie den gemeinsamen Namen *zweier kollinearen Figuren* erhalten. Wir bezeichnen das umgelegte Auge O_0 als *das Zentrum*, die Spurgerade s als *die Achse*, die Fluchtgerade $\bar{f}$ und die umgelegte Verschwindungsgerade v_0 als *die beiden*

Gegengeraden der Zentralkollineation und endlich die durch O_0 laufenden Strahlen als *die Kollineationsstrahlen*; dann können wir die folgenden, die Sätze von Nr. 436 und Nr. 437 erweiternden und zusammenfassenden Sätze aussprechen:

Sind in der Bildtafel Π *der Perspektive der Hauptpunkt* H *nebst dem Augabstand* d *und die Spurgerade* s *nebst der Fluchtgeraden* $\overline{f}$ *einer Ebene* E *gegeben, so stehen die Umlegung und das perspektive Bild einer in* E *liegenden Figur in der Zentralkollineation, deren Zentrum das nach Nr. 435 ermittelte umgelegte Auge* O_0, *deren Achse* s, *deren Gegengeraden* $\overline{f}$ *und die nach dem letzten Satz von Nr. 435 gezogene Gerade* v_0 *sind. Umgekehrt darf man jede in* Π *gegebene Figur* $\mathfrak{F}_1$ *sowohl als die Umlegung wie als das perspektive Bild einer in* E *befindlichen Figur* $\mathfrak{F}$ *auffassen und erhält dann jedesmal in eindeutiger Zuordnung eine zu* $\mathfrak{F}_1$ *kollineare Figur* $\mathfrak{F}_2$ *von* Π, *die das perspektive Bild bzw. die Umlegung von* $\mathfrak{F}$ *ist.*

In der Zentralkollineation, die zwischen der Umlegung und dem perspektiven Bild einer ebenen Figur besteht, liegen je zwei entsprechende Punkte auf demselben Kollineationsstrahl. Je zwei entsprechende Geraden schneiden sich auf der Kollineationsachse oder sind dieser gleichzeitig parallel; im ersten Fall treffen die Geraden die zu ihnen durch das Kollineationszentrum gelegten Parallelen in Punkten der beiden Gegengeraden.

Die Zentralkollineation kann unabhängig von der Umlegung und dem perspektiven Bild einer ebenen Figur durch eine allgemeinere Begriffsbestimmung eingeführt werden, wobei sich dieselben Gesetze ergeben. Dann zeigt sich, daß die Affinität und die Beziehung zwischen zwei ebenen Figuren, die ähnlich und in ähnlicher Lage sind, als Sonderfälle der Zentralkollineation aufzufassen sind; im ersten Fall ist das Kollineationszentrum der gemeinsame unendlich ferne Punkt der Affinitätsstrahlen, im zweiten Fall die Kollineationsachse die unendlich ferne Gerade der Ebene, und in beiden Fällen sind die Gegengeraden in der unendlich fernen Geraden vereinigt.

439. Der zweite Satz von Nr. 438 enthält in sich die Lösung der folgenden grundlegenden

Aufgabe: *Gegeben* sind für die Zentralkollineation, die zwischen der Umlegung und dem perspektiven Bild einer ebenen Figur besteht, die Bestimmungsstücke O_0, s, $\overline{f}$, v_0, und ferner in einer der beiden Figuren 1) eine Gerade l_1, die zu s nicht parallel ist, — 2) ein Punkt P_1 — 3) eine Gerade m_1, die zu s parallel ist. *Gesucht* sind in der anderen Figur die entsprechenden Geraden l_2, m_2 und der entsprechende Punkt P_2.

Um die Lösung zu 1) zu erhalten, nehmen wir zunächst in Fig. 145 $l_1 \equiv l_0$ und bestimmen außer dem Schnittpunkt S von l_0 und s entweder den Schnittpunkt V_0 von l_0 und v_0 oder den Schnittpunkt $\overline{F}$ zwischen $\overline{f}$ und der Geraden, die wir zu l_0 parallel durch O_0 ziehen; dann ist $l_2 \equiv \overline{l}$ im ersten Fall die Gerade, die zu O_0V_0 parallel durch S läuft, und im zweiten Fall die Verbindungsgerade von S und $\overline{F}$. Nehmen wir $l_1 \equiv \overline{l}$, so sind l_0 mit $\overline{l}$, v_0 mit $\overline{f}$ und V_0 mit $\overline{F}$ zu vertauschen. — Die Lösung zu 2) beruht auf der Lösung zu 1): Wir legen durch P_1 entweder eine die Kollineationsachse s treffende Gerade l_1, bestimmen die entsprechende Gerade l_2 und schneiden in diese durch den Kollineationsstrahl O_0P_1 den gesuchten Punkt P_2 ein; oder wir ziehen durch P_1 zwei Geraden, die s schneiden, und finden P_2 als den Schnittpunkt der beiden entsprechenden Geraden. — Die Lösung zu 3) gründet sich wiederum auf die zu 2): Wir nehmen auf m_1 einen beliebigen Punkt P_1 an, suchen den ihm zugeordneten Punkt P_2 auf und ziehen durch diesen m_2 parallel zu s.

Auf Grund dieser Aufgabe sind wir imstande, ähnlich, wie es bei der Affinität (Nr. 123 und Nr. 124) gezeigt wurde, aus der einen der beiden kollinearen Figuren, $\mathfrak{F}_1$, die andere, $\mathfrak{F}_2$, abzuleiten: Wir wiederholen in Gedanken die zur Herstellung von $\mathfrak{F}_1$ notwendigen geometrischen Operationen — indem wir endliche Punkte miteinander oder mit unendlich fernen Punkten (siehe den letzten Absatz von Nr. 434) verbinden und die Schnittpunkte von geraden Linien bestimmen — und übertragen sie nach den Gesetzen der Zentralkollineation auf die zu zeichnende Figur $\mathfrak{F}_2$. Dabei können wir verschiedene Wege einschlagen, müssen aber stets dasselbe Ergebnis finden; denn nach dem ersten Satz von Nr. 438 gibt es zu $\mathfrak{F}_1$ eine einzige Figur $\mathfrak{F}_2$, die ihr in der gerade vorliegenden Zentralkollineation zugeordnet ist. Infolgedessen sprechen wir den Satz aus:

Sind für die Zentralkollineation, in der die Umlegung und das perspektive Bild einer ebenen Figur stehen, das Zentrum O_0, die Achse s und die eine der beiden Gegengeraden $\overline{f}$ und v_0 gegeben, so kann man sowohl das perspektive Bild aus der Umlegung als auch die Umlegung aus dem perspektiven Bild in vollkommen eindeutiger Weise konstruieren.

Wir brauchen dabei, wie die Lösung der letzten Aufgabe lehrt, nur die eine der beiden Gegengeraden zu benutzen. Meist wird hierzu die Fluchtgerade $\overline{f}$ genommen und die umgelegte Verschwindungsgerade v_0 nicht erst gezogen; in manchen Fällen jedoch bietet die letztere bedeutende Vorteile für die Konstruktion dar.

Die perspektiven Bilder des Kreises.

440. Die Sehstrahlen, die von dem Auge O nach den Punkten eines Kreises k laufen, bilden eine Kreiskegelfläche (Nr. 201) und treffen infolgedessen die Bildtafel Π in den Punkten eines Kegelschnittes $\overline{k}$. Die zu Π parallele Verschwindungsebene Φ schneidet die Ebene E von k in der Verschwindungsgeraden v und enthält keine, eine oder zwei Erzeugende der Kreiskegelfläche, je nachdem (Nr. 202) v keinen, einen oder zwei Punkte von k trägt. Also folgt aus Nr. 213, wo die Buchstaben S und E an der Stelle von O und Π stehen, im Verein mit den Sätzen von Nr. 219, Nr. 224 und Nr. 240 der Satz:

Das perspektive Bild eines Kreises ist eine Ellipse, eine Parabel oder eine Hyperbel, je nachdem der Kreis die Verschwindungsgerade seiner Ebene nicht schneidet, in einem Punkte berührt oder in zwei Punkten schneidet.

Legen wir die Ebene des Kreises nach Nr. 435 in die Bildtafel Π um, so erhalten wir nach Nr. 438 den Satz:

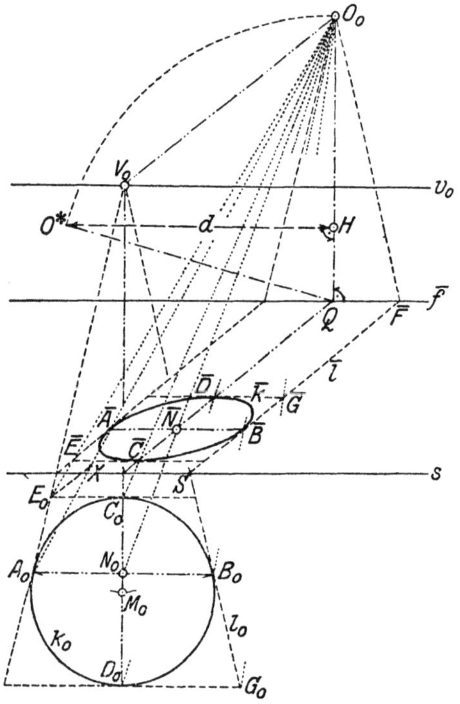

Fig. 145.

Das perspektive Bild $\overline{k}$ eines Kreises k ist zu seiner Umlegung k_0 kollinear und eine Ellipse, eine Parabel oder eine Hyperbel, je nachdem k_0 die umgelegte Verschwindungsgerade v_0 nicht schneidet, in einem Punkt berührt oder in zwei Punkten schneidet.

Zur Ableitung der Eigenschaften der Kegelschnitte aus denen des Kreises haben wir im dritten Abschnitt Fig. 63, Fig. 67 und Fig. 76 benutzt; sie sind als Risse räumlicher Gebilde gezeichnet, können aber ebenso zur Erläuterung des kollinearen Zusammenhanges zwischen k_0 und $\overline{k}$ dienen: Wir müssen uns zu dem Zweck in ihnen an Stelle der einen Kreis darstellenden Ellipse k_1 einen Kreis k_0 gezeichnet und an Stelle der Bezeichnungen S, e_1, f_1, k die Bezeichnungen O_0, s, v_0, $\overline{k}$ gesetzt denken. Allerdings ist dann für die Umlegung einer Ebene, bei der k_0 aus einem Kreis k entstehen würde, gerade die Möglichkeit gewählt, von der wir in Nr. 435 aus Gründen der übersichtlichen Anordnung abgesehen haben; auch fehlt die Fluchtgerade $\overline{f}$. Aber wir überzeugen uns leicht, daß in jeder der drei Figuren die in Nr. 438 ausgesprochenen Gesetze der Zentralkollineation gelten. Infolgedessen erhalten wir in Fig. 63 die Ellipse $\overline{k}$, in Fig. 67 die Parabel $\overline{k}$, in Fig. 76 die Hyperbel $\overline{k}$ als eine kollineare Kurve des Kreises k_0, der an die Stelle der Ellipse k_1 tritt, und zwar in genau denselben Vorgängen wie in Nr. 218, in Nr. 223, in Nr. 239: Wir wenden auf den Kreis k_0 in derselben Weise, wie dort auf den durch die Ellipse k_1 dargestellten Leitkreis der Kegelfläche den ersten Satz von Nr. 217 an und leiten aus ihm durch die Zentralkollineation die Grundeigenschaften der drei Kegelschnitte ab, an die wir dieselben Entwicklungen wie dort knüpfen können.

In den Anwendungen der Perspektive kommt es selten vor, daß ein Kreis sich als Parabel oder als Hyperbel abbildet. Außerdem handelt es sich dann um große Kreise, von denen nur verhältnismäßig kurze Bögen im Gesichtsfeld des Beschauers liegen; es sind also auch nur kurze und meist sehr flache Bögen der Bildparabeln und Bildhyperbeln zu zeichnen, und diese können mit ausreichender Genauigkeit durch Punkte gelegt werden, die unmittelbar als perspektive Bilder von Punkten der abzubildenden Kreise bestimmt worden sind. Dagegen sind häufig Kreise abzubilden, die ganz vor dem Beschauer liegen und somit ganze Ellipsen zu Bildkurven haben; mit dieser Aufgabe allein wollen wir uns beschäftigen.

441. Sind in Fig. 145 der Hauptpunkt H und der Augabstand d, sowie die Spurgerade s und die Fluchtgerade $\overline{f}$ einer Ebene E gegeben, so tragen wir nach der Aufgabe von Nr. 435 für die Umlegung von E das umgelegte Auge O_0 und die umgelegte Verschwindungsgerade v_0 ein und schlagen um einen beliebigen Punkt M_0 einen Kreis k_0, der mit v_0 keinen Punkt gemeinsam hat. Dann ist nach Nr. 440 k_0 die Umlegung eines in E befindlichen Kreises k, dessen perspektives Bild $\overline{k}$ eine Ellipse ist; wir konstruieren nun $\overline{k}$ mit Hilfe der Zentralkollineation, deren Zentrum, Achse und Gegengeraden O_0, s, $\overline{f}$, v_0 sind, und zwar so, daß wir ein Paar konjugierter Durchmessersehnen von $\overline{k}$ aufsuchen.

Der Fußpunkt V_0 des Lotes, das wir aus M_0 auf v_0 fällen, liegt außerhalb von k_0; deshalb gehen von ihm zwei Tangenten an k_0, deren Berührungspunkte A_0, B_0 durch eine zu $V_0 M_0$ senkrechte und somit zu s parallele Gerade verbunden werden. Zu $A_0 B_0$ und zu s parallel sind auch die Tangenten, die k_0 in den Schnittpunkten C_0, D_0 der Geraden $V_0 M_0$ berühren; sie bilden zusammen mit den vorher genannten Tangenten ein dem Kreis k_0 umgeschriebenes Viereck, in dem wir zwei Gegenecken mit E_0 und G_0 bezeichnen. Die kollineare Figur dieses Vierecks besteht, da der Beweis des letzten Satzes von Nr. 142 sich auch auf kollineare Kurven übertragen läßt, aus vier Tangenten der Ellipse $\overline{k}$, deren Berührungspunkte $\overline{A}$, $\overline{B}$, $\overline{C}$, $\overline{D}$ den Punkten A_0, B_0, C_0, D_0 entsprechen. Die Bildgeraden $\overline{A}\overline{E}$, $\overline{B}\overline{G}$, $\overline{C}\overline{D}$, von $V_0 A_0 \equiv A_0 E_0$, $V_0 B_0 \equiv B_0 G_0$, $V_0 M_0 \equiv C_0 D_0$ gehen durch die Schnittpunkte zwischen s und diesen Geraden und sind nach dem zweiten Satz von Nr. 437 parallel zu $V_0 O_0$; die Bildgeraden $\overline{C}\overline{E}$, $\overline{D}\overline{G}$, $\overline{A}\overline{B}$, von $C_0 E_0$, $D_0 G_0$, $A_0 B_0$ gehen durch die Punkte $\overline{A}$, $\overline{B}$ usf., in denen $\overline{A}\overline{E}$, $\overline{B}\overline{G}$, $\overline{C}\overline{D}$ von den Kollineationsstrahlen $O_0 A_0$, $O_0 B_0$ usf. getroffen werden, und sind zu s parallel. Also hat die Ellipse $\overline{k}$ in $\overline{A}$ und $\overline{B}$ Tangenten, die zu $\overline{C}\overline{D}$, und in $\overline{C}$ und $\overline{D}$ Tangenten, die zu $\overline{A}\overline{B}$ parallel sind; deshalb sind nach dem vorletzten Satz von Nr. 143 $\overline{A}\overline{B}$ und $\overline{C}\overline{D}$ Durchmessersehnen und nach dem ersten Satz von Nr. 145 konjugierte Durchmessersehnen von $\overline{k}$. Hieraus folgt die Vorschrift:

Soll eine Ellipse $\overline{k}$ als kollineare Kurve eines Kreises k_0 gezeichnet werden, so zieht man aus dem Punkt V_0, in dem die Gegengerade v_0 von *dem zu ihr senkrechten Durchmesser* $C_0 D_0$ *von* k_0 *getroffen wird, die Tangenten an* k_0 *und bestimmt für die Berührungspunkte* A_0, B_0 *derselben und für die Punkte* C_0, D_0 *nach der Aufgabe von Nr. 439 die Bildpunkte* $\overline{A}$, $\overline{B}$, $\overline{C}$, $\overline{D}$; *dann sind* $\overline{A}\overline{B}$, $\overline{C}\overline{D}$ *zwei konjugierte Durchmessersehnen, aus denen* $\overline{k}$ *nach Nr. 170 zu konstruieren ist.*

442. Die beiden Sehnen $A_0 B_0$ und $C_0 D_0$ des Kreises k_0 in Fig. 145 schneiden sich nicht in dem Mittelpunkt M_0 von k_0, sondern in einem davon verschiedenen Punkt N_0; da $A_0 B_0$ die *Polare* des Punktes V_0 in bezug auf k_0 ist, bilden die Punkte C_0, D_0, N_0, V_0 einen harmonischen Punktwurf mit dem Doppelverhältnis $(C_0 D_0 N_0 V_0) = -1$ (vgl. den ersten Satz von Nr. 431). Der Bildpunkt $\overline{N}$ von N_0 ist der Schnittpunkt der beiden Durchmessersehnen $\overline{A}\overline{B}$, $\overline{C}\overline{D}$ der Ellipse $\overline{k}$ und somit der Mittelpunkt von $\overline{k}$ und die gemeinsame Mitte von $\overline{A}\overline{B}$ und $\overline{C}\overline{D}$. In der Tat folgt, da die Kollineationsstrahlen $A_0\overline{A}$, $B_0\overline{B}$, $C_0\overline{C}$, $D_0\overline{D}$, $N_0\overline{N}$ sämtlich durch O_0 laufen, aus den Beziehungen $A_0 B_0 \parallel s \parallel \overline{A}\overline{B}$ und $A_0 N_0 = N_0 B_0$ die Gleichung $\overline{A}\overline{N} = \overline{N}\overline{B}$ und aus den Beziehungen $O_0 V_0 \parallel \overline{C}\overline{D}$ und $(C_0 D_0 N_0 V_0) = -1$ nach Gleichung (4) die Gleichung

$$\frac{\overline{C}\overline{N}}{\overline{D}\overline{N}} = (C_0 D_0 N_0 V_0) = -1 \text{ oder } \overline{C}\overline{N} = -\overline{D}\overline{N} = \overline{N}\overline{D}.$$

Wir merken uns den Satz:

Ist eine Ellipse zu einem Kreis kollinear, so entspricht ihr Mittelpunkt nicht dem Mittelpunkt des Kreises.

Ein Vergleich von Fig. 63 und Fig. 145 bestätigt das in Nr. 440 Gesagte; sie sind, wenn wir die in Nr. 440 angegebenen Änderungen an der ersten ausgeführt denken, durchaus gleichwertig. Ein Unterschied besteht nur darin, daß in Fig. 63 die Hilfslinien, die zu dem ersten Satz von Nr. 217 und dem letzten Satz von Nr. 218 gehören, und in Fig. 145 die Fluchtlinie $\overline{f}$ nebst den mit ihr zusammenhängenden Hilfslinien eingetragen sind. Die Fluchtlinie $\overline{f}$, die in den Entwicklungen von Nr. 441 hinter der umgelegten Verschwindungsgeraden v_0 zurückgetreten ist, steht trotzdem mit den gewonnenen Ergebnissen in enger Beziehung; das auf sie gefällte Lot HQ ist nämlich zu $C_0 D_0$ parallel und bestimmt deshalb nach dem zweiten Satz von Nr. 437 in seinem Fußpunkt Q den Fluchtpunkt der Geraden CD, so daß $\overline{C}\overline{D}$ durch Q läuft. Das heißt:

Besitzt ein Kreis k *als perspektives Bild eine Ellipse* $\overline{k}$, *so gibt es ein Paar konjugierter Durchmesser von* $\overline{k}$ *derart, daß der eine zu der Fluchtgeraden* $\overline{f}$ *der Ebene von* k *parallel ist und der andere nach dem Fußpunkt des Lotes läuft, das aus dem Hauptpunkt* H *auf* $\overline{f}$ *zu fällen ist.*

Die stereographische Projektion.

443. Ziehen wir in Fig. 145 durch E_0 die Parallele zu $O_0 V_0$ und schneiden sie mit dem Kollineationsstrahl $A_0\overline{A}$ in X, so haben wir

$$O_0 V_0 \parallel X E_0 \parallel \overline{A}\overline{E}, \qquad C_0 E_0 \parallel \overline{C}\overline{E}$$

und infolgedessen

$$A_0V_0 : O_0V_0 = A_0E_0 : XE_0,$$

$$C_0E_0 : \overline{C}\overline{E} = O_0E_0 : O_0\overline{E} = XE_0 : \overline{A}\overline{E} \quad \text{oder} \quad C_0E_0 : XE_0 = \overline{C}\overline{E} : \overline{A}\overline{E}.$$

Hieraus fließt, da $A_0E_0 = C_0E_0$, die Verhältnisgleichung

$$A_0V_0 : O_0V_0 = \overline{C}\overline{E} : \overline{A}\overline{E}$$

und aus dieser, da $\overline{C}\overline{E} = \overline{N}\overline{A}$, $\overline{A}\overline{E} = \overline{N}\overline{C}$ ist, die Verhältnisgleichung

(9) $$A_0V_0 : O_0V_0 = \overline{N}\overline{A} : \overline{N}\overline{C}.$$

Fragen wir nun nach der Möglichkeit, daß die Ellipse $\overline{k}$ ein Kreis wird, so erkennen wir, daß notwendig die Bedingungen

$$\overline{N}\overline{A} = \overline{N}\overline{C}, \qquad \overline{N}\overline{A} \perp \overline{A}\overline{E}, \qquad \overline{N}\overline{C} \perp \overline{C}\overline{E}$$

oder die ihnen gleichwertigen Bedingungen

$$\overline{A}\overline{B} = \overline{C}\overline{D}, \qquad \overline{A}\overline{B} \perp \overline{C}\overline{D}$$

zu erfüllen sind. Diese Bedingungen sind auch hinreichend; sind sie nämlich erfüllt, so bilden die zu $\overline{A}$, $\overline{B}$, $\overline{C}$, $\overline{D}$ gehörigen Tangenten von $\overline{k}$ ein Quadrat, dessen Diagonalen nach Nr. 146 ein Paar konjugierter Durchmesser von $\overline{k}$, und zwar neben $\overline{A}\overline{B}$, $\overline{C}\overline{D}$ das zweite rechtwinklige Paar sind; dann aber ist nach dem letzten Satz von Nr. 153 $\overline{k}$ ein Kreis. Aus der Gleichheit von $\overline{N}\overline{A}$ und $\overline{N}\overline{C}$ folgt nach (9) die Bedingung

(10) $$A_0V_0 = O_0V_0;$$

da ferner $\overline{A}\overline{B} \parallel s \parallel v_0$, $\overline{C}\overline{D} \parallel O_0V_0$ ist, so muß, wenn $\overline{A}\overline{B}$ und $\overline{C}\overline{D}$ aufeinander senkrecht stehen sollen, O_0V_0 zu v_0 senkrecht und somit die gerade Fortsetzung von M_0V_0 sein, was wir durch die beiden Beziehungen

(11) $$M_0V_0 \perp v_0, \quad O_0V_0 \perp v_0$$

ausdrücken können. Das heißt:

Ein Kreis k kann auch, wenn seine Ebene Ε *nicht zu der Bildtafel parallel ist, einen Kreis zum perspektiven Bild haben; dies tritt ein, wenn nach Umlegung von* Ε *der umgelegte Kreis k_0 die Bedingungen* (10) *und* (11) *erfüllt.*

444. Wir wollen auch die Lage näher bestimmen, die der Kreis k selbst auf Grund der Bedingungen (10) und (11) einnimmt. Zu diesem Zweck stellen wir in Fig. 146 die Ebene Ε mit k und den Punkten und Geraden, deren Umlegungen wir in Nr. 443 gebraucht haben, in ihrem räumlichen Zusammenhang mit dem Auge O und der Verschwindungsebene Φ dar; wir bedienen uns dabei der rechtwinkligen Axonometrie und lassen der Übersichtlichkeit wegen ihre Bestimmungsstücke ebenso wie die Tafel Π der Perspektive fort. Um der Bedingungen (10) und (11) willen muß

(12) $$AV = OV, \quad MV \perp v, \quad OV \perp v$$

sein. Die durch MV und OV bestimmte Ebene steht also auf Ε und Φ senkrecht und schneidet infolgedessen die Kugel Κ, die durch k und

O bestimmt ist, in einem Großkreis w, der durch O und durch die Schnittpunkte C, D zwischen k und der Geraden MV geht. V hat nun in bezug auf die Kreise k und w dieselbe Potenz $VC \cdot VD$, und es ist, da der Wert der Potenz von V auf k auch durch $\overline{VA}^2$ ausgedrückt wird, $VC \cdot VD = \overline{VA}^2$ und wegen (12) $VC \cdot VD = \overline{VO}^2$. Deshalb hat V in bezug auf w die Potenz $\overline{VO}^2$, und dies ist, da O ein Punkt von w ist, nur möglich, wenn die Gerade VO die in O berührende Tangente von w ist. Dann ist die Ebene Φ, die längs der Geraden VO auf der Ebene des Großkreises w senkrecht steht, die in O berührende Tangentialebene der Kugel K (Nr. 192). Umgekehrt gelten für jeden Kreis einer Kugel, die Φ in O berührt, die Beziehungen (12) und somit für seine Umlegung die Beziehungen (10) und (11). Also folgt der Satz:

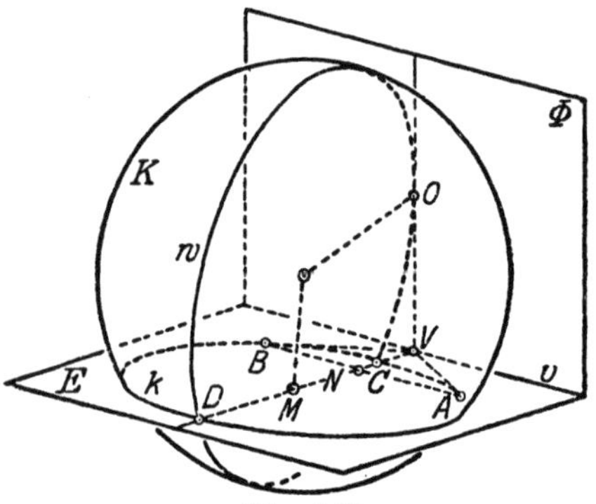

Fig. 146.

Ein Kreis hat zum perspektiven Bild wiederum einen Kreis, wenn er entweder einer Ebene angehört, die zu der Bildtafel parallel ist, oder auf einer Kugel liegt, die im Auge die Verschwindungsebene berührt.

Das Lot, das in M auf E errichtet ist (Fig. 146), trägt den Mittelpunkt der Kugel K, die durch O und k bestimmt wird; geht es durch O, so ist die zu O gehörige Tangentialebene von K zu ihm senkrecht und infolgedessen nur dann die Verschwindungsebene Φ, wenn $\mathsf{E} \parallel \Pi$. In diesem Fall sind die beiden Möglichkeiten des letzten Satzes vereinigt. Zugleich erkennen wir die Richtigkeit des folgenden Satzes:

Ein Kreis, dessen Ebene auf dem Sehstrahl OM seines Mittelpunktes M senkrecht steht, hat nur dann einen Kreis zum perspektiven Bild, wenn OM zu der Bildtafel senkrecht ist.

445. Projizieren wir die Oberfläche einer Kugel K, die im Auge O die Verschwindungsebene Φ berührt, so gilt der vorletzte Satz von Nr. 444 für alle auf ihr liegenden Kreise. Nur die durch O gehenden Kreise sind insofern eine Ausnahme, als ihre Ebenen das Auge O enthalten und ihre perspektiven Bilder nach dem Anfang von Nr. 433 gerade Linien sind. Diese Projektion der Kugelfläche heißt *stereographische Projektion* und dient zur Herstellung von *Kartenentwürfen* (vgl. Nr. 200).

Ist P ein beliebiger Punkt von K und sind c_1, c_2 zwei Kurven, die auf K durch P laufen, so gehen die Bildkurven $\overline{c}_1$, $\overline{c}_2$ durch den Bildpunkt $\overline{P}$ und berühren in ihm die Bildgeraden $\overline{t}_1$, $\overline{t}_2$ der Tangenten t_1, t_2, die im Punkt P zu c_1 und c_2 gehören. Die durch O und t_1, t_2 bestimmten Ebenen schneiden $\overline{t}_1$, $\overline{t}_2$ in die Bildtafel Π ein; sie tragen zwei Kreise k_1, k_2 von K, die durch O und P laufen, in P ebenfalls die Tangenten t_1, t_2 haben und die perspektiven Bilder $\overline{k}_1 \equiv \overline{t}_1$, $\overline{k}_2 \equiv \overline{t}_2$ besitzen; endlich begegnen sie der Verschwindungsebene Φ in den Tangenten q_1, q_2, die im Punkt O zu k_1 und k_2 gehören (siehe den letzten Satz von Nr. 192). Da $\Pi \parallel \Phi$, haben wir $\overline{t}_1 \parallel q_1$, $\overline{t}_2 \parallel q_2$ und erkennen, daß die Winkel zwischen $\overline{t}_1$, $\overline{t}_2$ und zwischen q_1, q_2 einander gleich sind. Andererseits ist es eine bekannte Eigenschaft der Kugel, daß die Tangenten q_1, q_2 und t_1, t_2, die zwei auf ihr liegende Kreise k_1, k_2 in ihren Schnittpunkten O, P besitzen, gleiche Winkel einschließen. Also sind auch die Winkel zwischen $\overline{t}_1$, $\overline{t}_2$ und zwischen t_1, t_2 einander gleich; deshalb schneiden sich die Bildkurven $\overline{c}_1$, $\overline{c}_2$ in $\overline{P}$ unter demselben Winkel wie die auf der Kugel K liegenden Kurven c_1, c_2 in P. Wir erhalten hierdurch den Satz:

Die stereographische Projektion der Oberfläche einer Kugel bildet die Kreise der Kugel in Kreise oder gerade Linien ab und ist winkeltreu.

Die Umrisse von krummen Flächen und Körpern.

446. *Für die Sichtbarkeit und den wahren und scheinbaren Umriß einer krummen Fläche oder eines Körpers gelten in der Perspektive die Ausführungen von Nr. 15 bis Nr. 18, von Nr. 188 und von Nr. 266 mit den selbstverständlichen Abänderungen, die durch den Unterschied der Parallel- und der Zentralprojektion bedingt sind.*

Nach dem ersten Satz von Nr. 266 ist auf einer krummen Fläche die Kurve des wahren Umrisses die Kurve, zu deren Punkten durch das Auge O laufende Tangentialebenen gehören. An eine Kugel K nun, außerhalb deren O liegt, kann man von O einen *Tangentialkegel* legen, der sie längs eines Kreises k berührt (Nr. 210); die Tangentialebene von K, die zu einem Punkt P von k gehört, ist zugleich die Tangentialebene, die zu der Erzeugenden OP des Tangentialkegels gehört, und geht infolgedessen durch O; also ist k die Kurve des wahren Umrisses. Dasselbe gilt für jede krumme Fläche, so daß sich der Satz ergibt:

Läßt sich aus dem Auge an eine krumme Fläche ein Tangentialkegel legen, so ist seine Berührungskurve die Kurve des wahren Umrisses.

Bei der Kugel K insbesondere ist der Tangentialkegel ein Drehkegel, dessen Achse durch das Auge O und den Mittelpunkt von K geht und im Mittelpunkt von k auf der Ebene von k senkrecht steht. Da das perspektive Bild von k den scheinbaren Umriß von K liefert, folgt aus dem ersten Satz von Nr. 440 und dem letzten Satz von Nr. 444:

In der Perspektive besitzt eine Kugel, außerhalb deren das Auge liegt, einen scheinbaren Umriß; er ist ein Kegelschnitt und nimmt nur dann die besondere Gestalt eines Kreises an, wenn der Sehstrahl des Kugelmittelpunktes auf der Bildtafel senkrecht steht.

Umschließt die Kugeloberfläche K das Auge O oder liegt, wie bei der stereographischen Projektion (Nr. 445), O auf K, so bedeckt das perspektive Bild von K die ganze Bildtafel Π. Ebenso hat auch eine Kreiszylinder- oder Kreiskegelfläche einen scheinbaren Umriß oder erfüllt mit ihrem Bild die ganze Tafel Π, je nachdem von O ein Tangentialkegel an sie geht oder nicht. Aber bei diesen Flächen zeigen die Tangentialkegel Besonderheiten: Um sie zu bestimmen, legen wir (vgl. Nr. 186 und Nr. 203) durch O die Gerade l, die zu den Zylindererzeugenden parallel ist bzw. durch den Kegelscheitel läuft, und schneiden sie mit der Leitkreisebene der Fläche; lassen sich von diesem Schnittpunkt Tangenten an den Leitkreis ziehen, so geht durch jede von ihnen eine Tangentialebene, die l und somit O enthält. Es gibt also höchstens zwei solcher Tangentialebenen; sie vertreten den Tangentialkegel und liefern durch ihre Berührungserzeugenden die Kurve des wahren Umrisses. Hieraus fließt auf Grund des zweiten Satzes von Nr. 266 die folgende, mit den Erörterungen von Nr. 206 vergleichbare Vorschrift:

Um in der Perspektive für eine Kreiskegelfläche oder für eine Kreiszylinderfläche die Kurve des scheinbaren Umrisses zu finden, zeichnet man das perspektive Bild $\overline{k}$ *des Leitkreises* k *und bestimmt den Bildpunkt* $\overline{S}$ *des Kegelscheitels bzw. den Fluchtpunkt* $\overline{F}$ *der Zylindererzeugenden, oder, wenn diese der Bildtafel parallel sind, die Bildgerade* $\overline{m}$ *einer zu ihnen parallelen Geraden* m*; kann man dann an* $\overline{k}$ *Tangenten legen*[1]*, die durch* $\overline{S}$ *bzw.* $\overline{F}$ *laufen oder zu* $\overline{m}$ *parallel sind, so bilden sie die Kurve des scheinbaren Umrisses.*

Der Zusammenhang zwischen Perspektive und Gesichtseindrücken.

447. Wie bereits in Nr. 424 bemerkt wurde, kann ein perspektives Bild die Erscheinungsformen der dargestellten Körper vortäuschen, wenn es mit nur einem Auge durch eine enge Öffnung betrachtet wird, die in einem vor ihm stehenden Schirm genau an der Stelle des Projektionszentrums angebracht ist. Das betrachtende Auge muß dabei unveränderlich auf den Hauptpunkt H des Bildes gerichtet bleiben, so daß seine *Blicklinie*, d. h. der Sehstrahl, der die Netzhaut in der Mitte der *Fovea centralis* trifft, in H auf der Bildtafel senkrecht steht. Wir dürfen deshalb die Gesichtseindrücke, die das einzelne Auge in jedem Augenblick aufnimmt, erzeugt denken durch ein (stets wechselndes) perspektives Bild, dessen Tafel in seinem Hauptpunkt auf der Blicklinie des Auges senkrecht steht, und kommen dadurch zu einer Erklärung der Tatsache, daß die Gesetze der Perspektive — wie insbesondere der vierte Satz von Nr. 427 und die letzten Sätze von Nr. 431 und von Nr. 432 — sich in der Gestaltung unserer Gesichtseindrücke wiederfinden.

Aber wir sehen mit zwei Augen, und diese ändern durch ihre Drehungen fortwährend die Richtung ihrer Blicklinien. Mithin emp-

[1]) Siehe die Anmerkung zu Nr. 206.

fangen wir nicht ein einheitliches perspektives Bild von der Außenwelt; sondern unsere Vorstellung derselben setzt sich aus der Erinnerung an vielfach wechselnde Einzelbilder zusammen und enthält die Gesetze der Perspektive so weit, als sie ihr durch jene Einzelbilder übermittelt werden. Hierin liegt zunächst eine Erklärung der Tatsache, daß auch ein perspektives Bild, das nicht genau aus dem Projektionszentrum und nicht mit nur einem Auge betrachtet wird, oder ein Bild, das den Gesetzen der Perspektive nicht streng gehorcht, dennoch den Eindruck der Wirklichkeit befriedigend wiedergeben kann.

Ferner ist auch zu beachten, daß tatsächlich die Einzelbilder unserer Vorstellung die Gesetze der Perspektive nicht unbeschränkt zuführen. Denn das menschliche Auge vermag auf seiner Netzhaut nur in einem gewissen Bereich um die *Fovea centralis* deutliche Gesichtsempfindungen aufzunehmen und sieht ein perspektives Bild, in dessen Projektionszentrum es sich befindet und nach dessen Hauptpunkt H seine Blicklinie zielt, deutlich nur innerhalb eines Kreises, dessen Mittelpunkt H ist und dessen Halbmesser von der Größe des Augabstandes abhängt. Infolgedessen gehören die Gesetze der Perspektive nur so weit zu den Erfahrungstatsachen unseres Gesichtssinnes, als sie innerhalb dieses Kreises wirksam werden. Hieraus erklärt sich ganz allgemein, daß ein vollständig richtig gezeichnetes perspektives Bild an seinen Rändern verzerrt erscheint, wenn seine größte Erstreckung die Länge des Augabstandes übertrifft.

Verschärft wird der soeben erwähnte Umstand noch dadurch, daß wir auf einen Gegenstand, dessen Gestalt wir uns einprägen wollen, stets die Blicklinien unserer Augen richten. Denn hierdurch werden in unserem Bewußtsein die Gesetze der Perspektive in der Form besonders lebendig, in der sie sich im engsten Umkreis des Hauptpunktes geltend machen. Dies zeigt sich vor allem bei runden Körpern; eine Kugel z. B. erwarten wir trotz des dritten Satzes von Nr. 446 stets mit kreisförmigem Umriß dargestellt zu sehen und empfinden einen elliptischen Umriß ohne weiteres als falsch. Ebenso widerspricht es der Gewöhnung unserer Vorstellung, daß nach dem zweiten Satz von Nr. 432 eine Strecke, die zu der Tafel parallel ist und ohne Änderung ihres Abstandes von dieser in immer größere Entfernung vom Auge gebracht wird, im Bild gleich lang bleiben und nicht kleiner werden soll. In diesen und in mancherlei ähnlichen Fällen muß man, um eine günstige Wirkung des perspektiven Bildes nicht zu vereiteln, von den strengen Regeln der Perspektive, allerdings mit großer Vorsicht, abweichen.

III. Die Herstellung perspektiver Bilder.

Die Wahl der Bestimmungsstücke.

448. Die Kenntnis der im vorigen Kapitel abgeleiteten Gesetze der Perspektive ermöglicht die Herstellung perspektiver Bilder von Gegenständen, die in irgendeiner Weise gegeben sind. Wir gehen von dem einfachsten Fall aus, in dem Grund- und Aufriß wie in Fig. 147a gezeichnet vorliegen, und setzen eine bestimmte Rißachse a_{12} (Nr. 34) voraus. Tragen wir dann für das Auge O die Risse O', O'' und für die scheitelrechte Bildtafel Π ihre *Grundrißspur* G ein, so ist *die Sehstrahlenpyramide*, d. h. die Gesamtheit der Sehstrahlen, die von O nach den einzelnen Punkten des gegebenen Gegenstandes zu legen sind, bestimmt, und *wir erhalten das gesuchte perspektive Bild als Durchdringungsfigur zwischen der Bildtafel und der Sehstrahlenpyramide.* Um nun diese Figur auf Grund ihrer Risse in wahrer Gestalt und Größe zu zeichnen, lösen wir die Tafel Π aus dem Zusammenhang mit dem Zweitafelsystem und legen sie in Fig. 147b an besondere Stelle.

Der Punkt O' ist *der Standpunkt des Beschauers* (siehe den ersten Absatz von Nr. 424). Der Abstand zwischen O'' und a_{12} ist gleich der Höhe $O'O$, in der O über der Grundrißtafel liegt, d. h. gleich der *Augenhöhe* a. O', O'' und g oder, was dasselbe ist, O', a und g nennen wir *die räumlichen Bestimmungsstücke* des perspektiven Bildes. Aus ihnen folgen die eigenen Bestimmungsstücke (Nr. 424), der Hauptpunkt H, der Augabstand d und der Horizont h. Denn wir haben, da OH wagerecht liegt, $O'H' \perp g$, $d = O'H'$ und wissen, daß h in derselben Höhe wie O, also im Abstand a parallel zu g verläuft und den Punkt H trägt. Wir können deshalb in Fig. 147a $h' \equiv g$, h'' und H'' einzeichnen und kommen, indem wir nur das anmerken, was wir später wirklich brauchen, zu der folgenden *Vorbereitung* der Konstruktion:

Um von einem Gegenstand, der durch Grund- und Aufriß gegeben ist, ein perspektives Bild herzustellen, wählt man (Fig. 147a) in passender Weise die räumlichen Bestimmungsstücke O', g, a und fällt das Lot $O'H'$ auf g. Darauf zieht man (Fig. 147b) an der Stelle, auf der das perspektive Bild entstehen soll, die wagerechte Grundrißspur g und zu ihr parallel, um die Strecke a höher den Horizont h, gibt auf h den Hauptpunkt H an und fällt das Lot HH' auf g.

449. Die räumlichen Bestimmungsstücke O', g, a sind so zu wählen, daß das entstehende Bild dem Eindruck möglichst nahe kommt, den der unmittelbare Anblick des dargestellten Gegenstandes darbieten würde; bei einer unglücklichen Wahl kann das perspektive Bild stark verzerrt und somit — trotzdem daß es vollständig richtig konstruiert ist — falsch erscheinen[1]). Die wesentlichste Vorbedingung eines günstigen Erfolges besteht nach Nr. 447 darin, daß ein menschliches Auge, an die Stelle des Projektionszentrums gebracht, das Bild deutlich sehen und, ohne sich drehen zu müssen, vollständig erfassen kann. Hieraus ergibt sich zunächst für die eigenen Bestimmungsstücke H und d die folgende Regel:

Der Hauptpunkt H soll nahe der scheitelrechten Mittellinie des perspektiven Bildes liegen und der Augabstand d größer sein sowohl wie die

[1]) Siehe die Figuren 150 und 151, in denen der Augabstand nicht die erforderliche Größe hat.

untere Grenze der deutlichen Sehweite (20 cm), als auch wie die größte Erstreckung des Bildes.

Der Standpunkt O' des Beschauers und die Grundrißspur g der Bildtafel sind so anzunehmen, daß diese Regel befolgt wird; es muß also, wenn wir aus O' die Strahlen nach den Punkten des gegebenenen Grundrisses ziehen, das Dreieck, das durch die beiden äußersten jener Strahlen und durch g gebildet wird, nahezu gleichschenklig sein und eine Höhe $O'H' = d$ von genügender Länge besitzen. Ferner wird man O' so wählen, daß gerade die Seiten des Gegenstandes, auf deren Darstellung man Wert legt, sichtbar sind; jedoch ist hier zu beachten, daß überragende Teile des Gegenstandes, sofern sie in den Vordergrund kommen, den Eindruck einer Verzerrung des Bildes hervorrufen können. Bei der Abbildung von Bauwerken unterscheidet man *die gerade Ansicht* und *die schräge Ansicht*, je nachdem die Bildtafel einer Hauptwand parallel ist oder nicht, und zieht dementsprechend g zu dem Grundriß der Hauptwand parallel oder gegen ihn geneigt. Hingegen spielt es keine wesentliche Rolle, ob g, von O' aus gerechnet, vor oder hinter dem gegebenen Grundriß liegt.

450. Die Sehstrahlenpyramide ist durch das Auge und den abzubildenden Körper bestimmt. Denken wir uns zu jedem Punkt des letzteren auf seinem Sehstrahl den Punkt angemerkt, dessen Abstand vom Auge in einem fest gewählten Verhältnis $1:n$ verändert ist, so erhalten wir die Punkte eines neuen Körpers, der dem gegebenen so ähnlich ist, daß entsprechende Strecken der beiden Körper das Verhältnis $1:n$ besitzen. Die beiden Körper haben dieselbe Sehstrahlenpyramide und somit in einer Bildtafel Π dasselbe Bild. Sie können in diesem nicht unterschieden werden; ein Unterschied zeigt sich erst, wenn wir die Spuren von Geraden und Ebenen der beiden Körper hinzunehmen. Bezeichnen wir z. B. die wagerechte Ebene, in der die untersten Punkte eines Gegenstandes liegen, als seine *Bodenebene* und deren Spurgerade als seine *Bodenlinie*, so haben die Bodenebenen unserer beiden Körper von der Horizontebene Abstände, die ebenfalls im Verhältnis $1:n$ stehen. Dasselbe gilt für die Abstände zwischen den zugehörigen Bodenlinien und dem Horizont; also ergibt sich der Satz:

Jedes perspektive Bild eines Körpers ist zugleich ein perspektives Bild aller Körper, die dem ersten ähnlich sind. Wenn für zwei solche Körper die Bodenlinien gegeben sind, so verhalten sich ihre Abstände vom Horizont wie je zwei entsprechende Strecken der beiden Körper.

Wird ein Körper durch Grund- und Aufriß gegeben, so braucht seine Bodenebene nicht mit der Grundrißtafel, also die Bodenlinie b nicht mit der Grundrißspur g und ihr Aufriß b'' nicht mit der Rißachse a_{12} übereinzustimmen; vielmehr ist b'' die wagerechte Gerade, die durch die untersten Punkte des gegebenen Aufrisses läuft. Hat man nun für das perspektive Bild die Augenhöhe a gewählt und nach ihr den

Aufriß h'' des Horizontes h eingetragen, so ist der Abstand zwischen h'' und b'' gleich dem Abstand zwischen der Horizont- und der Bodenebene und zeigt infolgedessen an, in welcher Höhe über der Bodenebene das Auge des Beschauers zu denken ist. Aber Grund- und Aufriß sind meist in einem verjüngten Maßstab $1 : n$ (Nr. 3) gezeichnet; ein aus ihnen abgeleitetes perspektives Bild stellt also zunächst ein Modell des Körpers dar, aus dem dieser erst durch Vergrößerung in der oben geschilderten Weise entsteht. Dann ist der Abstand zwischen h'' und b'' nicht die Höhe, in der das Auge über der Bodenebene des Körpers selbst angenommen ist, sondern nach dem letzten Satz $\frac{1}{n}$ derselben. Also folgt:

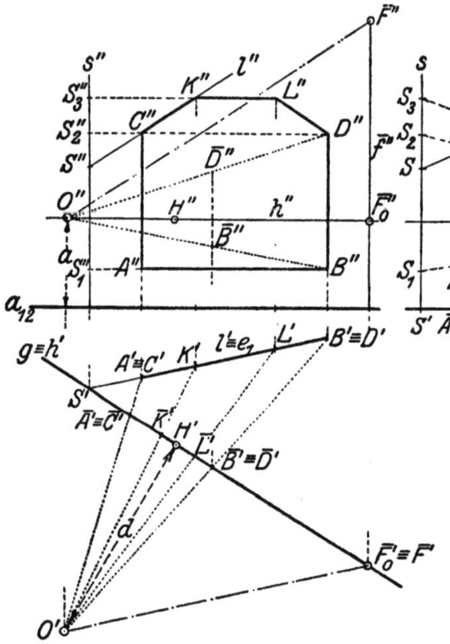

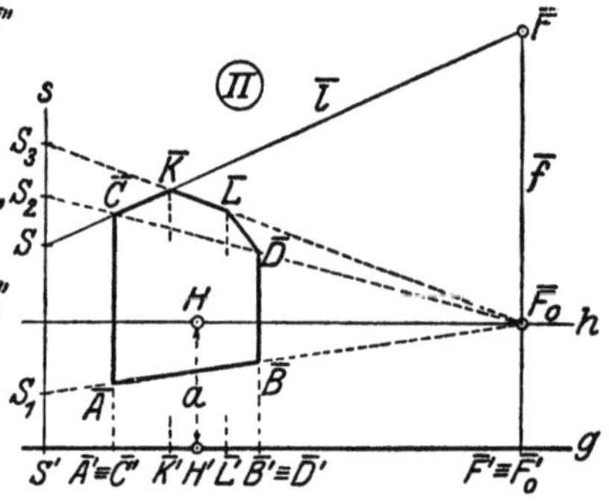

Fig. 147 b.

Fig. 147 a.

Sind Grund- und Aufriß eines Körpers in verjüngtem Maßstab gezeichnet, so ist jedes perspektive Bild, das man aus ihnen ableitet, unmittelbar ein Bild des Körpers. Man muß für ein solches Bild die Augenhöhe a stets so wählen, daß der Abstand zwischen den Aufrissen von Horizont und Bodenlinie in demselben Maßstab die Höhe wiedergibt, in der das Auge sich über der Bodenebene des Körpers befinden soll.

Ableitung eines perspektiven Bildes aus Grund- und Aufriß.

451. Betrachten wir nun einen einzelnen Punkt P, so ist sein perspektiver Bildpunkt $\overline{P}$ der Schnittpunkt zwischen der Bildtafel Π und dem Sehstrahl OP; deshalb ist der Grundriß $\overline{P'}$ von $\overline{P}$ der Schnittpunkt zwischen g und $O'P'$, während der Aufriß $\overline{P''}$ durch die Ordnungslinie von $\overline{P'}$ in $O''P''$ eingezeichnet wird. Durch die Strecken $H'\overline{P'}$ und $\overline{P'}\overline{P}$, von denen die erste auf g liegt, die zweite aber zu g lotrecht und gleich dem Abstand zwischen $\overline{P}''$ und a_{12} ist, wird der Punkt $\overline{P}$ in Π bestimmt. Also folgt die an den Punkten B und D in Fig. 147 nachzuprüfende Vorschrift:

Um für einen Punkt P, dessen Grundriß P' und Aufriß P'' gegeben sind, in der Bildtafel Π den perspektiven Bildpunkt $\overline{P}$ zu bestimmen, schneidet man (Fig. 147a) die Gerade $O'P'$ mit g in $\overline{P}'$ und überträgt die Strecke $H'\overline{P}'$ nach Größe und Richtung (wie sie von O' aus erscheint) auf die Grundrißspur g von Π (Fig. 147b). Darauf schneidet man (Fig. 147a) durch die Ordnungslinie von $\overline{P}'$ in die Gerade $O''P''$ den Punkt $\overline{P}''$ ein und errichtet in Π (Fig. 147b) auf g das Lot, dessen Fußpunkt $\overline{P}'$ und dessen Länge gleich dem Abstand zwischen $\overline{P}''$ und der Rißachse a_{12} ist. Der Endpunkt dieses Lotes ist der gesuchte Bildpunkt $\overline{P}$.

Sind in Fig. 147a die Risse l', l'' einer Geraden l gegeben, so erhalten wir die Grundrisse S' und $\overline{F}'$ ihres Spurpunktes S und ihres Fluchtpunktes $\overline{F}$ in den Schnittpunkten von g mit l' und mit der Geraden, die wir zu l' parallel durch O' ziehen. Von den Aufrissen dieser Punkte wird S'' durch die Ordnungslinie von S' in l'' und $\overline{F}''$ durch die Ordnungslinie von $\overline{F}'$ in die Gerade eingezeichnet, die zu l'' parallel durch O'' läuft. Hiernach können wir die Punkte S und $\overline{F}$ genau so wie vorher den Punkt $\overline{P}$ in die Bildtafel Π (Fig. 147b) eintragen und erhalten in $S\overline{F}$ die Bildgerade $\overline{l}$. Also ergibt sich die Vorschrift:

Um für eine Gerade l, deren Grundriß l' und Aufriß l'' gegeben sind, in der Bildtafel Π die perspektive Bildgerade $\overline{l}$ zu bestimmen, schneidet man (Fig. 147a) g mit l' und mit der durch O' gelegten Parallelen von l' in S' und $\overline{F}'$, ferner l'' mit der Ordnungslinie von S' in S'' und die durch O'' gelegte Parallele von l'' mit der Ordnungslinie von $\overline{F}'$ in $\overline{F}''$. Darauf überträgt man die durch S', S'' und $\overline{F}'$, $\overline{F}''$ gegebenen Punkte S, $\overline{F}$ nach der letzten Vorschrift in die Bildtafel Π (Fig. 147b); sie sind Spurpunkt und Fluchtpunkt von l und haben zur Verbindungsgeraden die gesuchte Bildgerade $\overline{l}$.

452. Eine scheitelrechte Ebene E ist in Fig. 147a durch ihre erste Spur e_1 gegeben. Die Spurgerade s, die sie in Π hat, und ihre Fluchtgerade $\overline{f}$ sind ebenfalls scheitelrecht und tragen die Spurpunkte und die Fluchtpunkte der sämtlichen Geraden, die in E liegen (Nr. 434). Infolgedessen erhalten wir in Fig. 147a die Aufrisse s'', $\overline{f}''$, indem wir für eine beliebige Gerade l von E ($l' \equiv e_1$) die Punkte S', $\overline{F}'$ nach der zweiten Vorschrift von Nr. 449 aufsuchen und durch sie die Ordnungslinien ziehen; darauf ergeben sich in Fig. 147b die Geraden s, $\overline{f}$ dadurch, daß wir die Punkte S', $\overline{F}'$ wie in der ersten Vorschrift von Nr. 451 aus Fig. 147a übertragen und in ihnen auf g die Lote errichten.

Besondere Vereinfachungen sind möglich, sobald nur die wagerechten Geraden von E in Betracht zu ziehen sind. Da nach dem vorletzten Satz von Nr. 427 ihr gemeinsamer Fluchtpunkt $\overline{F}_0$ auf dem Horizont h liegt, ist $\overline{F}_0$ der Schnittpunkt von h mit $\overline{f}$ und $H\overline{F}_0 =$

$H'\overline{F}_0'$; wir dürfen also in Fig. 147b unmittelbar die aus Fig. 147a entnommene Strecke $H'\overline{F}_0' \equiv H'\overline{F}'$ von H aus auf h abtragen, um $\overline{F}_0$ zu erhalten. Ferner ist es, um die Spurpunkte S_1, S_2, S_3 ... wagerechter Geraden in Fig. 147b auf s angeben zu können, nicht erst nötig, in Fig. 147a die Aufrisse S_1'', S_2'', S_3'' ... zu ermitteln; denn wir brauchen nur die Höhen von S_1'', S_2'', S_3'' ... über a_{12} und dürfen diese, da die Aufrisse wagerechter Geraden zu a_{12} parallel sind, an den Aufrissen beliebiger Punkte dieser Geraden abgreifen.

Sind die wagerechten Geraden durch die Punkte einer in E befindlichen Figur ABC ... gelegt, so sind die scheitelrechten Abstände, die sie untereinander und von a_{12} trennen, die Höhenmaße der Figur. Diese also sind es, die wir für die Bestimmung der Bildgeraden unverändert auf s abtragen; wir nennen infolgedessen *s die Maßkante* von E und *$\overline{F}_0$ den zu s gehörigen Fluchtpunkt.* Die Bilder dieser wagerechten Geraden machen es überflüssig, in Fig. 147a nach der ersten Vorschrift von Nr. 451 auch die Punkte $\overline{A}''$, $\overline{B}''$, $\overline{C}''$ ... aufzusuchen; denn sie schneiden die Bildpunkte $\overline{A}$, $\overline{B}$, $\overline{C}$ ... unmittelbar in die Lote ein, die wir nach jener Vorschrift in Fig. 147b in den Punkten $\overline{A}'$, $\overline{B}'$, $\overline{C}'$ ... auf g errichten. Aus diesen Überlegungen fließt die folgende Vorschrift:

Sind in Fig. 147a für eine Figur ABC ..., die in einer scheitelrechten Ebene E (erste Spur e_1) liegt, der Grundriß $A'B'C'$ ... (auf e_1) und der Aufriß $A''B''C''$ ... gegeben, so schneidet man, um in der Tafel Π das perspektive Bild $\overline{A}\overline{B}\overline{C}$ ... herzustellen, die Grundrißspur g mit den Strahlen $O'A'$, $O'B'$, $O'C'$ ..., mit e_1 und mit der Geraden, die durch O' parallel zu e_1 läuft, in den Punkten $\overline{A}'$, $\overline{B}'$, $\overline{C}'$ ..., S', $\overline{F}_0'$. Dann zeichnet man in Fig. 147b auf g die Punkte $\overline{A}'$. $\overline{B}'$, $\overline{C}'$, ..., S' und auf h den Punkt $\overline{F}_0$ so ein, daß die Strecken $H'\overline{A}'$, $H'\overline{B}'$, $H'\overline{C}'$, ..., $H'S'$ mit den gleichnamigen Strecken in Fig. 147a und die Strecke $H\overline{F}_0$ mit der Strecke $H'\overline{F}_0'$ in Fig. 147a nach Größe und Richtung übereinstimmen, und errichtet auf g in $\overline{A}'$, $\overline{B}'$, $\overline{C}'$, ..., S' die Lote, deren letztes die Maßkante s ist. Endlich trägt man auf s von S' aus bis zu den Punkten S_1, S_2 ... die Höhen ab, die in Fig. 147a die Punkte A'', B'', C'', ... über der Rißachse a_{12} besitzen, und schneidet die übrigen Lote mit den Geraden $S_1\overline{F}_0$, $S_2\overline{F}_0$, $S_3\overline{F}_0$ ... Hierdurch ergeben sich die Bildpunkte $\overline{A}$, $\overline{B}$, $\overline{C}$, ..., die nach den Gesetzen der gegebenen Figur zu verbinden sind.

453. Die letzte Konstruktionsvorschrift können wir für die Abbildung körperlicher Gegenstände in der Weise anwenden, daß wir den abzubildenden Körper durch eine Schar scheitelrechter Ebenen schneiden und die perspektiven Bilder der Schnittfiguren zeichnen. Wählen wir dabei die scheitelrechten Ebenen untereinander parallel, so sind die in ihnen liegenden wagerechten Geraden sämtlich parallel; wir haben dann für jede Ebene eine besondere Maßkante, aber für alle Ebenen einen gemeinsamen Punkt $\overline{F}_0$ zu bestimmen. Hierdurch kommen wir zu der folgenden Vorschrift:

Um für einen Körper, dessen Grundriß und Aufriß gegeben sind, ein perspektives Bild zu zeichnen, trifft man unter Beachtung der Regeln von Nr. 449 und Nr. 450 die nach Nr. 448 nötigen Vorbereitungen, zieht durch die Punkte des Grundrisses — bereits vorhandene und möglichst viel Punkte tragende Geraden benutzend — eine Schar paralleler Geraden, faßt sie als die ersten Spuren scheitelrechter Ebenen auf und stellt für die Figuren, in denen diese den Körper schneiden, nach der Vorschrift von Nr. 452 die perspektiven Bilder her. Darauf vervollständigt man das Bild durch die noch fehlenden Verbindungslinien der gefundenen Punkte und vermehrt nötigenfalls die Genauigkeit dadurch, daß man die Spur- und Fluchtpunkte weiterer wagerechten Geraden benutzt und auch einzelne andere Bildgeraden nach der zweiten Vorschrift von Nr. 451 bestimmt.

Bei der in den Anwendungen besonders häufigen Darstellung von Gebäuden spielen *scheitelrechte Körperkanten* eine wichtige Rolle; ihre Bildgeraden fallen — in Übereinstimmung mit dem zweiten Satz von Nr. 426 — zusammen mit den Hilfsgeraden der Vorschrift von Nr. 452, die zu der Grundrißspur g lotrecht sind.

Der Anschaulichkeit wegen tragen wir in ein perspektives Bild nur die Punkte und Linien ein, die dem Beschauer zugewendet und somit sichtbar sind. Deshalb lassen wir von vornherein unsichtbare Punkte fort, sofern sie nicht für die Bestimmung einer sichtbaren Linie notwendig sind. Für die Aufsuchung des scheinbaren Umrisses und die Ermittelung der Sichtbarkeit gelten nach Nr. 444 dieselben Regeln wie bei Parallelprojektion. Dabei ergeben sich für ebenflächig begrenzte Körper keine Schwierigkeiten, die eine neue Untersuchung erfordern, wohl aber für krummflächig begrenzte Körper; die einfachsten Fälle der Kugel, der Kreiskegelfläche und der Kreiszylinderfläche sind in Nr. 444 behandelt worden.

454. Gehen wir nun auf Grund der Vorschrift von Nr. 453 an die Ausführung der Konstruktion, so begegnen uns gelegentlich zwei Schwierigkeiten: Es ist möglich, daß die Größe des entstehenden perspektiven Bildes seinem Zweck nicht angemessen ist, und der Platz auf dem Blatt, das die gegebenen Risse trägt, kann zu klein sein, um dem Augabstand die Mindestlänge der deutlichen Sehweite (Nr. 449) zu gestatten. Beiden Schwierigkeiten hilft dieselbe Überlegung ab: Schneiden wir die Sehstrahlenpyramide, die durch das Auge und den abzubildenden Körper bestimmt ist, durch zwei parallele Tafeln, so erhalten wir zwei perspektive Bilder des Körpers, die einander ähnlich sind. Da in ihnen entsprechende Strecken dasselbe Verhältnis haben wie die Abstände, in denen ihre Tafeln vom Auge liegen, so folgt der Satz:

Wird ein perspektives Bild eines Körpers ähnlich verkleinert oder vergrößert, so entsteht ein perspektives Bild desselben Körpers; die Augab-

stände der beiden Bilder verhalten sich wie je zwei entsprechende Strecken derselben.

Hiernach können wir der erstgenannten Schwierigkeit dadurch abhelfen, daß wir das entstehende perspektive Bild ähnlich vergrößern oder verkleinern. Dann ändert sich in demselben Maße der Augabstand, und wir müssen deshalb im Fall der Verkleinerung auf Grund der Regel von Nr. 449 darauf achten, daß der Augabstand nicht unter die Grenze der deutlichen Sehweite herabsinkt. Umgekehrt beseitigen wir die zweite der oben angeführten Schwierigkeiten dadurch, daß wir in dem gegebenen Grundriß die Strecke $H'O'$ kleiner als die deutliche Sehweite nehmen und das entstehende perspektive Bild vergrößern.

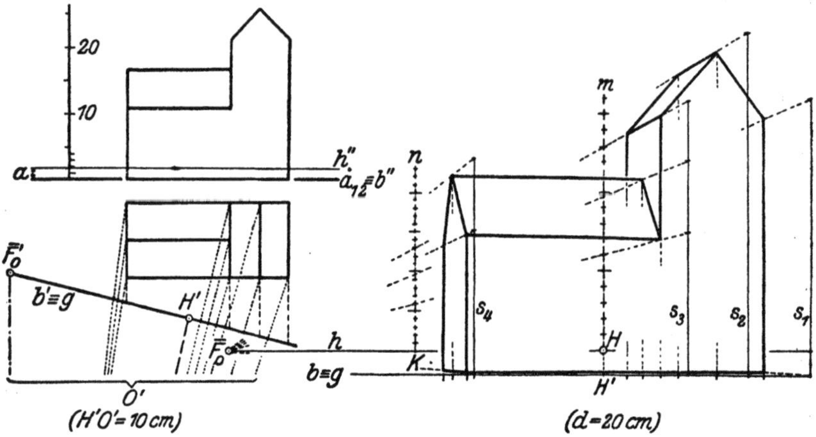

Fig. 148.

Aufgabe: *Gegeben* sind in Fig. 148 Grund- und Aufriß eines Gebäudes (schematisch). *Gefordert* ist die Herstellung eines perspektiven Bildes in schräger Ansicht.

Wir wählen in dem gegebenen Grundriß den Standpunkt O' des Beschauers und die Grundrißspur g nach Nr. 449; jedoch sei des beschränkten Platzes wegen $H'O' = 10$ cm. Die Grundrißtafel ist zugleich die Bodenebene ($b \equiv g$, $b'' \equiv a_{12}$), und wir nehmen, da der Beschauer eines Gebäudes meist auf der Bodenebene desselben steht, die Augenhöhe a nach dem letzten Satz von Nr. 450 so, daß sie im Maßstab der gegebenen Risse ungefähr die Größe eines Menschen darstellt. Darauf verfahren wir in Fig. 148 genau nach der Vorschrift[1]) von Nr. 453, verdoppeln aber sofort jede Strecke, die wir aus Grund- und Aufriß entnehmen und in das perspektive Bild eintragen; dadurch

---

[1]) Da wir hierbei durch die Punkte O' und $\bar{F}_0$ zahlreiche Geraden ziehen müssen, empfiehlt es sich, das Anlegen des Lineales an diese Punkte dadurch zu erleichtern, daß wir in ihnen feine Nadeln lotrecht in das Reißbrett einstechen.

erhalten wir unmittelbar das vergrößerte Bild mit dem Augabstand $d = 20$ cm. Die geeignetsten scheitelrechten Hilfsebenen sind die, deren erste Spuren die vier zu a_{12} senkrechten Geraden des gegebenen Grundrisses sind; sie führen zu den vier Maßkanten s_1, s_2, s_3, s_4 und dem gemeinsam zu diesen gehörenden Fluchtpunkt $\overline{F}_0$.

Unzugängliche Fluchtpunkte.

455. Oft kommt es vor, daß gerade bei der Wahl der Bestimmungsstücke, die für die Gestaltung und für die Herstellung des perspektiven Bildes die günstigsten sind, keiner der notwendigen Fluchtpunkte auf dem Zeichenblatt Platz findet. Aber man kann auch nach solchen *unzugänglichen* Punkten Gerade ziehen. Es möge z. B. in Fig. 148 der Fluchtpunkt $\overline{F}_0$ über die Grenze des Zeichenblattes hinaus fallen; dann wird sich die aus dem Grundriß entnommene Strecke $H'\overline{F}_0'$ auf h von H aus nach links nicht, wie es nötig wäre, zweimal, sondern nur einmal, bis K, auftragen lassen, so daß wir $HK = K\overline{F}_0 = \frac{1}{2} H\overline{F}_0$ haben. Wenn wir nun durch H und K die scheitelrechten Geraden m und n legen, so wird jede aus $\overline{F}_0$ kommende Gerade m in einem Punkt schneiden, der von H doppelt so weit entfernt ist wie ihr Schnittpunkt mit n von K. Wir können hiernach leicht eine Gerade konstruieren, die nach $\overline{F}_0$ geht, und dann durch die Punkte der Maßkanten s_1, s_2, s_3, s_4 die nach $\overline{F}_0$ gehenden Geraden legen, wie es in der Anmerkung zu Nr. 284 angegeben wurde. Bequemer aber ist das folgende Verfahren:

Wir tragen auf m und n, von H und K ausgehend, Maßstäbe auf (Fig. 148), deren Einheitsstrecken im Verhältnis 2 : 1 stehen; dann muß jede nach $\overline{F}_0$ zielende Gerade entweder durch gleichvielte Punkte der Maßstäbe gehen oder gleichvielte Strecken in gleichem Verhältnis teilen. Hiernach können wir, wenn die Maßstäbe eng genug sind, sämtliche Geraden, die aus den Punkten der Maßkanten s_1, s_2, s_3, s_4 nach $\overline{F}_0$ zu ziehen sind, mit ausreichender Genauigkeit nach Augenmaß einzeichnen.

Ein weiteres Verfahren, unzugängliche Fluchtpunkte zur Konstruktion heranzuziehen, werden wir später (Nr. 465) kennen lernen.

456. Eine noch größere Bequemlichkeit bietet ein Werkzeug dar, *die Fluchtpunktschiene.* Sie besteht (Fig. 149b und c) aus drei Linealen, die durch einen Zapfen drehbar miteinander verbunden sind und mittels einer Schraube in jeder gegenseitigen Stellung festgehalten werden können. An jedem Lineal ist nur die eine Kante, die auf den Mittelpunkt des Drehzapfens hinzielt, als Ziehkante zu verwenden.

Die Anwendung der Fluchtpunktschiene beruht darauf, daß drei Punkte $\overline{F}$, G_1, G_2 (Fig. 149a), die nicht in einer Geraden liegen, einen Kreis und mit allen Punkten desselben gleiche Winkel bestimmen. Kennen wir nun etwa den zweiten Schnittpunkt X des Horizontes h mit dem Kreis und stellen die Ziehkanten der Fluchtpunktschiene auf die Geraden XG_1, XG_2, $X\overline{F} \equiv h$ ein, so passen sie in derselben Einstellung auch auf die Strahlen, die von einem anderen Punkt Y des Kreisbogens G_1XG_2 nach G_1, G_2 und $\overline{F}$ laufen. Deshalb wird, wenn wir in G_1 und G_2 zwei dünne Nadeln lotrecht in das Reißbrett einstechen und an ihnen zwei Ziehkanten der Fluchtpunktschiene entlanggleiten lassen, der Mittelpunkt ihres Drehzapfens sich auf dem Kreis bewegen und die dritte Ziehkante stets eine durch $\overline{F}$ gehende Gerade darstellen.

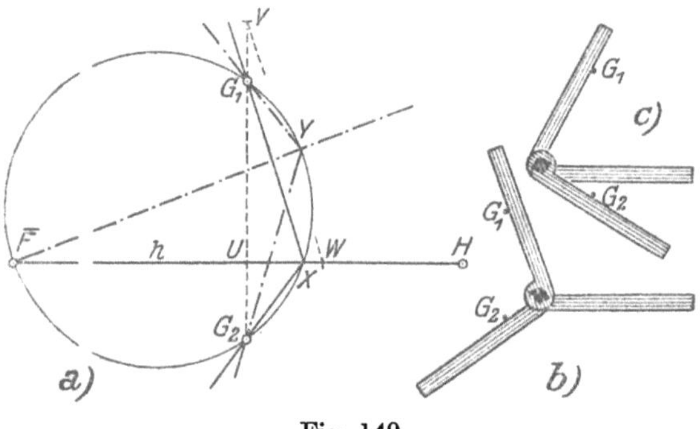

Fig. 149.

Die Punkte G_1, G_2 wählen wir beliebig, jedoch am besten so, daß ihre Verbindungsgerade senkrecht zu h links oder rechts von dem Felde der Konstruktionen verläuft. Ist dann U der Schnittpunkt der Geraden h und G_1G_2, so können wir seine Potenz in bezug auf den durch G_1, G_2, $\overline{F}$ bestimmten Kreis in zwei Weisen ausdrücken und erhalten die Gleichung

$$UX \cdot U\overline{F} = UG_1 \cdot UG_2$$

oder

$$(1) \quad UX : UG_1 = UG_2 : U\overline{F} \qquad \text{oder} \qquad (2) \quad UX = \frac{UG_1 \cdot UG_2}{U\overline{F}}.$$

Die Strecken UG_1, UG_2 sind bekannt; auch die Länge von $U\overline{F}$ können wir ermitteln, da wir die Strecke HU besitzen und die Länge von $H\overline{F}$, die ein Vielfaches der im Grundriß bestimmten Länge $H'\overline{F}'$ ist, kennen. Infolgedessen ist UX entweder nach (1) zu konstruieren — indem wir etwa auf G_1G_2 und h die Strecken $UV = U\overline{F}$ und $UW = UG_2$ auftragen und G_1X parallel zu VW ziehen — oder nach (2) zu berechnen — nachdem wir die Strecken UG_1, UG_2, HU, $H'\overline{F}'$ an einem Maßstab abgemessen und die Maßzahl von $U\overline{F}$ abgeleitet haben.

Ist in dieser Weise zu G_1, G_2 der Punkt X bestimmt, so ziehen wir die Geraden XG_1, XG_2 und stellen die Fluchtpunktschiene so ein, daß zwei Ziehkanten mit ihnen und die dritte Ziehkante mit h übereinstimmt. Die dritte Ziehkante, an der entlang wir den Bleistift führen, muß stets die obere Kante des unmittelbar auf dem Papier aufliegenden Lineales sein. Befindet sich dann der Drehzapfen links, so dürfen G_1, G_2 nur an der linken Seite des Reißbrettes angenommen werden; Fig. 149b zeigt die Stellung einer derartigen „linken" Fluchtpunktschiene für den Fall, daß der unzugängliche Fluchtpunkt $\overline{F}$ ebenfalls links, und Fig. 149c für den Fall, daß $\overline{F}$ rechts liegt.

Der perspektive Grundriß.

457. In Fig. 148 können wir nach der Vorschrift von Nr. 453 das vollständige perspektive Bild des gegebenen Grundrisses, *den perspektiven Grundriß* eintragen; wir müssen zu diesem Zweck alle Lote, die wir auf der Grundrißspur g in den auf ihr angemerkten Punkten errichten, mit den Geraden schneiden, die den Fluchtpunkt $\overline{F}_0$ mit den auf g liegenden Punkten der Maßkanten s_1, s_2, s_3, s_4 verbinden. *Dann dürfen wir uns jene Lote, die wir ja zur Einzeichnung der sämtlichen Bildpunkte brauchen, anstatt durch ihre Fußpunkte auf g auch durch die Punkte des perspektiven Grundrisses bestimmt denken.*

Diese Bemerkung erhält dadurch Bedeutung, daß wir den perspektiven Grundriß auf andere Weise als nach Nr. 452 und Nr. 453 herzustellen vermögen: Legen wir nämlich (siehe z. B. Fig. 150) nach der Aufgabe von Nr. 435 die Grundrißtafel in die Bildtafel Π um (wobei die Grundrißspur g, der Horizont h, der Hauptpunkt H an die Stellen von s, $\overline{f}$, Q treten und $QO_0 \equiv HO_0 = d$ ist, so wird die Umlegung des Grundrisses mit dem perspektiven Grundriß durch die Gesetze der Zentralkollineation (Nr. 438) verbunden. *Dieser „umgelegte" Grundriß gestattet es demnach, den perspektiven Grundriß als zu ihm kollineare Figur nach Nr. 439 zu konstruieren.* Bei der in Nr. 435 gewählten Anordnung der Umlegung wird die Unterseite der Grundrißtafel dem Beschauer zugekehrt. Deshalb erscheint der wirkliche Grundriß, den wir uns auf die Oberseite der noch nicht umgelegten Grundrißtafel gezeichnet denken, nach der Umlegung so, wie er von unten gesehen wird. *Der umgelegte Grundriß ist also als Spiegelbild des gegebenen Grundrisses einzuzeichnen.*

Der umgelegte Grundriß liefert ohne weiteres auch die Maßkanten und die zugehörigen Fluchtpunkte. Denn es ist z. B. in Fig. 150 der Fluchtpunkt $\overline{F}_3$ der im Grundriß liegenden Geraden $A'C'$ dadurch bestimmt, daß er nach dem zweiten Satz von Nr. 437 (vgl. auch den fünften Satz von Nr. 427) der Schnittpunkt zwischen dem Horizont h und der durch O_0 laufenden Parallelen von $A_0'C_0'$ ist. $\overline{F}_3$ ist zugleich der Fluchtpunkt aller wagerechten Geraden der Ebene E, die längs $A'C'$ auf der Grundrißtafel senkrecht steht und gehört somit nach Nr. 452 zu der Maßkante s_3 von E. s_3 aber trägt als Spurgerade von E den Spurpunkt von $A'C'$, d. h. den Punkt $E_0' \equiv \overline{E}'$, in dem $A_0'C_0'$ die Spurgerade g der Grundrißtafel trifft, und ist in ihm als Lot auf g zu errichten.

Auf Grund dieser Überlegungen können wir die Vorschrift von Nr. 453 in folgender Weise abändern:

Um für einen Körper, dessen Grundriß und Aufriß gegeben sind, ein perspektives Bild zu zeichnen, wählt man für dasselbe unter Beachtung der Regeln von Nr. 449 und Nr. 450 die Grundrißspur g, den Horizont h, den Hauptpunkt H und den Augabstand d. Dann bestimmt man nach der Aufgabe von Nr. 435 für die Umlegung der Grundrißtafel das um-

gelegte Auge O_0, bringt das Spiegelbild des gegebenen Grundrisses als umgelegten Grundriß in eine passende Lage zu g und leitet aus ihm nach Nr. 439 den perspektiven Grundriß ab. Endlich zieht man durch die Punkte des perspektiven Grundrisses die Lote zu g und durch die Spurpunkte der Grundrißgeraden die Maßkanten, bestimmt auf den ersten mit Hilfe der letzten nach der Vorschrift von Nr. 452 für alle notwendigen Punkte des gegebenen Körpers die Bildpunkte und vollendet durch die dazu erforderlichen Verbindungslinien das perspektive Bild.

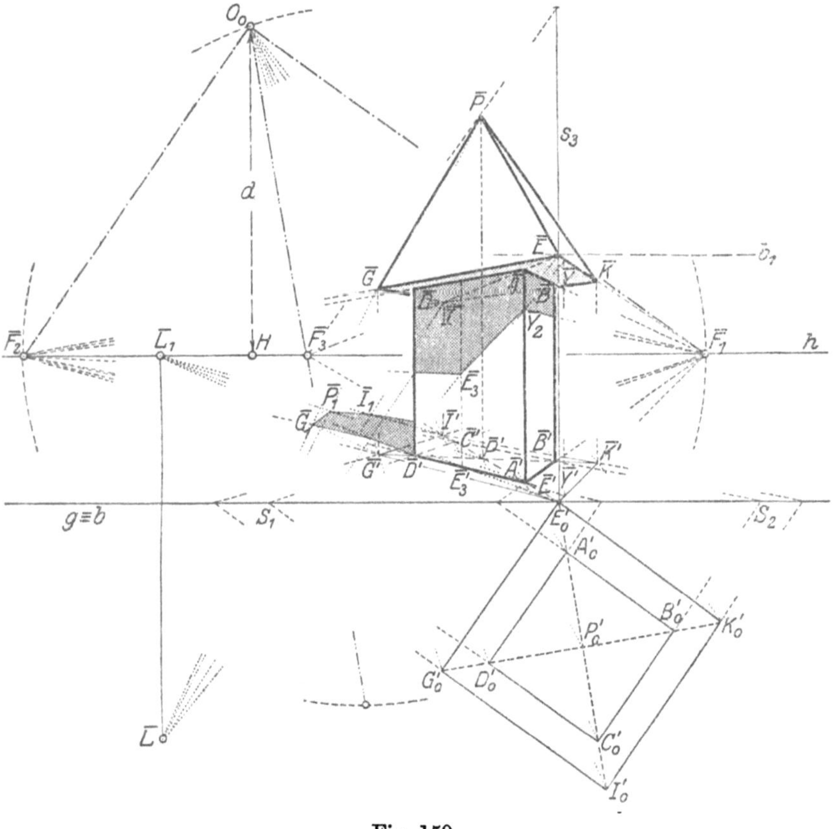

Fig. 150.

458. Der Umstand, daß nach der Vorschrift von Nr. 457 der umgelegte Grundriß das Spiegelbild des gegebenen Grundrisses ist, verhindert, daß man den letzteren — wenn er nicht zufällig eine in sich symmetrische Figur ist — unmittelbar an die Stelle des ersteren legen und für ihn ohne neue Zeichenarbeit benutzen kann. Die Vorschrift läßt sich aber auch gebrauchen, wenn Grund- und Aufriß des abzubildenden Körpers nicht gezeichnet vorliegen, sondern erst aus seinen in anderer Weise gegebenen Maßen hergestellt werden müßten; dann konstruieren wir sofort den umgelegten Grundriß und benutzen die für den Aufriß in Frage kommenden Maße nur dazu, um die auf den Maßkanten aufzutragenden Höhen zu finden. Gerade für diesen Fall wollen wir die Vorschrift anwenden, um von ihm ausgehend Hilfsmittel zu entwickeln (Nr. 461 u. f.), die auch den umgelegten Grundriß entbehrlich machen. Zunächst behandeln wir die

Aufgabe: *Gegeben* sind die Maße eines geraden quadratischen Prismas und einer geraden quadratischen Pyramide, die so zu einem Körper zusammengesetzt sind, daß die Deckfläche des Prismas und die Grundfläche der Pyramide gemeinsame Diagonalen haben. *Gefordert* ist, daß für den auf wagerechter Ebene stehenden Körper ein perspektives Bild in schräger Ansicht gezeichnet wird.

Wir nehmen die Bodenebene des Körpers als Grundrißtafel und tragen in Fig. 150[1]) die Bestimmungsstücke g ($\equiv b$), h, H sowie das umgelegte Auge ($HO_0 \perp h$, $HO_0 = d$) ein. Den umgelegten Grundriß $A'_0 B'_0 C'_0 \ldots$, der aus zwei Quadraten mit gemeinsamen Diagonalen besteht, zeichnen wir so, daß eine seiner äußeren Ecken, E'_0, auf g liegt; dies ist an sich durchaus unwesentlich, bringt aber den Vorteil mit sich, daß in E'_0 die Spurpunkte von drei Geraden des Grundrisses vereinigt sind. Wir finden ferner in dem zur Verfügung stehenden Zeichenraum noch die Spurpunkte der übrigen Quadratseiten als ihre Schnittpunkte mit g und die Fluchtpunkte $\overline{F}_1$, $\overline{F}_2$ der Quadratseiten, sowie den Fluchtpunkt $\overline{F}_3$ der einen Diagonale $A'C'$ als die Schnittpunkte von h mit den Geraden, die wir parallel zu den betreffenden Geraden des umgelegten Grundrisses durch O_0 ziehen.

Hiernach ergeben sich, ohne daß die umgelegte Verschwindungsgerade zu benutzen wäre, nach Nr. 439 die Geraden des perspektiven Grundrisses und als ihre Schnittpunkte die Punkte $\overline{A'}$, $\overline{B'}$, $\overline{C'}$ ...[2]), wobei die Kollineationsstrahlen (Nr. 438) zu Genauigkeitsproben dienen können. Nachdem wir endlich durch $\overline{A'}$, $\overline{B'}$, $\overline{C'}$ ... die Lote zu g gezogen haben, genügt die Maßkante s_3 der über $A'C'$ stehenden Diagonalebene des Körpers nebst dem zugehörigen Fluchtpunkt $\overline{F}_3$, um die Bildpunkte der Punkte des Körpers zu bestimmen: Wir erhalten zunächst die Punkte $\overline{E}$, $\overline{A}$, $\overline{P}$ und leiten aus ihnen mit Hilfe der Fluchtpunkte $\overline{F}_1$, $\overline{F}_2$ die übrigen sichtbaren Punkte und Strecken der Bildfigur ab.

---

[1]) In Fig. 150 mußte der Augabstand d viel zu klein gewählt werden, damit auf geringem Raum die Zeichnung vollständig und ohne Verwickelungen ausgeführt werden konnte, wie sie durch die Hilfskonstruktionen entstehen, die ein Augenabstand von der richtigen Größe bei geringem Zeichenraum nötig macht (Nr. 465).

[2]) Wollen wir nicht die umständlichen Bezeichnungen $(\overline{A})'$ und $\overline{(A')}$ gebrauchen, so müssen wir sowohl in Fig. 147 als auch in Fig. 150 die Bezeichnung $\overline{A'}$ anwenden; sie ist beide Male gleichberechtigt, obwohl sie sich auf ganz verschiedene Punkte bezieht, und läßt, da diese verschiedenen Arten von Punkten nicht zusammen vorkommen, eine Verwechselung nicht befürchten.

459. Auf Grund des letzten Satzes von Nr. 450 kann, wenn die Bodenebene des abgebildeten Körpers als Grundrißtafel genommen wird, der Abstand zwischen der Grundrißspur g und dem Horizont $\boldsymbol{h}$, der ja gleich der Augenhöhe a ist, so klein sein, daß der perspektive Grundriß sehr zusammengedrückt wird; dann ist er undeutlich und hat infolge schleifender Schnitte ungenau bestimmte Punkte. In diesem Fall legt man die Grundrißtafel tiefer als die Bodenebene und benutzt den in ihr befindlichen „*Kellergrundriß*".

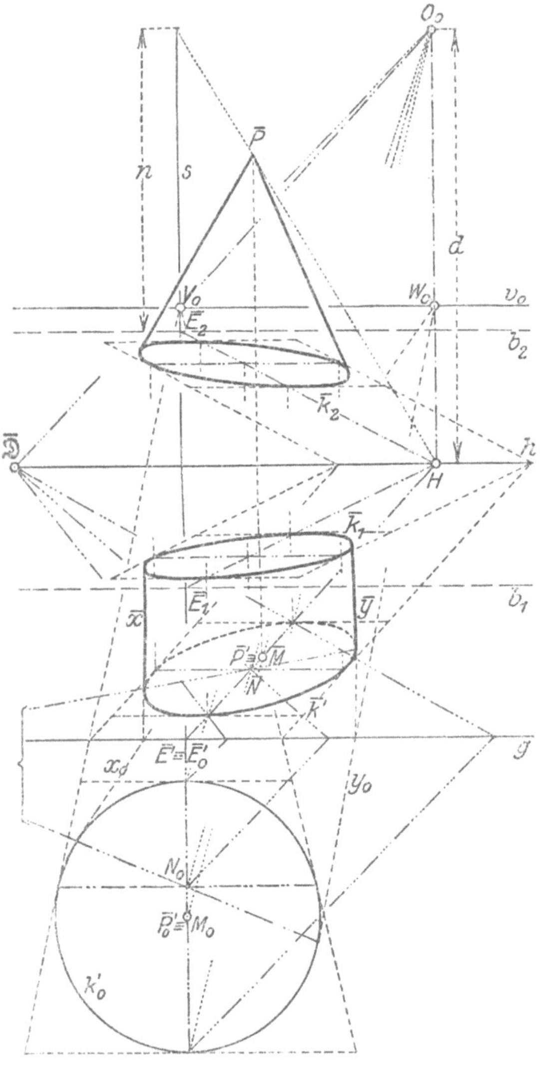

Fig. 151.

Hierbei sind die perspektiven Bilder des Kellergrundrisses und der Figur des Körpers, mit der er auf seiner Bodenebene steht, in einer Weise verknüpft, die wir bei jeder in einer wagerechten Ebene liegenden Figur wiederfinden und auch an Fig. 150 untersuchen können. Dort haben wir in der Bodenebene der Pyramide — Bodenlinie b — die Figur ABC . . . und zwischen ihr und ihrem Grundriß $A'B'C'$ . . . eine umkehrbar eindeutige Zuordnung der Punkte und Geraden derart, daß entsprechende Geraden einander stets parallel sind; also stehen die Bildfigur $\overline{A}\,\overline{B}\,\overline{C}$ . . . und der perspektive Grundriß $\overline{A'}\,\overline{B'}\,\overline{C'}$ . . . in der folgenden Beziehung zueinander:

Jedem Punkt der einen Figur entspricht umkehrbar eindeutig ein Punkt der anderen in der Weise, daß je zwei solche Punkte auf demselben Lot zu g liegen.

Jeder Geraden der einen Figur entspricht umkehrbar eindeutig eine Gerade der anderen Figur derart, daß die zweite alle Punkte trägt, die den Punkten der ersten entsprechen.

Je zwei zusammengehörige Geraden der beiden Figuren schneiden sich in einem Punkt des Horizontes h, dem Fluchtpunkt, oder sind, wenn sie die Bilder von zwei zur Tafel Π parallelen Geraden sind, zu h parallel.

Hieraus ergibt sich, daß wir die eine Figur aus der anderen nach der Vorschrift von Nr. 121 konstruieren können, und somit nach dem Satz von Nr. 122, daß sie affin sind. Das heißt:

Das perspektive Bild einer Figur, die in einer wagerechten Ebene liegt, und ihr perspektiver Grundriß stehen in einer Affinität, deren Achse der Horizont ist und deren Affinitätsstrahlen auf der Grundrißspur und dem Horizont senkrecht stehen.

Um das perspektive Bild durch die Affinität aus dem perspektiven Grundriß abzuleiten, bedürfen wir nach Nr. 123 außer der Affinitätsachse und den Affinitätsstrahlen noch ein Paar entsprechender Punkte; ein solches haben wir z. B. in $\overline{E'}$, $\overline{E}$ oder, da die Geraden g und b_1 einander in der Affinität entsprechen, in je zwei anderen Punkten, die in sie durch eine auf ihnen senkrechte Gerade eingezeichnet werden.

460. Aufgabe: *Gegeben* sind in Fig. 151[1]) die Bestimmungsstücke g, h, H, d eines perspektiven Bildes, die Spurgerade b einer wagerechten Ebene und der umgelegte Grundriß k_0' eines Kreises k, der in jener Ebene liegt. *Gesucht* ist das perspektive Bild von k.

Wir tragen nach Nr. 435 das umgelegte Auge O_0 und die umgelegte Verschwindungsgerade v_0 ein und setzen voraus, daß k_0' und v_0 vollständig getrennt liegen. Nehmen wir dann in Fig. 151 b_1 für b und nennen den gesuchten Kreis k_1 statt k, so ist (Nr. 457) der perspektive Grundriß $\overline{k_1'}$ die Ellipse $\overline{k'}$, die nach Nr. 440 in der durch O_0, g, h, v_0 bestimmten Zentralkollineation dem Kreis k_0' entspricht; wir zeichnen sie nach der Vorschrift von Nr. 441[2]) und leiten aus ihr das perspektive Bild $\overline{k}_1$ nach dem letzten Satz von Nr. 459 ab: Die dabei gebrauchte Affinität ist durch ihre Achse h und durch ein Punktepaar $\overline{E_1'} \equiv \overline{E'}$, $\overline{E_1}$ bestimmt, das durch eine zu g senkrechte Gerade s auf g und b_1 eingeschnitten wird. Sie liefert nach Nr. 121 zu dem Paar konjugierter Durchmessersehnen von $\overline{k'}$, die wir nach Nr. 441 ermittelt haben, ein

---

[1]) Für Fig. 151 gilt dasselbe, was in der ersten Anmerkung zu Nr. 458 über Fig. 150 gesagt wurde.

[2]) Werden dabei die Schnittpunkte der Kollineationsstrahlen z. B. mit $\overline{E'}H$ ungenau, so nehmen wir die Geraden zu Hilfe, die im umgelegten Grundriß aus den Punkten von $E_0'M_0'$ nach der einen Seite hin mit dem Neigungswinkel von 45° gegen g laufen. Ihr Fluchtpunkt $\overline{\mathfrak{D}}$ ($\sphericalangle H\overline{\mathfrak{D}}O_0 = 45°$, $H\overline{\mathfrak{D}} = d$) ist ein *Distanz punkt* (Nr. 464); er gestattet, die Bildgeraden jener Hilfsgeraden zu ziehen und durch sie die gesuchten Punkte von $\overline{E'}H$ zu gewinnen.

entsprechendes Streckenpaar, und dieses ist nach dem Satz von Nr. 152 ein Paar konjugierter Durchmessersehnen der Ellipse $\bar{k}_1$, aus dem wir sie nach Nr. 170 herstellen können.

Aufgabe: *Gegeben* ist dasselbe wie in der vorigen Aufgabe. *Gesucht* ist das perspektive Bild des geraden Kreiszylinders, der oben durch den Kreis k und unten durch dessen Grundriß k' begrenzt wird.

Wir nehmen in Fig. 151 wieder b_1 für b und zeichnen, wie in der vorigen Aufgabe, die Bildellipsen $\bar{k}'$ und $\bar{k}_1$. Dann wird nach dem letzten Satz von Nr. 446 der scheinbare Umriß des Kreiszylinders gebildet durch Bögen dieser Ellipsen und durch Strecken zweier gemeinsamen Tangenten $\bar{x}$, $\bar{y}$ derselben. Wegen der Stellung des geraden Kreiszylinders sind $\bar{x}$, $\bar{y}$ zu g senkrecht und im Einklang mit Nr. 151 Affinitätsstrahlen der Affinität, durch die $\bar{k}_1$ aus $\bar{k}'$ folgt. Als zu O_0H parallele Tangenten von $\bar{k}'$ entsprechen $\bar{x}$, $\bar{y}$ in der Zentralkollineation, durch die $\bar{k}'$ aus $\bar{k}'_0$ folgt, den beiden Tangenten x_0, y_0 von k'_0, deren gemeinsamer Verschwindungspunkt W_0 nach dem zweiten Satz von Nr. 437 der Schnittpunkt von v_0 und O_0H ist, und sind demnach in den Schnittpunkten von g mit x_0, y_0 als Lote auf g zu errichten. — Die Berührungspunkte zwischen $\bar{k}'$ und $\bar{x}$, $\bar{y}$ folgen vermöge der Zentralkollineation aus denen zwischen k'_0 und x_0, y_0; dabei geht die Verbindungsgerade

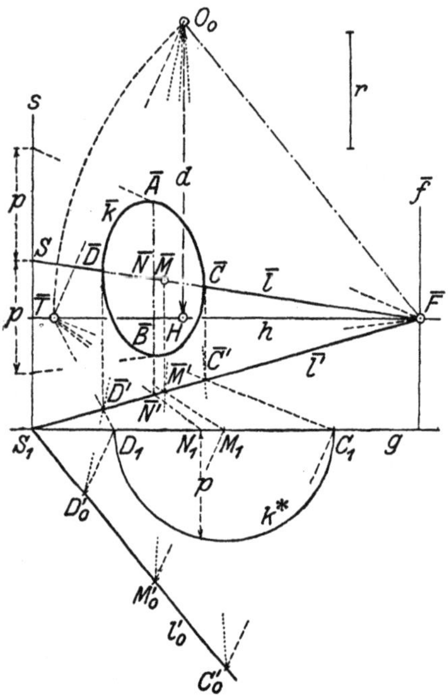

Fig. 152.

der ersten nach dem vorletzten Satz von Nr. 143 durch den Mittelpunkt $\bar{N}$ von $\bar{k}'$ und somit die Verbindungsgerade der zweiten Berührungspunkte — im Einklang mit der in Nr. 442 erwähnten Polarentheorie des Kreises — durch N_0. Nur der untere der beiden Bögen, in die $\bar{k}'$ durch die Berührungspunkte von $\bar{x}$, $\bar{y}$ zerfällt, ist als sichtbar auszuziehen. — Der Kreis k_1 ist vollkommen sichtbar, da er unterhalb der Horizontebene liegend dem Beschauer die obere Seite der von ihm begrenzten Fläche zukehrt (siehe den letzten Satz von Nr. 433). Nähmen wir dagegen in Fig. 151 b_2 für b, so würde der hierdurch bestimmte Kreis k_2 über der Horizontebene liegen und nur teilweise sichtbar sein; nur der obere Bogen der Bildellipse $\bar{k}_2$ wäre auszuziehen.

Aufgabe: *Gegeben* ist dasselbe wie in der vorigen Aufgabe und eine Strecke n. *Gesucht* ist das perspektive Bild des geraden Kreiskegels, dessen Leitkreis k und dessen Höhe n ist.

Wir nehmen in Fig. 151 b_2 für b und zeichnen nach der ersten Aufgabe die Bildellipse $\overline{k_2}$ des durch b_2 bestimmten Kreises k_2. Der Scheitel P des Kegels liegt senkrecht über dem Mittelpunkt von k_2 und somit auch senkrecht über dem Mittelpunkt M von k', so daß $P' \equiv M'$, $P'_0 \equiv M_0$, $\overline{P'} \equiv \overline{M}$ ist. Hieraus und aus der Höhe n bestimmen wir mit Hilfe der Maßkante s und des zugehörigen Fluchtpunktes H den Bildpunkt $\overline{P}$. Legen wir dann aus $\overline{P}$ die Tangenten an $\overline{k_2}$ (vgl. die Anmerkung zu Nr. 206), so erhalten wir nach dem letzten Satz von Nr. 446 den scheinbaren Umriß der Kegelfläche und müssen, da der Beschauer den Kegel von unten sieht, die Ellipse $\overline{k_2}$ völlig ausziehen.

Konstruktionen ohne umgelegten Grundriß.

461. Sind in Fig. 152 die Grundrißspur g, der Horizont h, der Hauptpunkt H, das zugleich mit der Grundrißtafel umgelegte Auge O_0 und die Umlegung l'_0 einer Geraden l' der Grundrißtafel gegeben, so bestimmen wir den Spurpunkt S_1 und den Fluchtpunkt $\overline{F}$ von l' nach Nr. 439 und ziehen die perspektive Bildgerade $\overline{l'} = S_1\overline{F}$. Für einen Punkt P'_0 von l'_0 — als den wir jeden der Punkte C'_0, D'_0, M'_0 in Fig. 152 nehmen können — wird der Bildpunkt $\overline{P'}$ in $\overline{l'}$ durch den Kollineationsstrahl $O_0 P'_0$ eingezeichnet. Tragen wir nun auf g nach der einen Seite von S_1 aus die Strecke $S_1P_1 = S_1P'_0$ ab, so besitzt die Gerade $P'_0 P_1$ den Spurpunkt P_1 und den auf h liegenden Fluchtpunkt $\overline{T}$, für den $O_0\overline{T} \parallel P_0 P_1$ ist. Da die Dreiecke $S_1P'_0P_1$ und $\overline{F}O_0\overline{T}$ paarweis parallele Seiten besitzen, sind sie ähnlich; deshalb folgt aus der Gleichheit von S_1P_1 und $S_1P'_0$ die Gleichung

$$(3) \qquad \overline{F}\overline{T} = \overline{F}O_0.$$

Die Bildgerade $P_1\overline{T}$ von P'_0P_1 trägt den Bildpunkt $\overline{P'}$. Sind also $\overline{C'}$, $\overline{D'}$ Punkte von $\overline{l'}$ und C'_0, D'_0 die zu ihnen gehörigen Punkte von l'_0, so müssen die Geraden, die aus $\overline{T}$ nach $\overline{C'}$, $\overline{D'}$ gehen, die Grundrißspur g so in C_1, D_1 treffen, daß

$$S_1C_1 = S_1C'_0, \; S_1D_1 = S_1D'_0, \; C_1D_1 = C'_0D'_0.$$

C_1D_1 ist hiernach (abgesehen vom Maßstab des Bildes) die wahre Größe der Strecke $C'D'$, deren perspektives Bild $\overline{C'}\,\overline{D'}$ ist. Wir messen also die Strecken von l' mit Hilfe des Punktes $\overline{T}$ und nennen diesen infolgedessen einen *Meßpunkt* von l'. Da es oben gleichgültig war, auf welche Seite von S_1 wir den Punkt P_1 legten, gibt es noch einen zweiten Meßpunkt von l', für den ebenfalls die Gleichung (3) gilt. Also folgt der Satz:

Zu jeder Geraden $\overline{l'}$ des umgelegten Grundrisses gehören zwei Meßpunkte, die auf dem Horizont liegen und von dem Fluchtpunkt $\overline{F}$ der Geraden ebensoweit entfernt sind wie dieser von dem umgelegten Auge.

Ist $\overline{T}$ ein Meßpunkt und $\overline{C'}\,\overline{D'}$ eine Strecke von $\overline{l'}$, so schneiden die Geraden $\overline{T}\,\overline{C'}$, $\overline{T}\,\overline{D'}$ in die Grundrißspur g die wahre Größe $C_1 D_1$ der Strecke $C'D'$ ein.

Wenn wir die Strecke C_1D_1 in eine Anzahl gleicher Teile teilen und die Teilpunkte mit $\overline{T}$ verbinden, so schneiden die Verbindungsgeraden in $\overline{l'}$ die Bildpunkte der Punkte ein, durch die die Strecke $C'D'$ in dieselbe Anzahl gleicher Teile geteilt wird; deshalb führt $\overline{T}$ auch den (zu Verwechslungen Anlaß gebenden) Namen eines *Teilungspunktes*. Durch eine solche Teilung erhalten wir auf $\overline{l'}$ einen perspektiven Maßstab (vgl. Nr. 431 und Fig. 143); in Fig. 152 ist nur der Bildpunkt der Mitte M' von $C'D'$ angegeben. Wir heben ausdrücklich hervor:

Weder zu der Aufsuchung der Meßpunkte noch bei den mit ihnen auszuführenden Konstruktionen wird der umgelegte Grundriß gebraucht.

462. Eine wagerechte Gerade l ist zu ihrer Bildgeraden l' in der Grundrißtafel parallel; beide haben also denselben auf dem Horizont h liegenden Fluchtpunkt $\overline{F}$, durch den ihre perspektiven Bildgeraden $\overline{l}$ und $\overline{l'}$ gehen. Ferner ist jede Strecke von l ihrem auf l' liegenden Grundriß gleich, und die Endpunkte der beiden Strecken werden durch scheitelrechte Geraden verbunden, deren perspektive Bilder nach dem zweiten Satz von Nr. 426 ebenfalls scheitelrechte, also zu der Grundrißspur g lotrechte Geraden sind. *Infolgedessen können wir im perspektiven Bild die Messungen und Teilungen, die an Strecken von $\overline{l}$ vorzunehmen sind, mit Hilfe eines der Meßpunkte, die nach Nr. 461 zu $\overline{l'}$ gehören, auf $\overline{l'}$ ausführen und die gewonnenen Punkte durch die zu g senkrechten Geraden auf $\overline{l}$ übertragen.* Wir benutzen diese Bemerkung zur Lösung der

Aufgabe: *Gegeben* sind die Bestimmungsstücke g, h, H, d eines perspektiven Bildes, ferner die Bildgerade $\overline{l}$ und der perspektive Grundriß $\overline{l'}$ einer wagerechten Geraden l, der Bildpunkt $\overline{C}$ und der perspektive Grundriß $\overline{C'}$ eines Punktes C von l und endlich eine Strecke r. *Gesucht* ist das perspektive Bild $\overline{C}\,\overline{D}$ einer Strecke CD, die auf l liegt und die Länge $2r$ hat.

Wir benutzen Fig. 152 — mit dem umgelegten Auge O_0, aber ohne den umgelegten Grundriß. Da l wagerecht ist, müssen $\overline{l'}$ und $\overline{l}$ einander auf h in dem gemeinsamen Fluchtpunkt $\overline{F}$ von l' und l begegnen; mit dessen Hilfe bestimmen wir nach Nr. 461 den einen Meßpunkt $\overline{T}$ von $\overline{l'}$, indem wir auf h die Strecke $\overline{F}\,\overline{T} = \overline{F}O_0$ legen. Darauf schneiden wir g mit der Geraden $\overline{T}\,\overline{C'}$ in C_1, geben auf g den Punkt D_1 so an, daß $C_1D_1 = 2r$, und zeichnen in $\overline{l'}$ durch die Gerade $\overline{T}D_1$ den Punkt $\overline{D'}$, sowie in $\overline{l}$ durch die Gerade, die senkrecht zu g durch $\overline{D'}$ läuft, den Punkt $\overline{D}$ ein. Dann ist nach der Vorbemerkung $\overline{C}\,\overline{D}$ die gesuchte Bildstrecke.

Aufgabe: *Gegeben* sind außer den Bestimmungsstücken g, h, H, d eines perspektiven Bildes die Bildstrecke $\overline{C}\,\overline{D}$ und der perspektive

Grundriß $\overline{C'}\overline{D'}$ einer wagerechten Strecke CD. *Gesucht* ist das perspektive Bild $\overline{k}$ des Kreises k, dessen Durchmesser CD und dessen Ebene E die scheitelrechte Ebene $CDD'C'$ ist.

Wir bestimmen, indem wir die Geraden CD, $C'D'$ mit l und l' bezeichnen, wie in der vorigen Aufgabe in Fig. 152 die Punkte $\overline{F}$, $\overline{T}$ und fügen noch den Spurpunkt S_1 von l', sowie die Spurgerade s und die Fluchtgerade $\overline{f}$ von E hinzu, die wie E scheitelrecht sind und nach dem ersten Satz von Nr. 434 durch S_1 und $\overline{F}$ laufen. Da $\overline{C}\overline{D}$ auf dem Hauptteil von $\overline{l}$ (Nr. 428) und somit CD auf dem Hauptteil von l liegt, wird die zu l senkrechte Verschwindungsgerade von E den Kreis k weder berühren noch schneiden. Infolgedessen ist die Bildkurve $\overline{k}$ eine Ellipse und kann mit Hilfe einer Umlegung von E nach Nr. 441 gezeichnet werden; aber schneller kommen wir folgendermaßen zum Ziel: Da $H\overline{F}$ auf $\overline{f}$ senkrecht steht, ist nach dem letzten Satz von Nr. 442 der zu $\overline{C}\overline{D}$ konjugierte Durchmesser $\overline{A}\overline{B}$ von $\overline{k}$ zu s und $\overline{f}$ parallel; deshalb ist $\overline{A}\overline{B}$ das perspektive Bild der scheitelrechten Sehne AB von k, deren Schnittpunkt N mit CD den Mittelpunkt $\overline{N}$ von $\overline{k}$ zum Bild hat. Bestimmen wir also den Mittelpunkt $\overline{N}$ von $\overline{C}\overline{D}$ und vermittels der Punkte $\overline{N'}$ und N_1 die wahren Längen C_1N_1, N_1D_1 der Strecken CN, ND, so erhalten wir die wahre Länge p der gleichen Strecken NA, NB, wenn wir das Lot, das wir in N_1 auf g errichten, mit dem Halbkreis k^* schneiden, den wir über dem Durchmesser $C_1'D_1'$ schlagen. Aus p folgen mit Hilfe der Maßkante s, des Spurpunktes S von l und des Fluchtpunktes $\overline{F}$ die Bildpunkte $\overline{A}$, $\overline{B}$, worauf $\overline{k}$ nach Nr. 170 herzustellen ist.

463. Wenn im umgelegten Grundriß zwei durch einen Punkt C_0' gehende Geraden die Spurpunkte S_1, S_2 besitzen (Fig. 150), so gelten für die zugehörigen Fluchtpunkte $\overline{F}_1$, $\overline{F}_2$ nach dem zweiten Satz von Nr. 437 die Beziehungen $O_0\overline{F}_1 \parallel C_0'S_1$, $O_0\overline{F}_2 \parallel C_0'S_2$. Also ist $\sphericalangle \overline{F}_1O_0\overline{F}_2 = \sphericalangle S_1C_0'S_2$ und, wenn wir den Winkel $\sphericalangle S_1C'S_2$ im nicht umgelegten Grundriß hinzunehmen, $\sphericalangle \overline{F}_1O_0\overline{F}_2 = \sphericalangle S_1C'S_2$. Das heißt:

Sind $\overline{F}_1$, $\overline{F}_2$ die Fluchtpunkte zweier Geraden des Grundrisses und O_0 das zu der Grundrißtafel gehörige umgelegte Auge, so ist $\sphericalangle \overline{F}_1O_0\overline{F}_2$ gleich dem Winkel der beiden Geraden, der der Bildtafel zugewendet ist.

Dieser Satz gestattet es, wenn der Winkel der beiden Geraden und der eine Fluchtpunkt bekannt sind, den anderen Fluchtpunkt anzugeben. Auf ihm und auf den Eigenschaften der Meßpunkte beruht die Möglichkeit, *einen geradlinigen perspektiven Grundriß ohne vorhergegangene Konstruktion des umgelegten Grundrisses zu zeichnen.* Wir zeigen sie an einem Beispiel in der

Aufgabe: *Gegeben* sind in Fig. 153 die Bestimmungsstücke g, h, H, d eines perspektiven Bildes und die Maße für den Grundriß eines *Torbogens*, der quadratische Pfeiler von der Breite p und die Öffnung q besitzt. *Gesucht* ist der perspektive Grundriß für schräge Ansicht.

Wir bestimmen das umgelegte Auge O_0 ($HO_0 \perp h$, $HO_0 = d$), ziehen eine beliebige Gerade $\overline{l}_1$ als die Bildgerade einer Längsseite l_1 uud wählen auf ihr einen Punkt $\overline{A}$ als den Bildpunkt einer Ecke A des Grundrisses. Der Fluchtpunkt $\overline{F}_1$ von l_1 ist der Schnittpunkt zwischen h und $\overline{l}_1$ und liefert nach Nr. 461 den Meßpunkt $\overline{T}_1$ ($\overline{F}_1\overline{T}_1 = \overline{F}_1 O_0$). Bestimmen wir dann den Schnittpunkt A_1 zwischen $\overline{T}_1\overline{A}$ und g und tragen auf g aufeinander folgend die Strecken $A_1B_1 = p$, $B_1C_1 = q$, $C_1D_1 = p$ ab, so schneiden die Geraden $\overline{T}_1B_1$, $\overline{T}_1C_1$, $\overline{T}_1D_1$ in $\overline{l}_1$ die Punkte $\overline{B}$, $\overline{C}$, $\overline{D}$ des perspektiven Grundrisses ein.

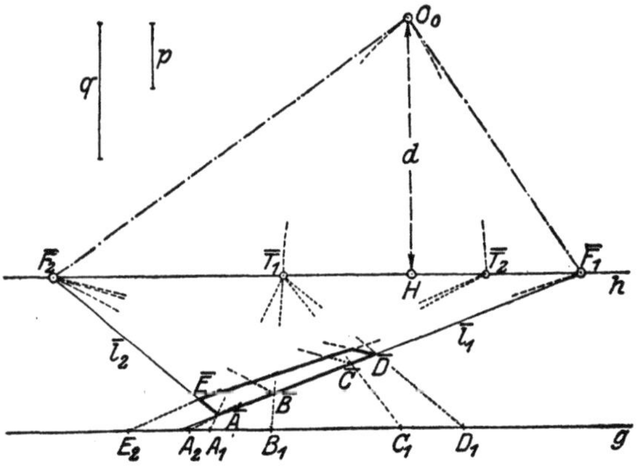

Fig. 153.

Errichten wir ferner in O_0 auf $O_0\overline{F}_1$ das Lot, so erhalten wir nach dem letzten Satz in seinem Schnittpunkt mit h den Fluchtpunkt $\overline{F}_2$ aller zu l_1 senkrechten Geraden des Grundrisses und können insbesondere $\overline{l}_2 \equiv \overline{A}\overline{F}_2$, sowie $\overline{B}\overline{F}_2$, $\overline{C}\overline{F}_2$, $\overline{D}\overline{F}_2$ einzeichnen. Endlich ermitteln wir den Meßpunkt $\overline{T}_2$ von $\overline{l}_2$ ($\overline{F}_2\overline{T}_2 = \overline{F}_2 O_0$) und mit seiner Hilfe nach Nr. 461 den Punkt $\overline{E}$ auf $\overline{l}_2$ so, daß $AE = A_2E_2 = p$ ist; ziehen wir dann $\overline{E}\overline{F}_1$, so haben wir sämtliche Geraden des perspektiven Grundrisses gewonnen und können ihn, wie Fig. 153 zeigt, fertigstellen.

464. Die zu der Bildtafel Π senkrechten Geraden, die *Tiefenlinien*, sind parallel zu dem Lot OH, das aus dem Auge O auf Π gefällt ist; hieraus folgt:

Die Tiefenlinien haben den Hauptpunkt H zum Fluchtpunkt.

Als Meßpunkte der Tiefenlinien ergeben sich nach Nr. 461 die Punkte $\mathfrak{D}_1$, $\mathfrak{D}_2$, die auf dem Horizont h von H um den Augabstand oder die Distanz d entfernt liegen, die *Distanzpunkte*. Da in den gleichschenklig-rechtwinkligen Dreiecken $OH\mathfrak{D}_1$, $OH\mathfrak{D}_2$ die Hypotenusen $O\mathfrak{D}_1$, $O\mathfrak{D}_2$ wagerechte und unter 45° gegen Π geneigte Geraden, *45°-Linien*, sind, gilt der Satz:

Die Distanzpunkte sind die Meßpunkte der Tiefenlinien und die Fluchtpunkte der beiden Scharen wagerechter 45°-Linien.

Mit ihrer Hilfe sind wir imstande, ohne den umgelegten Grundriß und auch ohne das umgelegte Auge *das perspektive Bild eines Quadrates $ABCD$ zu zeichnen, das in der Grundrißtafel liegt und dessen Seite AB der Grundrißspur g angehört*: Wir haben $\overline{A}\overline{B} \equiv AB$ und ziehen, da AD,

BC Tiefenlinien, AC eine 45°-Linie und CD eine Tafelparallele sind, in Fig. 154 die Geraden $\overline{A}H$, $\overline{B}H$, $\overline{A}\mathfrak{D}_1$ und durch den Punkt $\overline{C}$, in dem die letzten beiden Geraden einander schneiden, die Parallele zu g, die $\overline{A}H$ in $\overline{D}$ trifft.

Wir denken uns ferner das Quadrat $ABCD$ dadurch in n^2 einander kongruente Quadrate zerlegt, daß die Seiten AB, BC je in n gleiche Teile geteilt und durch die Teilpunkte die Parallelen zu BC bzw. zu AC gezogen sind. Das perspektive Bild dieses *quadratischen Netzes* bezeichnen wir als *perspektives Quadratnetz* und stellen es in Fig. 154 folgendermaßen her: Wir teilen $\overline{A}\overline{B} \equiv AB$ in n gleiche Teile und übertragen diese Teilung durch die nach $\mathfrak{D}_1$ laufenden Geraden nach $\overline{B}\overline{C}$, wo wir einen perspektiven Maßstab (Nr. 431) erhalten; darauf verbinden wir die Teilpunkte von $\overline{A}\overline{B}$ mit H und ziehen durch die Teilpunkte von $\overline{B}\overline{C}$ die Parallelen zu g. Da die Diagonalen der Maschen des in $ABCD$ gespannten quadratischen Netzes sich zu Geraden zusammensetzen, die zu AC und zu BD parallel sind, ordnen sich die Knotenpunkte des in $\overline{A}\overline{B}\overline{C}\overline{D}$ enthaltenen perspektiven Quadratnetzes auf Geraden an, die durch den einen oder den anderen Distanzpunkt laufen; hierzu gehören die vorher nach $\mathfrak{D}_1$ gezogenen Geraden.

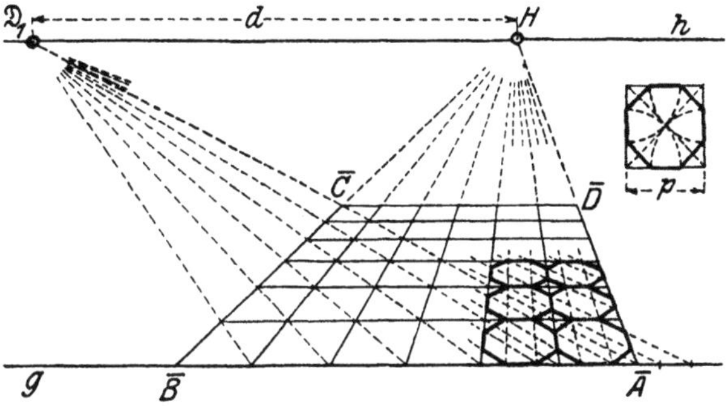

Fig. 154.

Aufgabe: *Gegeben* sind die Bestimmungsstücke g, h, H, d eines perspektiven Bildes, ein auf g liegender Punkt $\overline{A} \equiv A$ und eine Strecke p. *Gesucht* ist das perspektive Bild eines in der Grundrißtafel liegenden *Parkettmusters*, das bei der Tiefenlinie von A beginnt und sich aus regelmäßigen Achtecken von der Breite p zusammensetzt.

Die Eckpunkte der sämtlichen Achtecke liegen auf den Geraden eines quadratischen Netzes von der Maschenbreite p und bewirken auf ihnen eine Teilung in Strecken, die in regelmäßigem Wechsel wiederkehren. Wir zeichnen deshalb in Fig. 154 nebenbei ein Quadrat von der Seitenlänge p mit dem hineinpassenden regelmäßigen Achteck[1]) und merken auf g, von $\overline{A}$ nach beiden Seiten hin, die Teilpunkte der gewonnenen Einteilung an. Dann stellen wir das bei $\overline{A}H$ beginnende perspektive Quadratnetz her, übertragen auf seine Geraden die auf g liegende Einteilung mittels der nach $\mathfrak{D}_1$ und der nach H laufenden Geraden und ziehen die Bildstrecken der Achtecksseiten aus, wobei

[1]) Die Eckpunkte des Achtecks ergeben sich, wenn man auf den Seiten des Quadrates die halbe Länge seiner Diagonalen von seinen Eckpunkten aus abträgt.

wir den zweiten Distanzpunkt $\mathfrak{D}_2$ zur Genauigkeitsprobe benutzen können.

Das perspektive Quadratnetz kann auch zur Einzeichnung eines verwickelteren und krumme Linien enthaltenden perspektiven Grundrisses dienen: Man überzieht den gegebenen Grundriß mit einem quadratischen Netz und überträgt seine einzelnen Punkte und Linien in die entsprechenden Maschen des perspektiven Quadratnetzes nach Augenmaß, was bei genügender Feinheit des Netzes mit ausreichender Genauigkeit geschieht.

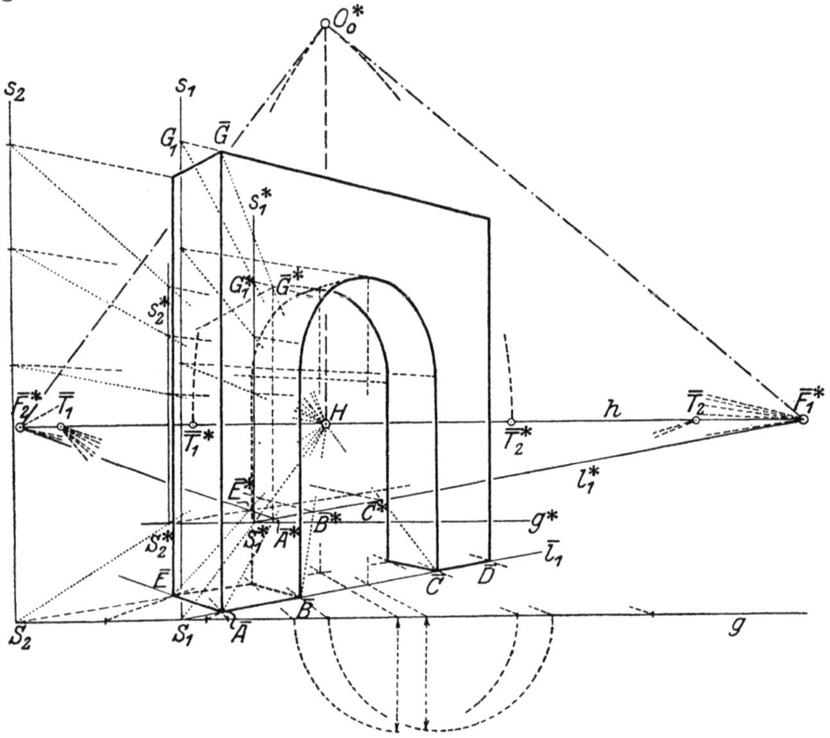

Fig. 155.

Konstruktionen bei beschränktem Zeichenraum.

465. Die Konstruktionen ohne umgelegten Grundriß bilden die Grundlage der künstlerischen Anwendung der Perspektive, *der malerischen Perspektive.* Bei dieser müssen besonders sorgfältig die Regeln von Nr. 449 beachtet werden, und deshalb tritt meist die Schwierigkeit auf, daß nicht nur einzelne Fluchtpunkte, sondern das umgelegte Auge O_0 selbst und alle Fluchtpunkte über den zur Zeichnung verfügbaren Raum hinausfallen. Als eine Möglichkeit der Abhilfe bietet sich hier das folgende Verfahren dar, das unmittelbar auf dem Satz von Nr. 454 beruht:

Soll ein perspektives Bild $\mathfrak{B}$ *gezeichnet werden und ist der Augabstand* d *für den vorhandenen Zeichenraum zu groß, so zeichnet man ein perspektives Bild* $\mathfrak{B}^*$ *mit demselben Hauptpunkt* H *und demselben Horizont* h, *aber mit einem Augabstand, der ebenso wie die wahren Längenmaße in einem angemessenen Verhältnis* $1:n$ *verjüngt ist, und stellt* $\mathfrak{B}$ *als Figur her, die mit dem Ähnlichkeitspunkt* H *zu* $\mathfrak{B}^*$ *ähnlich und ähnlich gelegen ist.*

Der Zusammenhang zwischen $\mathfrak{B}$ und $\mathfrak{B}^*$ ist so, daß zu jedem Punkt $\overline{P}$ und zu jeder Geraden $\overline{l}$ von $\mathfrak{B}$ ein Punkt $\overline{P^*}$ und eine Gerade $\overline{l^*}$ von $\mathfrak{B}^*$ gehört, von denen $\overline{P^*}$ die Strecke $H\overline{P}$ im Verhältnis $H\overline{P^*} : H\overline{P} = 1 : n$ teilt und $\overline{l^*}$ zu $\overline{l}$ parallel ist. Aber wir brauchen $\mathfrak{B}^*$ nicht zuerst fertigzustellen, um dann $\mathfrak{B}$ abzuleiten; sondern wir werden $\mathfrak{B}$ gleichzeitig mit $\mathfrak{B}^*$ zeichnen, soweit es in jedem Augenblick möglich ist, und überhaupt von $\mathfrak{B}^*$ nur soviel, als unbedingt nötig, konstruieren. Hierdurch lassen sich je nach der vorliegenden Aufgabe mannigfaltige Verbesserungen erzielen; wir zeigen dies an einem Beispiel in der

Aufgabe: *Gegeben* sind in Fig. 155 die Bestimmungsstücke g, h, H, d[1]) eines perspektiven Bildes und die Maße eines Torbogens. *Gesucht* ist das perspektive Bild des Torbogens.

Da der vorhandene Platz es erlaubt, $n = 2$ zu nehmen, ist $\mathfrak{B}^*$ mit dem umgelegten Auge O^*[2]), für das $HO_0^* = \frac{1}{2} d$, und mit der Grundrißspur g^* zu zeichnen, die die Mittelparallele von g und h ist. Wir wählen auf g den Spurpunkt S_1 einer Längsseite l_1 des Grundrisses, schneiden HS_1 mit g^* in S_1^* und ziehen durch S_1^* die Gerade $\overline{l_1^*}$, die h in $\overline{F_1^*}$ treffe. Dann könnten wir den zu $\mathfrak{B}^*$ gehörigen perspektiven Grundriß nach der Aufgabe von Nr. 463 mit den Fluchtpunkten $\overline{F_1^*}$, $\overline{F_2^*}$ ($\sphericalangle\, \overline{F_1^*}O_0^*\overline{F_2^*} = 90°$), den Meßpunkten $\overline{T_1^*}$, $\overline{T_2^*}$ ($\overline{F_1^*}\,\overline{T_1^*} = \overline{F_1^*}O_0^*$, $\overline{F_2^*}\,\overline{T_2^*} = \overline{F_2^*}O_0^*$) und den Hälften der gegebenen Längenmaße konstruieren. Aber die zu $\mathfrak{B}$ gehörigen Meßpunkte $\overline{T_2}$, $\overline{T_2}$, die sich aus $H\overline{T_1} = 2 \cdot H\overline{T_1^*}$, $H\overline{T_2} = 2 \cdot H\overline{T_2^*}$ ergeben, fallen nicht über das Zeichenblatt hinaus; wir benutzen sie, um die zu Ungenauigkeiten führende Übertragung der Punkte von $\mathfrak{B}^*$ nach $\mathfrak{B}$ zu vermeiden, und brauchen dann $\mathfrak{B}^*$ nur zur Bestimmung der Richtungen der Geraden von $\mathfrak{B}$ zu verwenden. Dies geschieht folgendermaßen:

Wir ziehen in Fig. 155 durch S_1 die Gerade $\overline{l_1}$ parallel zu $\overline{l_1^*} \equiv S_1^*\overline{F_1^*}$, wählen auf ihr den Punkt $\overline{A}$ und bestimmen mit Hilfe von $\overline{T_1}$ die Punkte $\overline{B}$, $\overline{C}$, $\overline{D}$ nach den gegebenen Maßen der Strecken AB, BC, CD. Die diesen Punkten entsprechenden Punkte $\overline{A^*}$, $\overline{B^*}$, $\overline{C^*}$ von $\overline{l_1^*}$ liefern, mit $\overline{F_2^*}$ verbunden, die Richtungen der durch $\overline{A}$, $\overline{B}$, $\overline{C}$ laufenden Geraden des perspektiven Grundrisses. Endlich be-

---

[1]) Der Deutlichkeit wegen mußte auch in Fig. 155 d kleiner genommen werden, als es nach Nr. 449 der Fall sein dürfte.

[2]) Vielfach werden symbolische Bezeichnungen wie $\frac{O_0}{2}$ gebraucht.

stimmen wir auf der soeben durch $\overline{A}$ gezogenen Geraden mit Hilfe von $\overline{T}_2$ den Punkt $\overline{E}$ nach dem gegebenen Maß von AE und ziehen, den entsprechenden Punkt $\overline{E}^*$ von $\overline{A^* F_2^*}$ benutzend, durch $\overline{E}$ die Parallele zu $\overline{E^* F_1^*}$; sie hat auf g den Spurpunkt S_2.

Nachdem wir in dieser Weise den perspektiven Grundriß von $\mathfrak{B}$ gezeichnet haben, vollenden wir das perspektive Bild $\mathfrak{B}$, wie es die Aufgabe von Nr. 458 und die zweite Aufgabe von Nr. 462 lehrt. Die dabei nötigen Maßkanten s_1, s_2 stehen in S_1, S_2 auf g senkrecht und gehören zu dem Fluchtpunkt $\overline{F}_1$; da dieser unzugänglich ist, bestimmen wir die nach ihm gehenden Geraden durch die ihnen entsprechenden Geraden in $\mathfrak{B}^*$, wie $G_1\overline{G}$ durch $\overline{G_1^* F_1^*}$. In derselben Weise sind auch nach $\overline{F}_2$ zielende Geraden zu ziehen, wie die Bildgerade der linken oberen Seitenkante, die durch $\overline{G}$ parallel zu $\overline{G^* F_2^*}$ läuft.

Schattenkonstruktionen.

466. Wenn in einem perspektiven Bild auch die Schatten eingezeichnet werden sollen, so bestimmt man in dem Fall, daß das Bild nach dem Verfahren von Nr. 453 hergestellt wird, die Schattengrenzen in den gegebenen Rissen nach Kap. V des ersten und Kap. V des sechsten Abschnittes und überträgt sie ebenfalls nach Nr. 453 in das perspektive Bild. Ist aber das perspektive Bild mit dem perspektiven Grundriß — unter Hinzuziehung des umgelegten Grundrisses (Nr. 457) oder ohne ihn (Nr. 463) — gezeichnet, so sind die Schattengrenzen unmittelbar in dem Bild zu konstruieren.

Zu diesem Zweck muß die Lichtrichtung gegeben sein durch den gemeinsamen Fluchtpunkt $\overline{L}$ der Lichtstrahlen; dieser zeigt die Stelle an, auf die das Bild der Sonne fallen würde, und liegt unter oder über dem Horizont h, je nachdem die Sonne hinter oder vor dem Beschauer steht. Auch die Grundrisse der Lichtstrahlen sind einander parallel und haben einen gemeinsamen Fluchtpunkt $\overline{L}_1$, der nach dem drittletzten Satz von Nr. 427 auf h liegt. Ein Lichtstrahl und sein Grundriß sind in der scheitelrechten Ebene enthalten, die den Lichtstrahl auf die Grundrißtafel projiziert; ihre Fluchtpunkte $\overline{L}$ und $\overline{L}_1$ liegen also nach dem ersten Satz von Nr. 434 auf der scheitelrechten Fluchtgeraden dieser Ebene. Das heißt:

Der Fluchtpunkt $\overline{L}_1$ der Lichtstrahlgrundrisse ist der Fußpunkt des Lotes, das aus dem Fluchtpunkt $\overline{L}$ der Lichtstrahlen auf den Horizont zu fällen ist.

Wir setzen $\overline{L}_1$ stets als zugleich mit $\overline{L}$ eingetragen voraus und sprechen kurz von der *Lichtrichtung* $(\overline{L}, \overline{L}_1)$. Die in Kap. V des ersten und in Kap. V des sechsten Abschnittes gewonnenen Regeln für die Schattenkonstruktionen lassen sich ohne wesentliche Schwierigkeiten so für die Perspektive umformen, daß in gewissem Sinne die nach $\overline{L}_1$ und die nach $\overline{L}$ laufenden Geraden an die Stelle der Grundrisse und der

Aufrisse der Lichtstrahlen, der perspektive Grundriß und das perspektive Bild an die Stelle des Grundrisses und des Aufrisses der schattenwerfenden und schattenempfangenden Körper treten. Wir zeigen dies nur an einigen der einfachsten Fälle.

467. Aufgabe: *Gegeben* sind in einem perspektiven Bild die Lichtrichtung $(\overline{L}, \overline{L}_1)$ und die perspektiven Bilder und Grundrisse 1.) einer scheitelrechten Geraden — 2.) eines Punktes — 3.) einer Geraden von beliebiger Lage — 4.) einer wagerechten Geraden. — *Gesucht* sind die Bilder der Schatten, die auf die Grundrißtafel fallen.

Wir benutzen Fig. 150, werden aber nicht den in ihr gezeichneten umgelegten Grundriß heranziehen müssen. Als Beispiel für die Lösung zu 1.) nehmen wir die Gerade $D'D$, deren Bildgerade $\overline{D}'\overline{D}$ und deren perspektiver Grundriß $\overline{D}'$ ist; ihr Schatten fällt nach dem zweiten Satz von Nr. 84 mit dem Lichtstrahlgrundriß zusammen, der durch D' läuft, und hat infolgedessen die Gerade $\overline{D}'\overline{L}_1$ zur Bildgeraden. — Die Lösung zu 2.) zeigen wir an dem Punkt P $(\overline{P}, \overline{P}')$: Da der Schattenpunkt P_1 sowohl auf dem Schatten der scheitelrechten Geraden $P'P$ als auch auf dem durch P gehenden Lichtstrahl liegt, ist sein Bildpunkt $\overline{P}_1$ der Schnittpunkt der Geraden $\overline{P}'\overline{L}_1$ und $\overline{P}\overline{L}$. — Als Beispiele für die Lösungen zu 3.) und zu 4.) nehmen wir erstens die Gerade GP und bestimmen die Bildgerade ihres Schattens durch die Schattenpunkte $\overline{G}_1$, $\overline{P}_1$, zweitens aber die wagerechte Gerade GE und erhalten, da der Schatten von GE nach dem letzten Satz von Nr. 79 zu GE parallel ist, als sein Bild die Gerade, die $\overline{G}_1$ mit dem Fluchtpunkt $\overline{F}_2$ von GE verbindet.

Aufgabe: *Gegeben* sind die Lichtrichtung $(\overline{L}, \overline{L}_1)$ und die perspektiven Bilder und Grundrisse zweier Geraden, von denen die eine scheitelrecht ist. *Gesucht* ist der Bildpunkt des Schattens, den die eine Gerade von der anderen empfängt.

Wir nehmen in Fig. 150 die scheitelrechte Gerade $A'A$ und die Gerade EK. Dann schneidet nach Nr. 87 der durch A' gehende Lichtstrahlgrundriß in $E'K'$ den Grundriß Y' des Punktes Y von EK ein, dessen Lichtstrahl die Gerade $A'A$ trifft. Die Bildpunkte $\overline{Y}'$ und $\overline{Y}$ erhalten wir als die Schnittpunkte zwischen $\overline{E}'\overline{K}'$ und $\overline{A}'\overline{L}_1$, bzw. zwischen $\overline{E}\overline{K}$ und der Geraden, die wir lotrecht zu g durch $\overline{Y}'$ ziehen. Je nach der Stellung der Sonne ist Y der Schattenpunkt, der von $A'A$ auf EK verursacht wird, oder der Punkt von EK, dessen Schatten Y_2 auf $A'A$ fällt; in Fig. 150 ist das letztere der Fall, so daß der Bildpunkt $\overline{Y}_2$ als Schnittpunkt zwischen $\overline{A}'\overline{A}$ und $\overline{Y}\,\overline{L}$ einzutragen ist.

Aufgabe: *Gegeben* sind außer der Lichtrichtung $(\overline{L}, \overline{L}_1)$ eine Ebene Δ durch die perspektiven Bilder und Grundrisse zweier Geraden a, b, sowie die perspektiven Bilder und Grundrisse 1.) einer scheitelrechten Geraden — 2.) eines Punktes — 3.) einer Geraden von beliebiger Lage — 4.) einer zu Δ parallelen Geraden. — *Gesucht* sind die Bilder der auf Δ fallenden Schatten.

Um die Lösung zu 1.) zu gewinnen, bestimmen wir nach der vorigen Aufgabe die Bilder der Schattenpunkte, die von der scheitelrechten Geraden auf a und b geworfen werden, und verbinden sie. Nehmen wir in Fig. 150 die Gerade $E'E$ und die scheitelrechte Ebene $A'D'DA$, so dürfen wir $a \equiv A'D'$, $b \equiv AD$ wählen und erkennen, da $\overline{a'} \equiv \overline{b'}$, daß die Bildgerade des gesuchten Schattens zu g senkrecht durch den Punkt $\overline{E_3'}$ läuft, in dem $\overline{A'D'}$ und $\overline{E'L_1}$ einander begegnen. — Die Lösung zu 2.) zeigen wir an dem Punkt E und an der Ebene $A'D'DA$ in Fig. 150: Da der Schattenpunkt E_3 auf dem Schatten der scheitelrechten Geraden $E'E$ liegt, konstruieren wir, wie soeben, die Bildgerade dieses Schattens und schneiden in ihn durch $\overline{E}\,\overline{L}$ den gesuchten Punkt $\overline{E_3}$ ein. — Die Lösung zu 3.) besteht darin, daß wir die Bildpunkte der Schatten, die zwei Punkte der gegebenen Geraden auf Δ werfen, miteinander verbinden; so ist in Fig. 150 die Gerade $\overline{Y_2}\overline{E_3}$ die Bildgerade des Schattens, der von der Geraden EK auf die Ebene $A'D'DA$ fällt. — Für die Lösung zu 4.) genügt es, neben dem Fluchtpunkt der gegebenen Geraden den Bildpunkt für den Schatten eines ihrer Punkte zu besitzen; denn die gesuchte Bildgerade hat auf Grund des letzten Satzes von Nr. 79 und des vierten Satzes von Nr. 427 denselben Fluchtpunkt wie die gegebene Gerade. So sind in Fig. 150 die Geraden $\overline{Y_2}\overline{F_1}$ und $\overline{E_3}F_2$ die Bilder der Schatten, die von EK auf die Ebene $A'B'BA$ und von EG auf die Ebene $A'D'DA$ geworfen werden.

468. Aufgabe: *Gegeben* sind in Fig. 150 die Lichtrichtung $(\overline{L}, \overline{L_1})$, sowie das perspektive Bild und der perspektive Grundriß desselben Körpers wie in der Aufgabe von Nr. 458. *Gesucht* sind die perspektiven Bilder der Schattengrenzen.

Die Eigenschattengrenze des Prismas enthält die Kanten $B'B$ und $D'D$, da das Bild seines Grundquadrates $A'B'C'D'$ zwischen den Geraden $\overline{B'}\overline{L_1}$, $\overline{D'}\overline{L_1}$ liegt (Nr. 89); infolgedessen sind die sichtbaren Prismenflächen $A'B'BA$, $A'D'DA$ von der hinter dem Beschauer stehenden Sonne (Nr. 466) beleuchtet. Von der Schlagschattengrenze, die das Prisma in der Grundrißtafel verursacht, kommt nur der auf $\overline{D'}\overline{L_1}$ liegende Teil (Nr. 90) in Betracht, da alles übrige entweder unsichtbar oder durch den Schlagschatten der Pyramide überdeckt ist (Nr. 96).

Bei der Pyramide erkennen wir sofort, daß die Fläche des Grundquadrates $EGIK$ im Eigenschatten liegt. Konstruieren wir ferner nach der ersten Aufgabe von Nr. 467 die Bilder für die Schatten, die von den Punkten G, I, P und den Kanten EG, IK auf die Grundrißtafel geworfen werden, so ergibt sich nach dem Satz von Nr. 92, daß die Schlagschattengrenze der Pyramide, soweit wir sie brauchen, aus den Schatten der Kanten EG, GP, PI, IK besteht. Die Eigenschattengrenze der Pyramide ist der Kantenzug $EGPIKE$ und lehrt, daß die beiden sichtbaren Dreiecke EGP, EKP beleuchtet sind.

Die Grenze des Schlagschattens, den die Pyramide auf die beiden sichtbaren und dem Licht zugekehrten Prismenflächen wirft, rührt von den Kanten EG und EK her. Wir suchen für sie die Punkte $\overline{Y}_2$ und $\overline{E}_3$ auf und tragen die Bilder der Schatten von EG und EK ein, wie dies in der zweiten und dritten Aufgabe von Nr. 467 gezeigt wurde. Die Schatten, die von EG auf die Fläche $A'D'DA$ und auf die Grundrißtafel geworfen werden, begegnen nach dem Satz von Nr. 97 der Kante $D'D$ und dem Schlagschatten, den sie in der Grundrißtafel hervorruft, in Punkten, die auf demselben Lichtstrahl liegen; deshalb muß die Verbindungsgerade der Bilder dieser Punkte durch $\overline{L}$ laufen.

Die Umkehraufgabe.

469. Der Umstand, daß die photographische Kamera perspektive Bilder erzeugt, führt zu der Frage, was man aus solchen Bildern über die Maße der abgebildeten Gegenstände zu ermitteln vermag. Diese Umkehraufgabe der Perspektive ist der Gegenstand der *Photogrammetrie* oder *Bildmeßkunst*; ihre praktische Lösung setzt voraus, daß für jedes photographische Bild die inneren Bestimmungsstücke (Nr. 424) und ferner auch *die äußeren Bestimmungsstücke*, d. h. alle Längen und Winkel bekannt sind, durch die im Raum die Stellung der Kamera gegen den aufgenommenen Gegenstand festgelegt wird (vgl. Nr. 448). Für die Aufnahme derartig bestimmter photographischer Bilder dient eine Verbindung von photographischer Kamera und Theodolith, der *Phototheodolith*.

Den Grundgedanken des einfachsten photogrammetrischen Verfahrens können wir uns an Fig. 147 klarmachen: Ist die Bildfigur $\overline{A}\overline{B}\overline{D}\overline{L}\overline{K}\overline{C}$ in Fig. 147b nebst dem Hauptpunkt H, dem Augabstand d und dem Horizont h gegeben, so ziehen wir g an beliebiger Stelle parallel zu h und erhalten die Punkte H', $\overline{A}'$, $\overline{B}'$ usw. als die Fußpunkte der aus H, $\overline{A}$, $\overline{B}$ usw. auf g gefällten Lote. Dann können wir von dem Grundriß in Fig. 147a den Punkt O' mit den Strahlen $O'\overline{A}'$, $O'\overline{B}'$ usw. einzeichnen, d. h. den Grundriß der Sehstrahlenpyramide, die zu diesem Bild gehört. Ein zweites, von anderem Standpunkt aus aufgenommenes Bild desselben Gegenstandes liefert den Grundriß einer zweiten Sehstrahlenpyramide, und die äußeren Bestimmungsstücke der beiden Bilder ermöglichen es, auf dem Reißbrett die Grundrisse der beiden Sehstrahlenpyramiden — gegebenenfalls in verjüngtem Maßstabe — so anzuordnen, wie es den Stellungen, die die Kamera bei den beiden Aufnahmen eingenommen hat, entspricht. Nunmehr ergibt sich eine Figur, die dem Grundriß des aufzunehmenden Gegenstandes ähnlich ist, durch die Schnittpunkte zusammengehöriger Strahlen, also auf eine Weise, die das geodätische *Verfahren des Vorwärtseinschneidens* auf dem Reißbrett nachbildet; jedoch ersetzt man in der Regel um der größeren Genauigkeit willen das rein zeichnerische Vorgehen durch Messungen in den Bildern und durch Berechnungen. Auch die Höhenunterschiede der Punkte lassen sich ermitteln; so ist in Fig. 147 $AC = S_1 S_2$ und

$$S_1 S_2 : \overline{A}\overline{C} = \overline{F}_0 S_1 : \overline{F}_0 \overline{A} = \overline{F}_0' S' : \overline{F}_0' \overline{A}' = O'A' : O'\overline{A}',$$

so daß wir AC aus den bekannten, bzw. bereits gefundenen Strecken $\overline{A}\overline{C}$, $O'A'$, $O'\overline{A}'$ berechnen können.

470. Photographische Aufnahmen, für die nicht alle Bestimmungsstücke bekannt sind, können mit Hilfe verwickelterer Verfahren oder eigens dafür gebauter Apparate verwertet werden. Aber auch einzelne perspektive Bilder gestatten ohne jede Kenntnis ihrer Bestimmungsstücke Schlüsse über die geometrischen Eigenschaften der dargestellten Körper, sobald nur einiges davon bereits bekannt ist; hier sei ein einfaches Beispiel entwickelt.

Wir nehmen in Fig. 150 nur das mit starken Linien ausgezogene Bild als gegeben und außerdem als bekannt an, daß es ein gerades quadratisches Prisma und eine ebensolche Pyramide darstellt. Dann erhalten wir

1.) den Fluchtpunkt $\overline{F}_1$ als den Schnittpunkt der Geraden $\overline{A}'\overline{B}'$, $\overline{A}\overline{B}$, $\overline{E}\overline{K}$;

2.) den Fluchtpunkt $\overline{F}_2$ als den Schnittpunkt der Geraden $\overline{A}'\overline{D}'$, $\overline{A}\overline{D}$, $\overline{E}\overline{G}$;

3.) den Horizont h als die Gerade $\overline{F}_1\overline{F}_2$, die überdies auf $\overline{A}'\overline{A}$, $\overline{B}'\overline{B}$, $\overline{D}'\overline{D}$ senkrecht stehen muß.

Nunmehr können wir das perspektive Bild durch $\overline{I}$ und den perspektiven Grundriß durch die Ermittelung von $\overline{C}'$, $\overline{E}'$, $\overline{G}'$, $\overline{I}'$, $\overline{K}'$, $\overline{P}'$ ergänzen und finden

4.) den Fluchtpunkt $\overline{F}_3$ als den Schnittpunkt der Geraden $\overline{E}'\overline{I}'$, $\overline{E}\overline{I}$, h;

5.) das umgelegte Auge O_0 — da $\sphericalangle\, \overline{F}_1 O_0 \overline{F}_2 = 90°$, $\sphericalangle\, \overline{F}_1 O_0 \overline{F}_3 = \sphericalangle\, \overline{F}_3 O_0 \overline{F}_2 = 45°$ sein müssen — als den Schnittpunkt zwischen dem Kreis, dessen Durchmesser $\overline{F}_1\overline{F}_2$ ist, und der Geraden, die von $\overline{F}_3$ nach der Mitte des unteren Halbkreises $\overline{F}_1\overline{F}_2$ läuft;

6.) den Hauptpunkt H als den Fußpunkt und die Augdistanz d als die Länge des aus O_0 auf h gefällten Lotes.

Endlich tragen wir parallel zu h die Bodenlinie b ein — durch ihre Lage nach Nr. 450 nur den Maßstab beeinflussend — und zeichnen den umgelegten Grundriß als kollineares Bild des perspektiven Grundrisses nach Nr. 438; oder wir ermitteln die Abmessungen des Grundrisses mit Hilfe der Meßpunkte nach Nr. 461, ebenso wie wir die Höhen der einzelnen Punkte über der Bodenebene durch die Maßkante s_3 und den zugehörigen Fluchtpunkt $\overline{F}_3$ gewinnen. Hiernach können wir für den im perspektiven Bild dargestellten Körper den Grundriß und den Aufriß konstruieren.

Bei anderen Annahmen über die geometrischen Eigenschaften des in Fig. 150 dargestellten Körpers hätte sich ein anderer Hauptpunkt und ein anderer Augabstand, also eine andere Stelle des Auges ergeben. Hieraus fließt die folgende Ergänzung zu dem zweiten Absatz von Nr. 447: Dasselbe perspektive Bild stellt, wenn es von verschiedenen

Stellen aus betrachtet wird, verschiedene Körper dar; von diesen tritt, die anderen überwiegend, in unserem Bewußtsein in der Regel derjenige hervor, an dessen Anblick wir am meisten gewöhnt sind. Jedoch merken wir in geeigneten Fällen ohne weiteres den Unterschied des Eindrucks, den eine Änderung des Standpunktes gegenüber einem perspektiven Bild hervorruft:

Betrachten wir z. B. das in Fig. 154 gezeichnete Viereck $\bar{A}\bar{B}\bar{C}\bar{D}$ (Nr. 464) aus einem Punkt, der auf dem in H zur Tafel errichteten Lote HO, aber von H weiter entfernt als O liegt, so ist D_1 nicht mehr Distanzpunkt, sondern der Fluchtpunkt von wagerechten Geraden, deren Neigungswinkel gegen die Bildtafel mehr als 45° beträgt; infolgedessen ist $\bar{A}\bar{B}\bar{C}\bar{D}$ nicht mehr das perspektive Bild eines Quadrates, sondern eines Rechtecks, das tiefer ist als breit. Das Umgekehrte tritt ein, wenn wir das betrachtende Auge näher an das Bild heranrücken. Haben wir also $\bar{A}\bar{B}\bar{C}\bar{D}$ als den perspektiven Grundriß eines in gerader Ansicht gezeichneten rechteckigen Innenraumes erhalten, so wird dieser mehr oder weniger tief erscheinen, je nachdem wir das Bild aus größerer oder geringerer Entfernung betrachten; eine Beobachtung, die wir in der Tat oft machen können.

MIX
Papier aus verantwortungsvollen Quellen
Paper from responsible sources
FSC® C105338

If you have any concerns about our products,
you can contact us on
ProductSafety@springernature.com

In case Publisher is established outside the EU,
the EU authorized representative is:
Springer Nature Customer Service Center GmbH
Europaplatz 3, 69115 Heidelberg, Germany

Printed by Libri Plureos GmbH
in Hamburg, Germany